高职高专"十二五"规划教材

金属矿山环境保护与安全

主　编　孙文武　马金良
副主编　周　莹　王铁富　王洪胜

北京
冶金工业出版社
2012

内 容 提 要

本书充分结合环境保护科学技术的一般概念、原理和方法，针对目前矿山环境保护方面存在的主要问题，全面系统地阐述了矿山大气、矿山粉尘、矿山噪声、矿井湿热、矿山水、地面固体物、矿山辐射、选矿厂等方面的污染及其防治措施；并较详细地介绍了矿山安全生产及矿山防火等矿山安全知识。

本书可作为高职高专院校采矿、选矿、地质勘探等专业及本科函授生、职工大学和干部培训班的教学用书，也可供从事矿山环境保护工作的科研人员参考。

图书在版编目（CIP）数据

金属矿山环境保护与安全/孙文武，马金良主编 . —北京：冶金工业出版社，2012.7
高职高专"十二五"规划教材
ISBN 978-7-5024-5956-7

Ⅰ.①金… Ⅱ.①孙… ②马… Ⅲ.①金属矿—矿区环境保护—高等职业教育—教材 ②金属矿—矿山安全—高等职业教育—教材 Ⅳ.①X322 ②TD7

中国版本图书馆 CIP 数据核字（2012）第 124708 号

出 版 人 曹胜利
地　　址 北京北河沿大街嵩祝院北巷 39 号，邮编 100009
电　　话 （010）64027926 电子信箱 yjcbs@ cnmip. com. cn
责任编辑 张耀辉 美术编辑 李 新 版式设计 葛新霞
责任校对 李 娜 责任印制 李玉山
ISBN 978-7-5024-5956-7
北京印刷一厂印刷；冶金工业出版社出版发行；各地新华书店经销
2012 年 7 月第 1 版，2012 年 7 月第 1 次印刷
787mm×1092mm　1/16；16.5 印张；397 千字；252 页
35.00 元
冶金工业出版社投稿电话：（010）64027932　投稿信箱：tougao@cnmip. com. cn
冶金工业出版社发行部　电话：（010）64044283　传真：（010）64027893
冶金书店　地址：北京东四西大街46 号（100010）　电话：（010）65289081（兼传真）
（本书如有印装质量问题，本社发行部负责退换）

前　言

本书是按照教育部高等职业技术教育高技能人才培养目标对知识结构、能力结构和素质的要求，并按高职高专院校地矿类专业教学计划和矿山环境保护课程教学大纲的要求编写的。

为实现高职高专培养应用型人才的办学理念和高职高专人才培养目标，本书在编写过程中注重教材的针对性，以培养复合型采矿工程人才为出发点，内容全面，增加了对新技术的介绍；侧重实践环节，重视对学生实际应用能力的培养，力求为他们将来从事矿山生产工作打下良好的基础。

本书是在总结5年来矿山环境保护课程教学实践，吸收近5年来矿山环境保护方面的科研成果，经多次讨论、修改和补充，并征求其他院校同行意见的基础上编写而成的。在编写过程中，充分结合环境保护科学技术的一般概念、原理和方法，较全面地阐述了矿山环境工程中存在的主要问题及其解决的途径和措施。内容主要包括：矿山大气污染及其防治、矿山粉尘污染及其防治、矿山噪声污染及其防治、矿井湿热、矿山水污染及其防治、地面固体物污染与防治、矿山放射性污染及其防治、选矿厂污染及其防治以及矿山环境保护、矿山安全生产、矿山防火等。

参加本书编写工作的人员有吉林电子信息职业技术学院孙文武、王铁富、王洪胜、周莹、金云峰，吉林延边海沟黄金矿业公司马金良、王宜勇，吉林省敦化市矿产资源开发办公室李忠全，吉林昊融集团吉恩镍业公司田宝刚、李阔、冯立伟，山东三河口矿业公司李东明，宁夏积家井煤业公司姜清江，克州众维矿业有限公司张甲山，桦甸市经济局张金发。其中，孙文武编写第1章、第10章和第11章；张金发编写第2章；李东明、姜清江、张甲山编写第3章和第4章；马金良、金云峰编写第5章；王洪胜、李忠全、王宜勇编写第6章和第7章；田宝刚、冯立伟编写第8章；王铁富、李阔编写第9章，周莹编写第12章。全书由孙文武、马金良担任主编，周莹、王铁富、王洪胜担任副主编。

内蒙古科技大学张飞教授审阅了本书初稿，并提出许多宝贵意见，特此致谢！

在编写过程中，还得到许多同行和矿山工程技术人员的支持和帮助，在此表示衷心的感谢。同时书中引用了大量文献资料，谨向文献作者致以诚挚的谢意！

由于编者水平所限，书中难免存在不妥之处，敬请广大读者批评指正。

编 者
2012 年 5 月

目　录

1 总 论

教学目的：通过本章的学习，掌握环境的概念，环境的分类，环境的功能，人类与环境的关系，环境科学、环境工程学和生态学的基本知识及其对环境的保护作用；了解采矿生产对环境的影响。

1972年6月5日，联合国在瑞典首都斯德哥尔摩召开"人类环境会议"，会议通过了《人类环境宣言》，并提出将每年的6月5日定为"世界环境日"。同年10月，第27届联合国大会通过决议接受了该建议。世界环境日的确立，反映了世界各国人民对环境问题的认识和态度，表达了我们人类对美好环境的向往和追求。

人类是当今地球环境中高度进化的智慧生物，具有其他生物所不具备的思维、学习、交流、研究和总结提高的能力。他们从与大自然的"斗争"中总结经验和教训，逐步改进各种工具和操作方式、方法，并不断地总结、提高和完善。

然而，由于自然运动和人类活动使环境条件发生变化，特别是大半个世纪以来，科学技术突飞猛进，人类改造自然的规模空前扩大，从自然界获取的资源越来越多，随之排放的废弃物也与日俱增，从而引起环境的污染与破坏，影响了人类的生产和生活，给人类带来灾害。诸如耕地面积减少，森林资源过度砍伐，水资源的短缺，物种的消失，酸雨的出现，臭氧层的破坏，温室效应引起的全球气候变暖以及"厄尔尼诺"、"拉尼娜"现象等造成的环境危害和破坏，已发展成为全球性的环境问题，所有这些已引起当今人们极大的关注。

"厄尔尼诺"是赤道东太平洋洋流海表温度突然升高而引发的一种异常气候现象，可持续数月或数年之久，其结果往往是带来极其严重的灾害。应该说"厄尔尼诺"现象古已有之，但通常是100年或50年才一遇。可是近50年，尤其近20年间，"厄尔尼诺"现象却一再出现，而且其引起的灾害程度、损失之大和影响的深远程度也是空前的。例如，在1994年8月，"9417"号（国际命名为"弗雷德"）台风正面袭击我国温州，导致1100人失去生命，万吨巨轮被冲上岸几百米，温州机场被海水淹没一周之久，$15 \times 10^4 \text{km}^2$ 农田绝收，直接经济损失达25亿美元。近百年来发生在我国的严重洪水，如1931年、1954年和1998年，都发生在"厄尔尼诺"年的次年。1997年的"厄尔尼诺"事件使我国华北地区持续干旱，造成地下水位下降，黄河断流，大范围农作物受灾；而1998年"厄尔尼诺"事件和"拉尼娜"事件迅速转换的6~8月份，长江和松花江流域出现了百年不遇的特大洪水。

与之相对应，由于海水变冷而引起的另一种极端气候变化——"拉尼娜"现象也给人类带来灾害。我国内蒙古中部和东部地区在2000年11月先后遭遇10次较大范围的暴风雪，形成了百年不遇的大雪灾，大雪、狂风夹杂着沙尘暴，使地面能见度变为0，气温急降至零下50℃以下，逾135万人口受灾，数十人冻死；2000万头牲畜被1m甚至2m多厚的积雪所围困，冻死、冻伤无数。由于其后的恶劣天气带来更大的降雪过程，使灾情更加严重，夹有沙尘暴的积雪坚硬如石，给道路的清疏和交通运输带来极大的困难，救灾工作也因此受到阻碍。同时，新疆的阿勒泰、哈密、塔城、伊犁等地也因连日暴雪而成灾，北部、东部的部分地区积雪达2m，数万名各族群众和数百万头牲畜被大雪围困，气温则远低于零下40℃。

2010年我国受"厄尔尼诺"和"拉尼娜"现象的影响，截止到该年7月底，全国有27个省、自治区、直辖市遭受了不同程度的洪涝灾害，受灾面积$7.002 \times 10^6 hm^2$，受灾人口1.13亿人，死亡701人，失踪347人。

采矿工业是国民经济的基础工业之一，同时也是环境污染大户。我国的矿山分布很广，目前矿山环境问题非常突出，矿业与农、林、渔、牧、旅游等行业的矛盾也日渐尖锐。众所周知，从环境保护的角度来看，开发矿产资源很可能会导致环境破坏。开采后的矿山，若控制或防治不当，严重者将导致矿区附近森林破坏殆尽，大面积废石成堆，水土流失，沟溪淤塞，野生生物几乎绝迹。另外，矿山废弃物也是许多污染物的主要来源，一方面大量的地下资源被开采出来，另一方面通过生产过程又产生很多有毒有害的物质，这些污染物通过各种传播途径（大气、土壤、水域等）散落到地表各处，污染了环境，加剧了有害元素在自然界的循环。特别是地下矿山，由于条件和环境特殊，在生产过程中污染源比较集中，污染物种类较多，污染强度较大，对井下作业环境的污染亦更加严重。

1.1 环境的概念

1.1.1 人类与环境

所谓环境，总是相对某项中心事物而言的，是作为某项中心事物的对立面而存在的。因此，环境就是指以某一中心事物为主体的外部世界。对人类来说，环境就是指人类赖以生存和发展的物质条件的整体，包括自然环境和人工环境。

《中华人民共和国环境保护法》中对环境阐述为："本法所称环境是指影响人类生存和发展的各种天然的和经过人工改造的自然因素的总体，包括大气、水、海洋、土地、矿藏、森林、草原、野生生物、自然遗迹、人文遗迹、自然保护区、风景名胜区、城市和乡村等。"可见，环境保护法中的环境概念不如一般意义上的环境概念广泛，但比较明确，它是为便于法规实施而做的具体规定，是环境概念的具体化。

1.1.2 环境科学的发生和发展

解决环境问题的迫切需要成为推动环境科学产生和发展的巨大社会力量，环境科学随着环境问题的产生而诞生于20世纪60年代，其发展大致可分为两个阶段。

（1）20世纪50年代环境问题开始严重化。由于经济的恢复和发展，生产和消费规模日益扩大，许多工业发达国家对环境造成了严重的污染和破坏，由此而明确提出了"环境问题"或"公害"的概念，用以概括和反映人类与环境系统关系的失调状况，并开辟了专门的科学领域进行研究，在此基础上逐渐形成一些独立的新分支学科并明确提出"环境科学"这一新词汇，用以概括这些新的分支学科。由于这些分支学科分别是不同学科内部分化出来的产物，具有一定的继承性，它们分别用不同理论和方法研究和解决不同性质的环境问题，即是属于多学科性的。所以，我们把这一阶段称为多学科发展阶段。这个阶段的特点是，一系列环境科学分支分别发展，大大促进了各项专门课题的研究。但在某种程度上各分支还处于各自分别研究状态，环境科学也只是一个多学科的集合概念，还没有形成一个较完整的统一体系。

（2）自 1987 年"世界环境与发展委员会"发表《我们共同的未来》一书以来，特别是 1992 年在巴西里约热内卢召开了"联合国环境与发展大会"以后，世界各地掀起了研究"可持续发展"的热潮，人们开始普遍接受"可持续发展战略"的思想，在经济和社会的发展过程中，同时合理地利用资源和防治环境问题，走经济、社会和环境协调发展的道路。随着人类在控制环境污染方面所取得的进展，环境科学这一新兴学科也日趋成熟，并形成了自己的基础理论和研究方法，也使其从之前的分门别类研究环境和环境问题，逐步发展到从整体上进行综合研究的新阶段。

1.1.3 环境的分类

人类活动对整个环境的影响是综合性的，而环境系统也会从各个方面反作用于人类，其效应也是综合性的。人类与其他的生物不同，不仅会以自己的生存为目的来影响环境，使自己的身体适应环境，而且还会为了提高生存质量，通过自己的劳动来改造环境，把自然环境转变为新的生存环境。这种新的生存环境有可能更适合人类生存，但也有可能恶化人类的生存环境。在这一曲折反复的过程中，人类的生存环境已形成一个庞大的、结构复杂的、多层次、多组元相互交融的动态环境体系。

环境分类一般按照空间范围的大小、环境要素的差异、环境的性质等来进行划分。

人类环境习惯上分为自然环境和社会环境。

自然环境亦称地理环境，是指环绕于人类周围的自然界。自然环境包括大气、水、土壤、生物和各种矿物资源等，是人类赖以生存和发展的物质基础。在自然地理学上，通常把这些构成自然环境总体的因素，分别划分为大气圈、水圈、生物圈、土圈和岩石圈五个自然圈。

社会环境是指人类在自然环境的基础上，为不断提高物质和精神生活水平，通过长期有计划、有目的的发展，逐步创造和建立起来的人工环境，如城市、农村、工矿区等。社会环境的发展和演变，受自然规律、经济规律以及社会规律的支配和制约，其质量是人类物质文明建设和精神文明建设的标志之一。

人类环境由若干个规模大小不同、复杂程度有别、等级高低有序、彼此交错重叠、彼此互相转化变换的子系统组成，是一个具有程序性和层次结构的网络。

如果从环境性质来考虑的话，环境可分为物理环境、化学环境和生物环境等。

如果按照环境要素来分类，环境可以分为大气环境、水环境、地质环境、土壤环境及生物环境。

通常，按照人类生存环境的空间范围，可由近及远，由小到大地将其分为聚落环境、地理环境、地质环境和星际环境等层次结构，而每一层次又均包含各种不同的环境性质和要素，并由自然环境和社会环境共同组成。

A 聚落环境

聚落是人类聚居的地方与活动的中心，聚落环境也是人类聚居场所的环境，它是与人类的工作和生活关系最密切、最直接的环境。人们一生大部分时间是在这里度过的，因此它历来都会得到人们的关注和重视。根据性质、功能和规模，聚落环境又可分为院落环境、村落环境和城市环境。

B 地理环境

地理环境是围绕人类的自然现象及人文现象的总体，分自然地理环境和人文地理环境两类。自然地理环境位于地球的表层，是由岩石圈、水圈、土壤圈、大气圈和生物圈组成的相互制约、相互渗透、相互转化的交错带，其厚度为 10 ~ 30km。

地理环境具有三个特点：

（1）拥有来自地球内部的内能和主要来自太阳的外部能量，并在其内相互作用；

（2）具有构成人类活动舞台和基地的三大条件，即常温常压的物理条件、适当的化学条件和繁茂的生物条件；

（3）与人类的生产和生活密切相关，直接影响着人类的饮食、呼吸、衣着、住行。

由于地理位置不同，地表的组成物质和形态不同，水、热条件不同等，地理环境的结构具有明显的地带性特点。因此，保护好地理环境，就要因地制宜地进行国土规划、区域资源合理配置、结构与功能优化等。

生物特别是人类赖以生存和发展的地球表层，可进一步分为自然环境（或自然地理环境）、经济环境（或经济地理环境）和社会文化环境。

C 地质环境

地质环境是自然环境的一种，是由岩石圈、水圈和大气圈组成的环境系统。在长期的地质历史演化过程中，岩石圈和水圈之间、岩石圈和大气圈之间、大气圈和水圈之间不断进行物质迁移和能量转换，组成了一个相对平衡的开放系统。

地质环境为我们提供了大量的生产资料，如丰富的矿产资源。目前，人类每年从地壳中开采的矿石达 $4km^3$，从中提取大量的金属和非金属原料，还从煤、石油、天然气、地下水、地热等和放射性物质中获取大量能源。随着科学技术水平的不断提高，人类对地质环境的影响也更大了，一些大型工程直接改变了地质环境的面貌，同时也成为一些自然灾害（如山体滑坡、山崩、泥石流、地震、洪涝灾害）的诱发因素，这又是值得引起高度重视的。

地质环境是整个生态环境的基础，是自然资源主要的赋存系统，是人类最基本的栖息场所、活动空间，是生产、生活所需物质来源的基本载体。从根本上说，地球上的一切生物都依存于地质环境。地质环境与人类的生产、生活及生态之间的适应性如何，从根本上决定着人类生存发展环境的质量。因此，保护地质环境就是保护我们的生存环境。

D 星际环境

星际环境，又称为宇宙环境，是指地球大气圈以外的宇宙空间环境，由广漠的空间、各种天体、弥漫物质以及各类飞行器组成。它是在人类活动进入地球邻近的天体和大气层以外的空间的过程中提出的概念，是人类生存环境的最外层部分。太阳辐射能为地球上人类的生存提供主要的能量。太阳的辐射能量变化和对地球的引力作用会影响地球的地理环境，与地球的降水量、潮汐现象、风暴和海啸等自然灾害有明显的相关性。随着科学技术的发展，人类活动越来越多地延伸到大气层以外的空间，而在这些活动中发射的人造卫星、运载火箭、空间探测工具等飞行器本身失效和遗弃的废物，将给宇宙环境以及相邻的地球环境带来了新的环境问题。

毫无疑问，任何一个层次的环境系统，都由低一级层次的各个子系统组成，而它自身又是更高级环境系统的组成部分。

1.1.4 环境的功能特性

环境系统是一个复杂的有时、空、量、序变化的动态系统和开放系统。系统内外存在着物质和能量的变化和交换。在一定的时空尺度内，若系统的输入等于输出，便即出现平衡，称为环境平衡或生态平衡。

系统的组成和结构越复杂，它的稳定性越强，越容易保持平衡；反之，系统越简单，稳定性越弱，越不容易保持平衡。因为任何一个系统，除组成成分的特征外，各成分之间还具有相互作用的机制，这种相互作用越复杂，彼此的调节能力就越强；反之则越弱。

环境系统的特性包括：

（1）整体性。整体性是指环境各部分之间存在着紧密的相互联系和相互制约的关系。局部地区的环境污染或破坏，总会对其他地区造成影响和危害。所以人类的生存环境及其保护，从整体上说是没有地区界线或国界的。

（2）有限性。在宇宙众多的天体中，目前发现适合于人类生存的只有地球。因此，虽然宇宙空间无限，但人类生存的空间以及资源、环境对污染的忍耐能力等都是有限的。所以，人类生存的环境又是脆弱的，是容易遭到破坏的。

（3）不可逆性。环境在运动过程中存在能量流动和物质循环两个过程。前一过程是不可逆的，后一过程变化的结果也不可能完全回到原来的状态。因此，要消除环境破坏的影响，需要很长的时间。例如，世界文明的四大发祥地（黄河、恒河、尼罗河、幼发拉底河流域）在远古都是林茂富饶的地区，但都由于土地的不合理开垦利用使自然环境遭到破坏，至今仍然无法恢复良性状态。无数事实证明，不顾环境而单纯追求经济增长会适得其反，因为取得的经济利益是暂时的，环境恶化是长期的，两者相比较，损失是巨大的。所以，人类在经济活动中，应努力避免不可逆环境问题的产生。

（4）隐显性。除了事故性的污染与破坏（如森林大火、农药厂事故等）可直观其后果外，日常的环境污染与环境破坏对人们的影响，需要经过一定的过程和时间后其后果才会显现。如日本汞污染引起的水俣病，经过20年才显现出来。

（5）持续反应性。事实告诉人们，环境污染不但影响当代人的健康，而且还会造成世世代代的遗传隐患。另外，如历史上黄河流域生态环境的破坏，至今仍给炎黄子孙带来无尽的水旱灾害。

（6）放大性。局部或某一方面的环境污染与破坏造成的危害或灾害，无论从深度还是广度上都会明显放大。如大气臭氧层稀薄，其结果不仅使人类皮肤癌患者增多，而且由于大量紫外线杀死地球上的浮游生物和幼小生物，切断了大量食物链的始端，以致有可能毁灭掉整个生物圈。科学研究表明，2亿年前由于臭氧层一度变薄，地球上90%的物种灭绝。

1.2　环境科学与环境工程学

1.2.1　环境科学

环境科学是研究环境的质量及其保护和改善的学科。它是人类认识、利用和改造环境的需要，是自然科学发展到一定阶段时，各个学科相互交叉、渗透和发展的必然结果，是自然科学发展的一个新领域。

环境科学是一门综合性很强的学科，它的研究领域十分广阔，不仅包括各种自然因素，也包括一定的社会因素。它是以生态学为基础理论，充分利用化学、生物学、物理学、数学、地学、医学、工程学等各领域的科学知识和技术，对人类活动引起的空气、水、土地、生物等环境问题进行系统研究的学科。

环境科学的基本任务是揭示人与环境之间的矛盾，研究环境中的物质和能量交换过程的规律性，寻求解决"人与环境"这一对特定矛盾的途径和方法，同时预测未来的环境状况，规划设计人类所需的美好环境。用系统工程的语言来说，环境科学的基本任务就是通过系统分析与综合，规划设计出高效的"人类－环境"系统，并把它调控到最优化的运行状态。为此，在任何工程规划设计中，都必须把生产观点与生态观点结合起来，特别是对大型工程，一定要考虑它的自然效果和社会效果，必须把它当做生态工程或环境工程来看待。

环境科学研究的内容主要包括：

(1) 人类和环境的关系；

(2) 污染物在自然环境中的迁移、转化、循环和积累的过程和规律；

(3) 环境污染的危害；

(4) 环境状况的调查、评价和预测；

(5) 环境污染的预防和治理；

(6) 自然资源的保护和利用；

(7) 环境监测、分析和预报技术；

(8) 环境规划和环境管理。

环境科学按研究内容的不同，主要可分为三大部分，即理论环境学、基础环境学和应用环境学。理论环境学是环境科学的核心，它着重于对环境科学基本理论和方法的研究；基础环境学是环境科学发展过程中所形成的基础学科，包括环境数学、环境物理学、环境化学、环境生态学、环境毒理学、环境地理学和环境地质学等；应用环境学是环境科学中实践应用的学科，包括环境控制学、环境工程学、环境经济学、环境医学、环境管理学和环境法学等。

环境科学是一门多学科、跨学科的综合性学科，各学科领域之间、相互渗透和交叉，不同区域的环境条件、生产布局、经济结构不同，出现的"人与环境"之间具体矛盾不同，从而环境问题也不相同。因此，环境科学具有强烈的综合性、鲜明的区域性和内容的广泛性等特点。

1.2.2　环境工程学

环境工程学是环境科学的一个分支，又是工程学的一个重要组成部分。它运用环境科学、工程学和其他有关学科的理论和方法，研究如何保护和合理利用自然资源，控制和防治环境污染，以改善环境质量，使人们得以健康和舒适地生存。

环境工程学的基本任务是：既要保护环境，使其免受或消除人类活动对它的有害影响；又要保护人类免受不利的环境因素对健康和安全的损害。

环境工程学研究的内容主要包括：

（1）水质净化与水污染控制工程。它的主要任务是研究预防和治理水体污染，保护和改善水环境质量，合理利用水资源以及提供不同用途和要求用水的工艺技术和工程措施。

（2）大气污染控制工程。它的主要任务是研究预防和控制大气污染，保护和改善大气质量的工程技术措施。

（3）固体废弃物处理处置与管理工程。它的主要任务是研究城市垃圾、工业废渣、放射性及其他有毒有害固体废弃物的处理、处置和回收利用、资源化等的工艺技术措施。

（4）噪声、振动与其他公害防治技术。其主要研究声音、振动、电磁辐射等对人类的影响及消除这些影响的技术途径和控制措施。

1.2.3　环境要素

环境要素也称作环境基质，是构成人类环境整体的各个独立的、性质不同的而又服从整体演化规律的基本物质组分。有的学者认为这不包括阳光，因此环境要素并不等于自然环境因素。

自然环境包括水、大气、生物、岩石、土壤五大要素。

人工环境通常是指综合生产力、人工构筑物、人工产品和能量、政治体制和文化及地方因素等。

环境要素具有一些十分重要的特性，这些特性不仅是制约各环境要素间互相联系、互相作用的基本关系，而且也是认识环境、评价环境、改造环境的基本依据。

1.2.4　环境工程学的形成和发展

环境工程学是在人类保护和改善生存环境并同环境污染做斗争的过程中逐步形成的，这是一门既有悠久历史又正蓬勃发展的工程技术学科。

早在公元前2000多年，我国已用陶土管修建了地下排水道，并在明朝以前就开始用明矾净水。英国在19世纪初开始用砂滤法净化自来水，并在1850年用漂白粉进行饮用水消毒，以防止水性传染病的流行。1852年美国建立了木炭过滤的自来水厂。19世纪后半叶，英国开始建立公共污水处理厂。第一座有生物滤池装置的城市污水处理厂建于20世纪初。1914年出现了活性污泥法处理污水的新技术。

在大气污染控制方面，消烟除尘技术在19世纪后期已有所发展。1855年美国发明了离心除尘器，20世纪初开始采用布袋除尘器和旋风除尘器。随后，燃烧装置改造、工业气体净化和空气调节等工程技术也逐渐得到推广和应用。

在固体废弃物的处理和利用方面，英国很早就颁布了禁止把垃圾倒入河流的法令。1822年德国利用矿渣制造水泥。1874年英国建立了垃圾焚烧炉。进入20世纪以后，随着人口进一步向城市集中和工业生产的迅速发展，各种垃圾和固体废弃物数量剧增，与此同时，对它们的管理、处置和回收利用技术也不断取得成就，并逐步成为环境工程学的一个重要组成部分。

在噪声控制方面，我国和欧洲国家的一些古建筑中，墙壁和门窗都考虑了隔声的要求。20 世纪 50 年代以来，噪声已逐步成为现代城市环境的公害之一，人们从物理学、机械学、建筑学等各个方面对噪声问题进行了广泛的研究，各种控制噪声的技术也取得了很大的进展。

总之，环境工程学是在人类控制环境污染、保护和改善生存环境的斗争过程中诞生和发展起来的。它脱胎于土木工程、卫生工程、化学工程、机械工程等母系学科，又融入了其他自然科学和社会科学的有关原理和方法，形成了一门新兴的独立的学科。随着经济和生产的发展以及人们对环境质量要求的提高，环境工程学亦必将得到进一步的发展和完善。

1.3　生态学的基本知识

生态学是德国生物学家恩斯特·海克尔于 1869 年定义的一个概念：“生态学是研究生物体与其周围环境（包括非生物环境和生物环境）相互关系的科学，这里，生物包括动物、植物、微生物及人类本身，即不同的生物系统，而环境则指生物生活中的无机因素、生物因素和人类社会共同构成环境系统。”

任何生物的生存都不是孤立的，如同种个体之间有互助有竞争，植物、动物、微生物之间存在复杂的相生相克关系。人类为满足自身的需要，不断改造环境，环境反过来又影响人类。目前生态学已经发展为“研究生物与其环境之间的相互关系的科学”，是有自己的研究对象、任务和方法的比较完整和独立的学科，它的研究方法需要经过描述—实验—物质定量三个过程。系统论、控制论、信息论的概念和方法的引入，进一步促进了生态学理论的发展。

随着人类活动范围的扩大与多样化，人类与环境的关系问题越来越突出。因此近代生态学研究的范围，除生物个体、种群和生物群落外，已扩大到包括人类社会在内的多种类型生态系统组成的复合系统。人类面临的人口、资源、环境等几大问题都是生态学的研究内容。

1.3.1　生态学的发展

生态学的发展大致可分为萌芽期、形成期和发展期三个阶段。

（1）萌芽期。古人在长期的农牧渔猎生产中积累了朴素的生态学知识，诸如作物生长与季节气候及土壤水分的关系、常见动物的物候习性等。公元前 4 世纪希腊学者亚里士多德曾粗略描述动物的不同类型的栖居地，还按动物活动的环境类型将其分为陆栖和水栖两类，按其食性分为肉食、草食、杂食和特殊食性等类型。

亚里士多德的学生、公元前三世纪的雅典学派首领赛奥夫拉斯图斯在其植物地理学著作中已提出类似今日植物群落的概念。公元前后出现的介绍农牧渔猎知识的专著，如公元 1 世纪古罗马老普林尼的《博物志》、公元 6 世纪我国农学家贾思勰的《齐民要术》等均记述了朴素的生态学观点。

（2）形成期（大约从 15 世纪到 20 世纪 40 年代）。15 世纪以后，许多科学家通过科学考察积累了不少宏观生态学资料。19世纪初，现代生态学的轮廓开始出现。如雷奥米尔的昆虫学著作中就有许多昆虫生态学方面的记述。瑞典博物学家林奈首先把物候学、生态学和地理学观点结合起来，综合描述外界环境条件对动物和植物的影响。法国博物学家布丰强调生物变异基于环境的影响。德国植物地理学家洪堡德创造性地结合气候与地理因素的影响来描述物种的分布规律。

进入19世纪，生态学进一步发展。这一方面是由于农牧业的发展促使人们开展了环境因素对作物和家畜生理影响的实验研究。例如，在这一时期确定了5℃为一般植物的发育起点温度；绘制了动物的温度发育曲线；提出了用光照时间与平均温度的乘积作为比较光化作用的"光时度"指标以及植物营养的最低量律和光谱结构对于动植物发育的效应等。

另一方面，马尔萨斯于1798年发表的《人口论》一书产生了广泛的影响。费尔许尔斯特1833年以其著名的逻辑斯谛曲线描述人口增长速度与人口密度的关系，把数学分析方法引入生态学。19世纪后期开展的对植物群落的定量描述也已经以统计学原理为基础。1851年达尔文在《物种起源》一书中提出自然选择学说，强调生物进化是生物与环境交互作用的产物，引起了人们对生物与环境的相互关系的重视，更促进了生态学的发展。

19世纪中叶到20世纪初，人类所关心的农业、渔牧和直接与人类健康有关的环境卫生等问题，推动了农业生态学、野生动物种群生态学和媒介昆虫传病行为的研究。由于当时组织的远洋考察中重视了对生物资源的调查，从而也丰富了水生生物学和水域生态学的内容。

到20世纪30年代，已有不少生态学著作和教科书阐述了一些生态学的基本概念和论点，如食物链、生态位、生物量、生态系统等。至此，生态学已基本成为具有特定研究对象、研究方法和理论体系的独立学科。

（3）发展期。20世纪50年代以来，生态学吸收了数学、物理、化学工程技术科学的研究成果，开始向精确定量方向前进并形成了自己的理论体系。

数理化方法、精密灵敏的仪器和电子计算机的应用，使生态学工作者有可能更广泛、深入地探索生物与环境之间相互作用的物质基础，对复杂的生态现象进行定量分析；整体概念的发展，产生出系统生态学等若干新分支，初步建立了生态学理论体系。

由于世界上的生态系统大都受人类活动的影响，社会经济生产系统与生态系统相互交织，实际形成了庞大的复合系统。随着社会经济和现代工业化的高速发展，自然资源、人口、粮食和环境等一系列影响社会生产和生活的问题日益突出。

为了寻找解决这些问题的科学依据和有效措施，国际生物科学联合会（IUBS）制定了"国际生物计划"（IBP），对陆地和水域生物群系进行生态学研究。1972年联合国教科文组织等继IBP之后，设立了人与生物圈（MAB）国际组织，制定"人与生物圈"规划，组织各参加国开展森林、草原、海洋、湖泊等生态系统与人类活动关系以及农业、城市、污染等有关的科学研究，许多国家都设立了生态学和环境科学的研究机构。

21世纪随着人们对生物系统了解的不断深入，生态学研究进入了以整合和协作为特征的新时代。生态学的分支学科迅速与生物学、物理学、数学及社会科学等学科相结合。新方法、新技术的不断应用促进了基础理论和实验科学的发展，为从根本上回答生态学的重大问题提供了契机。在美国国家科学基金的支持下，Thompson等16位生态学家组成专门的委员会共同评估：①对于重要的生态过程，哪些是我们已知的，哪些是未知的；②哪些问题阻碍着生态学进一步的发展；③哪些知识及概念的交叉是应当鼓励的。他们将讨论的结果提炼为4个生态学研究前沿，即群落的整合动态、决定生态过程的进化与历史因素、复杂系统的故有特性、生态拓扑关系。这些研究前沿对于我们把握生态学研究方向，赶超国际生态研究的先进水平有着极其重要的意义。

和许多自然科学学科一样，生态学的发展趋势是：由定性研究趋向定量研究，由静态描述趋向动态分析，逐渐向多层次的综合研究发展，与其他某些学科的交叉研究日益显著。

由人类活动对环境的影响来看，生态学是自然科学与社会科学的交汇点。在研究方法方面，研究环境因素的作用机制离不开生理学方法，离不开物理学和化学技术，而群体调查和系统分析更离不开数学的方法和技术。在理论方面，生态系统的代谢和自稳态等概念基本是引自生理学，而由物质流、能量流和信息流的角度来研究生物与环境的相互作用则可以说是由物理学、化学、生理学、生态学和社会经济学等共同发展而成的研究体系。

1.3.2　生态系统

1.3.2.1　生物圈

生物圈是地球上凡是出现并感受到生命活动影响的地区，是地表有机体包括微生物及其自下而上环境的总称，是行星地球特有的圈层，也是人类诞生和生存的空间。

生物圈是地球上最大的生态系统，它的范围是：大气圈的下层，岩石圈的上层，整个土壤圈和水圈。具体地说是从海面以下约10km到海平面以上约10km凡有生物存在的范围，因为在这一层环境里有空气、水和土壤，能够维持生物的生命。我们研究的生物圈包括地球上一切有生命的机体及生命有机体赖以生存、发展的环境，而在这个最大的生态系统中，大部分生物都集中在地表以上100m和水面以下100m的大气圈、水圈、岩石圈、土壤圈等圈层的交界处，这里是生物圈的核心。

由此可见，生物圈是一个复杂的、全球性的开放系统，是一个生命物质与非生命物质的自我调节系统。它的形成是生物界与水圈、大气圈及岩石圈（土圈）长期相互作用的结果，生物圈存在的基本条件是：

（1）必须获得来自太阳的充足光能。一切生命活动都需要能量，而其基本来源是太阳能，它通过绿色植物光合作用合成有机物而进入生物循环。

（2）要存在可被生物利用的大量液态水。几乎所有的生物都含有大量水分，可以说，没有水就没有生命。

（3）生物圈内要有适宜生命活动的温度条件。在此温度变化范围内的物质存在气态、液态和固态三种变化。

（4）提供生命物质所需的各种营养元素，包括O_2、CO_2、N、C、K、Ca、Fe、S（氧气、二氧化碳、氮、碳元素、钾元素、钙元素、铁元素、硫元素）等，它们是生命物质的组成成分或中介。

总之，地球上有生命存在的地方均属生物圈。生物的生命活动促进了能量流动和物质循环，并引起生物的生命活动发生变化。生物要从环境中取得必需的能量和物质，就得适应环境；环境发生了变化，又反过来推动生物的适应性，这种反作用促进了整个生物界持续不断的变化。目前所谓的环境保护科学，就是研究生物圈的变化以及其直接或间接对人类和其他生物产生的危害问题。

1.3.2.2 种群和群落

（1）种群，指在一定时间内占据一定空间的同种生物的所有个体。种群中的个体并不是机械地集合在一起，而是彼此可以交配，并通过繁殖将各自的基因传给后代。种群是进化的基本单位，同一种群的所有生物共用一个基因库。对种群的研究主要是其数量变化与种内关系，而种间关系的内容已属于生物群落的研究范畴。例如，所有的水稻是一个种群；所有华南虎是一个种群；所有的大肠杆菌也是一个种群。

（2）群落，亦称生物群落。生物群落是指具有直接或间接关系的多种生物种群的有规律的组合，具有复杂的种间关系。如农田生态系统中的各种生物种群是根据人们的需要组合在一起的，所以农田生态系统极不稳定，一旦离开了人的因素就很容易被草原生态系统所替代。生物群落有一定的生态环境，在不同的生态环境中有不同的生物群落。生态环境越优越，组成群落的物种种类数量就越多，反之则越少。

生物群落是由植物群落、动物群落和微生物群落构成的。根据地域特征，群落可以分为：

1）热带雨林，分布在高温多雨的热带地区，其物种丰富，层次多，最复杂。热带雨林主要分布于赤道南北纬 5°~10° 以内的热带气候地区。这里全年高温多雨，无明显的季节区别，年平均温度 25~30℃，最冷月的平均温度也在 18℃ 以上，极端最高温度多数在 36℃ 以下。年降水量通常超过 2000mm，有的高达 6000mm，全年雨量分配均匀，常年湿润，空气相对湿度 90% 以上。热带雨林为热带雨林气候及热带海洋性气候的典型植被。热带雨林主要分布在南美、亚洲和非洲的丛林地区，如南美洲北部跨居巴西、秘鲁、哥伦比亚和玻利维亚四国的亚马孙平原和我国云南的西双版纳。

2）常绿阔叶林，分布在温暖多湿的亚热带地区。常绿阔叶林是亚热带海洋性气候条件下的森林，大致分布在南、北纬度 22°~34°（40°）之间，是由常绿阔叶树种组成的地带性森林类型，主要见于亚洲的中国长江流域南部、朝鲜和日本列岛的南部，非洲的东南沿海和西北部，大西洋的加那利群岛，北美洲的东端和墨西哥，南美洲的智利、阿根廷、玻利维亚和巴西的部分地区，大洋洲东部以及新西兰等地，其中以中国长江流域南部的常绿阔叶林最为典型，面积也最大。

3）针叶林，分布在寒温带及中、低纬度亚高山地区，植物有冷杉，云杉，红松等。

4）热带草原，分布在干旱地区。特点：年降水量少，群落结构简单，受降雨影响大；不同季节或年份种群密度和群落结构常发生剧烈变化，景观差异大。

5）荒漠，分布在南、北纬度 15°~50° 之间的地带。特点：终年少雨或无雨，年降水量一般少于 250mm，降水为阵性，愈向荒漠中心愈少；气温、地温的日较差和年较差大，多晴天，日照时间长；风沙活动频繁，地表干燥，裸露，沙砾易被吹扬，常形成沙暴，冬季更多。荒漠中在水源较充足地区会出现绿洲，具有独特的生态环境。

6）冻原，分布在欧亚大陆和北美北部边缘地区，包括寒温带和温带的山地与高原。特点：冬季漫长而严寒，夏季温凉短暂，最暖月平均气温不超过 14℃；年降水

200~300mm。

7) 沼泽, 分布于低洼地和排水不良地段, 可分为草本沼泽和森林沼泽两类。

1.3.2.3　生态系统的组成

(1) 生态系统的定义。任何一个生物群落与其周围非生物环境的综合体就是生态系统, 它是由生物群落与无机环境构成的统一整体。也就是说, 生态系统就是生命系统 (如动物、植物和微生物) 和环境系统在特定空间的组合。在生态系统中, 各种生物种群之间以及生物与非生物的环境因素之间不断进行着物质循环和能量流动, 并处于互相作用和互相影响的动态平衡之中, 即生态系统是一个动态平衡系统。如果把地球上所有生存的生物和周围环境条件看做一个整体, 那么这一整体就称为生物圈。湖泊、河流、海洋、森林、平原、城市、矿区等, 都可以构成不同的生态系统。生态系统虽然有大和小、简单和复杂之分, 但其结构和功能都相似, 都是自然界的一个基本活动单元。生物圈就是由无数个形形色色丰富多彩的生态系统有机组合而成的。

生态系统的范围可大可小, 相互交错, 最大的生态系统是生物圈, 最为复杂的生态系统是热带雨林生态系统, 而人类主要生活在以城市和农田为主的人工生态系统中。生态系统是开放系统, 为了维系自身的稳定, 生态系统需要不断输入能量, 否则就有崩溃的危险; 许多基础物质在生态系统中不断循环, 其中碳循环与全球温室效应密切相关。生态系统是生态学领域的一个主要结构和功能单位, 属于生态学研究的最高层次。

(2) 生态系统的组成。生态系统主要由以下四个部分组成:

1) 生产者, 又叫自养生物。生产者在生物学分类上主要是各种绿色植物, 也包括化能合成细菌与光合细菌, 它们都是自养生物, 植物与光合细菌利用太阳能进行光合作用合成有机物, 化能合成细菌利用某些物质氧化还原反应释放的能量合成有机物。生产者在生物群落中起基础性作用, 它们将无机环境中的能量同化, 同化量就是输入生态系统的总能量, 维系着整个生态系统的稳定, 另外, 各种绿色植物还能为各种生物提供栖息、繁殖的场所。生产者利用太阳能或化学能, 把无机物转化为有机物, 这种转化不仅是生产者自身生长发育所必需的, 同时也是满足其他生物种群以及人类的食物和能源所必需的。生产者是生态系统中食物链的基础, 在生物圈内使生产者保持相当数量的生产量有着巨大的意义。

2) 分解者, 又称还原者。它们是一类异养生物, 以各种细菌和真菌为主, 包括具有分解能力的微生物, 也包含屎壳郎、蚯蚓等腐生动物。分解者可以将生态系统中的各种无生命的复杂有机质 (尸体、粪便等) 分解成水、二氧化碳、铵盐等可以被生产者重新利用的物质, 从而完成物质的循环。因此, 分解者、生产者与无机环境就可以构成一个简单的生态系统。

3) 消费者, 又称异养生物。消费者指依靠摄取其他生物为生的异养生物, 消费者的范围非常广, 包括了几乎所有动物和部分微生物, 它们通过捕食和寄生关系在生态系统中传递能量, 其中, 以生产者为食的消费者被称为初级消费者, 以初级消费者为食的被称为次级消费者, 其后还有三级消费者、四级消费者。同一种消费者在一个复杂的生态系统中可能充当多个级别, 杂食性动物尤为如此, 它们可能既吃植物 (充当初级消费者) 又吃各种食草动物 (充当次级消费者), 有的生物所充当的消费者级别还会随季节而变化。在生态系统物质循环和能量转化过程中，消费者是一个极为重要的环节。

一个生态系统只需生产者和分解者就可以维持运作，数量众多的消费者则是在生态系统中起加快能量流动和物质循环的作用，可以将其看成是一种催化剂。

4）无生命物质，指生态系统中的各种无机物、有机物和各种自然因素，它们为生物提供必要的生存条件，如阳光、水、土壤、空气等。

以上四个部分构成一个有机的统一整体，相互间沿着一定的途径，不断地进行物质与能量的交换，并在一定条件下，保持暂时的相对平衡。

1.3.2.4 食物链

（1）食物链。生态系统中贮存于有机物中的化学能在生态系统中层层传导，通俗地讲，是各种生物通过一系列吃与被吃的关系，把彼此紧密地联系起来，这种生物之间以食物营养关系彼此联系起来的序列，在生态学上被称为食物链，又称"营养链"。按照生物间的食物关系将食物链分为四类：

1）捕食性食物链。它以植物为基础。这种食物链构成形式是：植物→小动物→大动物。后者可以捕食前者。如在草原上，青草→野兔→狼；在湖泊中，藻类→甲壳类→小鱼→大鱼。

2）碎食性食物链。它以碎食物为基础。碎食物是由高等植物叶子的碎片经细菌和真菌的作用，再加入微小的藻类构成。这种食物链的构成形式是：碎食物→碎食物消费者→小肉食性动物→大肉食性动物。

3）寄生性食物链，由宿主和寄生物构成的食物链。它以大型动物为基础，继之是小型动物、微型动物、细菌和病毒，后者与前者是寄生性关系。如哺乳类→跳蚤→原生动物→细菌→滤过性病毒。

4）腐生性食物链。它以腐烂动植物遗体为基础。如植物残体→虹蚓→动物。

（2）食物网。又称食物链网或食物循环。实际上多数动物的食物不是单一的，食物链之间又可以相互交错相连，因此在生态系统中各生物之间形成了错综复杂的网状食物关系。在生态系统中生物之间实际的取食和被取食关系并不像食物链所表达的那么简单，食虫鸟不仅捕食瓢虫，还捕食蝶、蛾等多种无脊椎动物，而食虫鸟本身也不仅被鹰隼捕食，同时也是猫头鹰的捕食对象，甚至其卵也常常成为鼠类或其他动物的食物，由此可见，在生态系统中的生物成分之间通过能量传递关系而存在着一种错综复杂的普遍联系，这种联系像是一个无形的网把所有生物都包括在内，使它们彼此之间都有着某种直接或间接的关系，这就是食物网的概念。一般来说，食物网可以分为两大类：草食性食物网和腐食性食物网。前者始于绿色植物、藻类、或有光合作用的浮游生物，并传递向植食性动物、肉食性动物；后者始于有机物碎屑（来自动植物），传递向细菌、真菌等分解者，同时也可以传递向腐食者及其肉食动物捕食者。

（3）食物网的稳定性。所谓稳定是指在一个稳定的环境里，生物总数（种群所有个体的数目）大体保持一个恒量。一个复杂的食物网是使生态系统保持稳定的重要条件，一般认为，食物网越复杂，生态系统抵抗外力干扰的能力就越强；食物网越简单，生态系统就越容易发生波动和毁灭。假如在一个岛屿上只生活着草、鹿和狼。在这种情况下，鹿一旦消失，狼就会饿死。如果除了鹿以外还有其他的食草动物（如牛或羚羊），那么鹿一旦消失，对狼的影响就不会那么大。反过来说，如果狼首先绝灭，鹿的数量就会因失去控制而急剧增加，草就会遭到过度啃食，结果鹿和草的数量都会大大下降，甚至会同归于尽。如果除了狼以外还有另一种肉食动物存在，那么狼一旦灭绝，这种肉食动物就会增加对鹿的捕食压力而不致使鹿群发展得太大，从而就有可能防止生态系统的崩溃。

在一个具有复杂食物网的生态系统中，一般也不会由于一种生物的消失而引起整个生态系统的失调，但是任何一种生物的灭绝都会在不同程度上使生态系统的稳定性有所下降。当一个生态系统的食物网变得非常简单的时候，任何外力（环境的改变）都可能引起这个生态系统发生剧烈的波动。

苔原生态系统是地球上食物网结构比较简单的生态系统，因而也是地球上比较脆弱和对外力干扰比较敏感的生态系统。虽然苔原生态系统中的生物能够忍受地球上最严寒的气候，但是苔原生态系统的动植物种类与草原和森林生态系统相比却少得多，食物网的结构也简单得多，因此，个别物种的兴衰都有可能导致整个苔原生态系统的失调或毁灭。例如，如果构成苔原生态系统食物链基础的地衣因大气中二氧化硫含量超标而导致生产力下降或毁灭，就会对整个生态系统产生灾难性影响。北极驯鹿主要以地衣为食，而爱斯基摩人主要以狩猎驯鹿为生。正是出于这样的考虑，自然保护专家们普遍认为，在开发和利用苔原生态系统的自然资源之前，必须对该生态系统的食物链和食物网结构、生物生产力、能量流动和物质循环规律进行深入的研究，以便尽可能减少对这一脆弱生态系统的损害。

下面讨论一个只有两种生物的食物链的情况：

A ——————→ B
被捕食者   捕食者

如果 A 种群开始减少，可以预料到，因食物不足将引起 B 种群个体数目的下降；当 B 种群减少时，由于捕食者的缺乏又将引起 A 种群的增加，这时捕食者的食物来源又丰富起来，B 种群也将随之增长，在捕食者增加到一定程度后又使得 A 种群再度减少。

例如，我国的珍贵动物大熊猫只爱吃箭竹，当箭竹开花大面积死亡时，就会导致大熊猫种群数量的减少。

稍微复杂一些的食物网情况就会有很大不同：

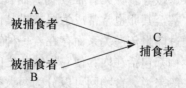

如果 A 种群数量减少，C 种群可以改食 B 种群而使 A 种群得以恢复，从而不至于使生态平衡受到严重的破坏。例如，草原上的野鼠，由于流行鼠疫而大量死亡，但原来靠捕鼠为食的猫头鹰不会因为鼠类的减少而发生食物危机。因为鼠类减少后，草类就大量繁殖起来，繁茂的草类可以给野兔的生长和繁殖提供良好的环境，野兔的数量开始增多，从而使猫头鹰把捕食的目标转移到野兔身上。

虽然也有一些例外，但大量的事实仍可以证明多样性导致稳定性的规律，并由此得出一个结论：食物网中所包含的生物种类越多、与物种相连接的食物链的环数越多，所构成的生态系统便越稳定。

1.3.3 生态系统的物质循环和能量流动

生态系统中的物质循环和能量流动是沿着食物链和食物网进行的。物质循环就是组成生物体的各种化学元素在生态系统中的循环，包括在生物群落中和在无机环境中两方面。地球表面无数生态系统的物质循环和能量流动汇合成地表大自然总的物质循环和能量流动系统，整个自然界就是在物质循环和能量流动中不断变化和发展的。

1.3.3.1 生态系统中的物质循环

在生态系统的各个组成部分之间，不断进行着物质循环。碳、氢、氧、氮、磷、硫是构成生命有机体的主要物质，也是自然界中的主要元素，因此这些物质的循环是生态系统基本的物质循环。镁、钙、钾、硫、钠等是生命活动需要的大量元素，而锌、铜、硼、锰、钼、钴、铝、铬、氟、碘、溴、硒、硅、锶、钛、钒、锡、镓等是生命需要的微量元素，它们在生态系统中也构成各自的循环。这些物质循环中，水、碳、氮、硫四种物质循环与环境污染关系较密切。

A 水循环

水是生命过程中氢的主要来源，一切生命有机体的主要成分都是由水组成的。水又是生态系统中能量流动和物质循环的介质，可以说，整个生命活动就是处在无限的水循环之中。

水循环的动力是太阳辐射。水循环主要是在地表水蒸发与大气降水之间进行的。海洋、湖泊、河流等地表水通过蒸发，进入大气；植物吸收到体内的大部分水分通过蒸腾作用，也进入大气。在大气中，水分遇冷形成雨、雪、雹，重新返回地面，一部分直接落入海洋、河流和湖泊等水域中；一部分落到陆地表面，渗入地下，形成地下水，供植物根系吸收；另一部分在地表形成径流，流入河流、湖泊和海洋。水循环过程如图1－1所示。水循环为生态系统中能量流动和物质循环提供了基础，并起到调节气候、清洁大气、净化环境的作用。

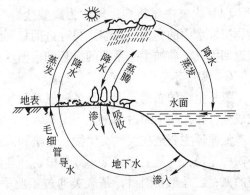

图1－1 水循环示意图

B 碳循环

碳存在于生物有机体和无机环境中。碳是构成生物有机体的主要元素之一，约占生活物质的25%。在无机环境中，碳主要以CO_2和碳酸盐的形式存在。在地球表层，碳主要以碳酸盐的形式存在，碳的贮量约为2.7×10^{16} t。大气中的碳主要以CO_2的形式存在，碳贮量约为7×10^{11} t。大气圈、水圈和生物圈中的碳含量虽然较少，但很活跃，交换迅速，被称为碳循环的交换库或循环库。

绿色植物在碳循环中起着重要作用。大气中CO_2被生物利用的唯一途径是绿色植物的光合作用，被绿色植物固定的碳以有机物的形式供消费者利用。生产者和消费者则通过呼吸作用又把CO_2释放到大气中。分解者将生产者和消费者的尸体分解，把蛋白质、脂

肪和糖类分解成 CO_2、水和无机盐，其中 CO_2 也重新返回大气。在地质年代，动植物尸体长期埋藏在地层中，形成各种化石燃料，人类燃烧这些化石燃料时，燃料中的碳氧化成 CO_2 也被释放到大气中。另外，海洋中的碳酸钙沉积在海底，形成新的岩石，使一部分碳较长时间贮藏在地层中。在火山爆发时，又可使地层中的一部分碳回到大气层中。碳循环过程如图 1-2 所示。

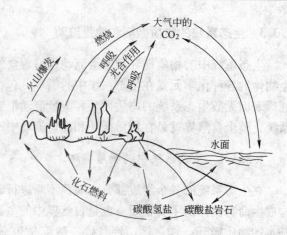

图 1-2　碳循环示意图

在生态系统中碳循环形式有：

（1）绿色植物通过光合作用把大气中的 CO_2 和水转化为简单的糖并放出 O_2 供消费者使用，消费者呼吸时释放出 CO_2，又被植物所利用。

（2）死亡后的有机体被微生物分解，蛋白质、碳水化合物和脂肪被氧化分解为 CO_2、水及其他无机盐类，CO_2 重新被植物吸收，在生态系统中进行再循环。

（3）生物有机体的地质历史产物如煤、石油、天然气等，被燃烧利用时产生 CO_2 并排入大气，从而参加再循环。

（4）大气中部分 CO_2 转化为碳酸盐岩石，水中碳酸氢钙在海底形成新的岩层，海生动物摄取水中的钙建造骨骼、贝壳进而移到陆地，火山爆发等自然现象均可使部分二氧化碳返回大气，参加生态系统的循环和再循环。

C　氮循环

氮是生物的必需元素，是各种氨基酸和蛋白质的构成元素之一。氮也是大气的主要组成成分，在大气中约占 78%。

氮循环主要是在大气、生物、土壤和海洋之间进行。大气中的氮进入生物有机体主要有四种途径：一是生物固氮，豆科植物和其他少数高等植物能通过根瘤的固氮菌固定大气中的氮；二是工业固氮，是人类通过工业手段，将大气中的氮合成氨或铵盐，即合成氮肥，供植物利用；三是岩浆固氮，火山爆发时喷出的岩浆，可以固定部分氮；四是大气固氮，雷雨天气发生的闪电现象会产生电离作用，可以使大气中的氮氧化成硝酸盐，经雨水淋洗而带入土壤。土壤中的氨或铵盐，经硝化细菌的硝化作用，形成硝酸盐或亚硝酸盐，进而被植物吸收利用。氨在植物体内与复杂的含碳分子结合，形成各种氨基酸，进而构成蛋白质。动物直接或间接从植物中摄取植物性蛋白，作为自己蛋白质组成的来源，并在新陈代谢过程中将一部分蛋白质分解成氨、尿素、尿酸等排出体外，渗入土壤。动植物残体在土壤微生物的作用下，分解成氨、二氧化碳和水，最终也进入土壤。土壤中的氨形成硝酸盐后，一部分为植物利用，另一部分被土壤中的反硝化细菌等多种微生物还原成亚硝酸盐，并进一步还原成分子态氮，分子态氮则返回到大气中完成氮的循环。氮循环过程如图 1-3 所示。

在氮循环中，工业固氮量是很大的。据测算，20 世纪末全世界每年工业固氮总量约为 $100 \times 10^6 t$，而生物固氮平均每年的固氮量为 $54 \times 10^6 t$。由于这种人为干扰，氮循环的平衡被破坏，使得每年被固定的氮超过了返回大气的氮。这些停留在地表的氮会进入江河、湖泊或沿海水域，是造成地表水体出现富营养化的重要原因之一。

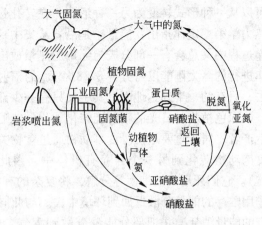

图 1-3　氮循环示意图

D　硫循环

硫是构成氨基酸和蛋白质的基本成分，它以硫键的形式把蛋白质分子连接起来，对蛋白质的构成起着重要作用。

硫循环兼有气态型循环和沉积型循环的双重特性。SO_2 和 H_2S 是硫循环中的重要组成部分，属于气态型；硫酸盐被长期束缚在有机或无机沉积物中，释放十分缓慢，属于沉积型。

大气中的 SO_2 主要由含硫矿物的冶炼、化工燃料的燃烧以及动植物废物及其残体的燃烧产生，H_2S 也可以很快转化为 SO_2。大气中的 SO_2 及 H_2S 经雨水淋洗后进入土壤，形成硫酸盐；动植物残体经微生物分解，也会形成硫酸盐。土壤中的硫酸盐一部分供植物直接吸收利用，另一部分则沉积海底，形成岩石。硫的循环过程如图 1-4 所示。

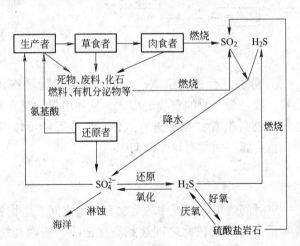

图 1-4　硫循环示意图

人类对硫循环的干扰，主要是化石燃料的燃烧，向大气排放了大量 SO_2。据统计，人类每年向大气输入的 SO_2 达 $1.47 \times 10^8 t$，其中 70% 来源于煤的燃烧。硫进入大气，不仅给生物和人体健康带来直接危害，而且还会形成酸雨，使地表水和土壤酸化，从而对生物和人类的生存造成更大的威胁。

1.3.3.2　生态系统中的能量流动

所谓能量流动，是指生态系统中能量的转移。生态系统中全部生命活动所需能量来自太阳，太阳的能量在生态系统中流动是按热力学定律进行的。热力学第一定律指出：能量可以从一种形式转变为另一种形式，在转化过程中不会消灭，也不会增加，即能量守恒。热力学第二定律指出：能量总是沿着从集中到分散，从高能量到低能量的方向传递，在传递过程中又总会有一部分成为无用的热量放出。太阳能向地面流动时，也是遵循着这些规律进行的。太阳能以每分钟 8.38J/cm² 的辐射量进入大气层，其中相当大一部分被反射回去，只有约一半到达地面，其中又只有一少部分被绿色植物利用。

绿色植物将日光的辐射能转化为化学能贮存在有机物质中，因此，在生态系统中它是生产者，居于重要地位。食草动物通过食物关系将能量转化到异养有机体中，然后再通过食肉动物转化到另一个异养有机体中，因此，食草、食肉动物都是消费者（异养有机体）。它们死后又被细菌等分解，将复杂的有机体转化为简单的无机化合物，最后把光合作用贮存的能量分散返回到环境中去。与此同时，生产者和消费者由于呼吸作用也都有一定的能量消耗，并把部分能量分散到大气，这就是生态系统能量流动过程，如图 1 – 5 所示。

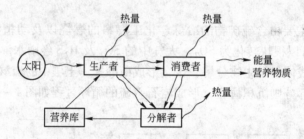

图 1 – 5 生态系统中的能量流动示意图

在生态系统中，太阳能被绿色植物摄取，然后由绿色植物转移到食草动物，再由食草动物转移到食肉动物，就是最一般的食物链形式。从环境保护观点来看，对于食物链有两点应该注意：一是污染物会沿着食物链进入人体；二是毒物可以经过食物链而逐渐富集，如一些有机农药和重金属物质就有这个倾向。

1.3.4 生态平衡

生态平衡是指在一定时间内生态系统中的生物和环境之间、生物各个种群之间，通过能量流动、物质循环和信息传递，彼此之间达到高度适应、协调和统一的状态。也就是说，当生态系统处于平衡状态时，系统内各组成成分之间保持一定的比例关系，能量、物质的输入与输出在较长时间内趋于相等，结构和功能处于相对稳定状态，在受到外来干扰时，能通过自我调节恢复到初始的稳定状态。在生态系统内部，生产者、消费者、分解者和非生物环境之间，在一定时间内能够保持能量与物质输入、输出动态的相对稳定。生态平衡包括结构上的平衡、功能上的平衡以及能量和物质在数量上的输入、输出的平衡等。

生态平衡有两个特点，即动态平衡和相对平衡。

（1）生态平衡是一种动态的平衡而不是静态的平衡，这是因为变化是宇宙间一切事物的最根本的属性，生态系统这个自然界复杂的实体，当然也处在不断变化之中。例如，生态系统中的生物与生物、生物与环境以及环境各因素之间，不停地在进行着能量的流动与物质的循环；生态系统在不断地发展和进化：生物量由少到多、食物链由简单到复杂、群落由一种类型演替为另一种类型等；环境也处在不断地变化中。因此，生态平衡不是静止的，总会因系统中某一部分先发生改变，引起不平衡，然后再依靠生态系统的自我调节能力使其重新进入新的平衡状态。正是这种从平衡到不平衡到又建立新的平衡的反复过程，推动了生态系统整体和各组成部分的发展与进化。

（2）生态平衡是一种相对平衡而不是绝对平衡，因为任何生态系统都不是孤立的，都会与外界发生直接或间接的联系，会经常遭到外界的干扰。生态系统对外界的干扰和压力具有一定的弹性，其自我调节能力也是有限度的，如果外界干扰或压力在其所能忍受的范围之内，当这种干扰或压力去除后，它可以通过自我调节能力而恢复；如果外界干扰或压力超过了它所能承受的极限，其自我调节能力也就遭到了破坏，生态系统就会衰退，甚至崩溃。通常把生态系统所能承受压力的极限称为"阈限"，例如，草原应有合理的载畜量，超过了最大适宜载畜量，草原就会退化；森林应有合理的采伐量，采伐量超过生长量，必然引起森林的衰减；污染物的排放量不能超过环境的自净能力，否则就会造成环境污染，危及生物的正常生活，甚至死亡等。

当生态系统受到外界干扰超过它本身自动调节的能力而不能恢复到原初状态时谓之生态失调或生态平衡的破坏。生态平衡是动态的，维护生态平衡不只是保持其原初稳定状态，它也可以在人为有益的影响下建立新的平衡，从而达到更合理的结构、更高效的功能和更好的生态效益。

生态平衡的破坏，有自然因素，也有人为因素。自然因素主要是指自然界发生的异常变化，如火山爆发、山崩、海啸、水旱灾害、地震、台风等等，这些都会使生态平衡遭受破坏。人为因素主要是指人类对自然资源的不合理利用，工农业生产发展带来的环境污染等，由此也会引起生态平衡的破坏。

生态系统一旦失去平衡，会发生非常严重的连锁性后果。例如，20世纪50年代，我国曾发起把麻雀作为"四害"来消灭的运动。可是在大量捕杀了麻雀之后的几年里，却出现了严重的虫灾，使农业生产受到巨大的损失。后来科学家们发现，麻雀是吃害虫的好手。消灭了麻雀，害虫没有了天敌，就大肆繁殖起来，从而导致了虫灾发生、农田绝收一系列惨痛的后果。

生态系统的平衡往往是大自然经过了很长时间才建立起来的动态平衡。一旦受到破坏，有些平衡就再也无法重建，带来的恶果也就可能是人的努力无法弥补的。因此人类要尊重生态平衡，努力维护这个平衡，而绝不要轻易去破坏它。如果某种化学物质或某种化学元素过多地超过自然状态下的正常含量，也会影响生态平衡。生态平衡是生物维持正常生长发育、生殖繁衍的根本条件，也是人类生存的基本条件。生态平衡遭到破坏，会使各类生物濒临灭绝。例如，20世纪70年代末期，两栖动物的数量开始锐减，到1980年已有129个物种灭绝。2005年初，一份全球两栖动物调查报告《全球两栖动物评估》显示，目前所知的全球5743种两栖动物有32%都处于濒危境地。

对污染物来说，生态系统所具有的自动调节并维持平衡的能力，是通过环境中发生物理、化学和生物化学一系列变化而实现的，这个过程叫做环境的自净作用。

现以一个小池塘中的生态系统为例：在池塘中有水、植物、微生物、昆虫和鱼类，它们互相联系、互相制约，在一定条件下保持着自然的、暂时的、相对的平衡关系。在水中，鱼依靠浮游动植物维持生活，鱼死了以后，水中的微生物把它分解为基本的化合物

（氨、硝酸根、磷酸盐），微生物在分解过程中又消耗了水中的氧气。而这些基本化合物又是浮游生物的营养源，浮游植物在光合作用下吸收营养矿物质并把它转变为糖类等贮存起来，同时产生氧气来补充其消耗。浮游动物吃浮游植物，鱼又吃浮游动植物。这样，在池塘中，微生物－浮游生物－鱼之间建立了一定的平衡关系，物质便在这个生态系统中迁移、转化和循环，大气参与这种循环，太阳光则是能量循环的源泉，如图1－6所示。

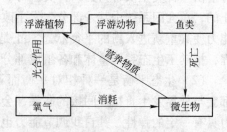

图1－6　池塘生态系统示意图

1.3.5　生态学在环境保护中的应用

1.3.5.1　环境质量的生物监测和生物评价

环境质量的生物监测和生物评价又称为"生物测定"，是利用生物对环境中污染物的反应，即利用生物在各种污染环境下发出的各种信息，来判断环境污染状况的一种手段。它可用来补充物理、化学分析方法的不足。例如，利用敏感植物监测大气污染；应用指示生物群落结构、生物测试及残毒测定等方法，反映水体受污染的情况。

生物监测方法的建立是以环境生物学理论为基础的。根据监测生物系统的结构水平、监测指示及分析技术等，可以将生物监测的基本方法大致分为四类，即生态学方法、生理学方法、毒理学方法及生物化学成分分析法。

生物监测能反映各种污染物的综合影响和环境污染的历史状况，也可以判断环境污染的趋势。

A　利用生物对大气污染进行监测和评价

比较普遍的是利用指示植物监测大气污染，例如，根据各种植物在大气污染的环境中叶片上出现的伤害症状，对大气污染作出定性和定量的判断；测定植物体内污染物的含量，估测大气污染状况；观察植物的生理生化反应，如酶系统的变化、发芽率的降低等，对大气污染长期效应作出判断；利用某些敏感植物（如地衣、苔藓等）做大气污染植物监测器，定时定点的对大气污染进行监测。

B　利用生物对水体污染进行监测和评价

（1）利用指示种判断水体污染。指示种是指只能生活在清洁的水中或生长在重污染的水中的生物。美国伊利湖污染调查，就是用湖中颤蚓的数量作为评价的指标，以每平方米少于100个颤蚓定为不污染；每平方米具有100～990个颤蚓定为轻污染；每平方米有1000～5000个颤蚓定为中污染；每平方米有5000个以上颤蚓定为重污染。

（2）利用污水生物体系来判断水体污染程度。根据不同污水水域所生长的生物种类不同，可以把水体分成几个等级，如把重污染水域称为多污染带，把较重污染水域称为中污染带，把轻污染水域称为少污染带。

（3）利用生物指数监测水体。可以统计水体中各种生物的数量，据此把水体划分成不同等级。

1.3.5.2 污染物质在环境中的迁移、转化规律

污染物质进入环境后，不是静止不变的，而是随着生态系统中的能量流动和物质循环，在复杂的生态系统中不断地迁移、转化、积累和富集。如农田内使用滴滴涕，经过迁移，南极的企鹅和南极附近的海鸟、鱼类体内都检出滴滴涕，甚至有的鱼类和鸟类因此中毒死亡。据检测，在牛奶中含有滴滴涕，在人的脂肪和血液中也含有滴滴涕。这些滴滴涕就是通过生态系统的物质循环，沿着不同途径进入企鹅、牛奶和人体中的。掌握污染物在环境中迁移转化规律，可以帮助我们弄清污染的危害和后果。滴滴涕含量通过食物链以惊人的速度在生物体内富集的过程如下：

湖水→浮游生物→小鱼→食肉鱼

滴滴涕含量：1 倍→265 倍→500 倍→8.5 万倍

如果鸟类吃了这种鱼，体内脂肪的滴滴涕含量可达湖水的几百万倍，人吃了这种含滴滴涕的鱼和鸟，滴滴涕也必将在人体脂肪中富集。所以，生态系统食物链的毒物富集，最终将危害人类。

1.3.5.3 利用生态系统的自净能力消除环境污染

在正常情况下，受污染的环境经过一些自然过程，在物理、化学及生物作用下具有恢复原有状态的能力，称为环境的自净能力。

自净能力是环境的重要功能，是使生态保持相对平衡的重要因素。按发生机能，环境自净可分为环境物理自净、环境化学自净及环境生物自净。

（1）净化大气。利用绿色植物净化空气，$1m^2$ 草坪每小时可吸收二氧化碳 1.5g；$1hm^2$ 针叶林一天可以消耗二氧化碳 1t。用植物可净化大气中的氟、二氧化硫等有害气体以及铅、镉等重金属，1kg 西红柿的叶面可吸收氟 3mg；$1hm^2$ 柳杉林每年可吸收二氧化硫 720kg。植物滞尘作用也很明显，$1hm^2$ 云杉林每年可滞尘 32t，松林可滞尘 36.4t。

（2）净化水体。目前普遍采用的工业废水生化处理法，主要就是利用活性污泥对有毒物质的吸附和活性污泥中微生物、原生动物对有毒物质的分解、氧化作用。在自然水体中，微生物还可以形成生物膜，使河流、湖泊、海洋中的有毒物质分解、氧化，使有毒变无毒，达到净化的效果。

就整体而言，环境的自净能力是巨大的，然而对于某一局部环境而言，其自净能力又是有限的，特别是当环境中的污染物数量大、面积广时，自净能力即会丧失。

1.3.5.4 为环境容量和环境标准的制定提供依据

环境容量是指环境对污染物的最大容许量，也就是环境在生物和人体健康阈限值以下所能容纳的污染物的总量。只有从生态学的研究中，获取了污染物对生物和人体健康的阈限值，才能制定出该种污染物质的环境容量，进而制定出该种物质的环境标准。

1.3.5.5 以生态学规律指导经济建设

以往的工农业生产大多是单一的过程，既没有考虑与自然界物质循环系统的相互关系，又往往在资源和能源的耗用方面，片面强调单纯产品的最优化，因此给生态环境带来

大量废弃物，甚至有毒废弃物，以致造成环境的严重污染与破坏。解决这个问题的唯一途径是运用生态系统的物质循环原理，建立闭路循环生态工艺体系，实现资源和能源的综合利用。

A　生态农业

生态农业就是指在保护、改善农业生态环境的前提下，遵循生态学、生态经济学规律，运用现代科学技术成果和现代管理手段以及参照传统农业的有效经验建立起来的，能获得较高的经济效益、生态效益和社会效益的现代化农业。

生态农业是相对于石油农业提出的概念，是一个原则性的模式而不是严格的标准。而生态农业中生产的绿色食品所具备的条件则是有严格标准的，它包括：绿色食品生态环境质量标准；绿色食品生产操作规程；绿色食品包装贮运标准等。所以并不是生态农业产出的食品就是绿色食品。

生态农业是一个农业生态经济复合系统，将农业生态系统同农业经济系统综合统一起来，可以取得最大的生态经济整体效益。生态农业也是农、林、牧、副、渔各业综合起来的大农业，同时又使农业生产、加工、销售综合起来，适应市场经济发展的现代农业。

北京市率先在大兴县留民营村建立生态农业试点。该村以生态系统动态平衡为指导思想，以沼气能源的获取和综合利用为中间环节，串联农、林、牧、副、渔和加工工业，建成生态农业系统工程，如图1-7所示。

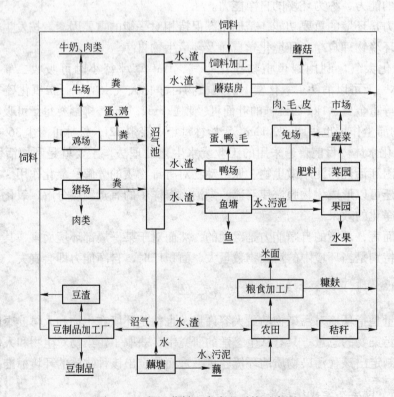

图1-7　留民营村生态农业系统示意图

我国生态农业的基本内涵是：按照生态学原理和生态经济规律，因地制宜地设计、组装、调整和管理农业生产和农村经济系统工程体系。它要求把发展粮食与多种经济作物生产，发展大田种植与林、牧、副、渔业，发展大农业与第二、三产业结合起来，利用传统农业精华和现代科技成果，通过人工设计生态工程，协调发展与环境之间、资源利用与保护之间的矛盾，形成生态上与经济上两个良性循环，实现经济、生态和社会三大效益的统一。

生态农业具有以下几个特点。

（1）综合性。生态农业强调发挥农业生态系统的整体功能，以大农业为出发点，按"整体、协调、循环、再生"的原则，全面规划、调整和优化农业结构，使农、林、牧、副、渔各业和农村第一、二、三产业综合发展，并使各业之间互相支持，相得益彰，提高综合生产能力。

（2）多样性。生态农业针对我国地域辽阔，各地自然条件、资源基础、经济与社会发展水平差异较大的情况，充分吸收我国传统农业精华，结合现代科学技术，以多种生态模式、生态工程和丰富多彩的技术类型装备农业生产，使各区域都能扬长避短，充分发挥地区优势，各产业都能根据社会需要与当地实际协调发展。

（3）高效性。生态农业通过物质循环、能量多层次综合利用和系列化深加工，实现经济增值和废弃物资源化利用，降低农业成本，提高效益，为农村大量剩余劳动力创造农业内部就业机会，保护农民从事农业的积极性。

（4）持续性。发展生态农业能够保护和改善生态环境，防治污染，维护生态平衡，提高农产品的安全性，变农业和农村经济的常规发展为持续发展，把环境建设同经济发展紧密结合起来，在最大限度地满足人们对农产品日益增长的需求的同时，提高生态系统的稳定性和持续性，增强农业发展后劲。

B　生态工业

生态工业是依据生态经济学原理，以节约资源、清洁生产和废弃物多层次循环利用等为特征，以现代科学技术为依托，运用生态规律、经济规律和系统工程的方法经营和管理的一种综合工业发展模式。它不仅要求在生产过程中输入的物质和能量获得最大限度的利用，即资源和能源的浪费最少，排出废弃物最少，而且力争使废弃物完全能被自然界的动植物所分解、吸收或利用，努力求得整个系统的最优化。

（1）从宏观上使工业经济系统和生态系统耦合，协调工业的生态、经济和技术关系，促进工业生态经济系统的人流、物流、能量流、信息流和价值流的合理运转和系统的稳定、有序、协调发展，建立宏观的工业生态系统的动态平衡。

（2）在微观上做到工业生态资源的多层次物质循环和综合利用，提高工业生态经济子系统的能量转换和物质循环效率，建立微观的工业生态经济平衡，从而实现工业的经济效益、社会效益和生态效益的同步提高，走上可持续发展的工业发展道路。

生态工业与传统工业的区别：

（1）追求的目标不同。传统工业发展模式是以片面追求经济效益目标为己任，忽略了对生态效益的重视，导致"高投入、高消耗、高污染"的局面发生；而生态工业将工业的经济效益和生态效益并重，从战略上重视环境保护和资源的集约、循环利用，从而有助于工业的可持续发展。

（2）自然资源的开发利用方式不同。传统工业由于片面追求经济效益目标，只要有利于在较短时期内提高产量、增加收入的方式都可采用。因此，工矿企业林立，资源的过度开采、单一利用等状况比比皆是，从而引发了资源短缺、能源危机、环境污染等一系列问题。生态工业从经济效益和生态效益兼顾的目标出发，在生态经济系统的共生原理、长链利用原理、价值增值原理和生态经济系统的耐受性原理指导下，对资源进行合理开采，使各种工矿企业相互依存，形成共生的网状生态工业链，故能达到资源的集约利用和循环使用。

（3）产业结构和产业布局的要求不同。传统工业由于只注重工业生产的经济效益，而且是区际封闭式发展，导致各地产业结构趋同、产业布局集中，并与当地的生态系统和自然结构不相适应。资源过度开采和浪费、环境恶化严重，故不利于资源的合理配置和有效利用。生态工业系统是一个开放性的系统，其中的人流、物流、价值流、信息流和能量流在整个工业生态经济系统中合理流动和转换增值，这就要求合理的产业结构和产业布局，以与其所处的生态系统和自然结构相适应，并符合生态经济系统的耐受性原理。

（4）废弃物的处理方式不同。传统工业实行单一产品的生产加工模式，对废弃物一弃了之。因为这样有利于缩短生产周期，提高产出率，从而提高其经济效益。而生态工业不仅从环保的角度遵循生态系统的耐受性原理以尽量减少废弃物的排放，而且还充分利用共生原理和长链利用原理，改过去的"原料—产品—废料"的生产模式为"原料—产品—废料—原料"的模式，通过生态工艺关系，尽量延伸资源的加工链，最大限度地开发和利用资源，因而既获得了价值增值，又保护了环境，实现了工业产品"从摇篮到坟墓"的全过程控制和利用。

（5）工业成果在技术经济上的要求不同。各种生态产品，无论作为生产资料，还是作为消费资料，都强调其技术经济指标应有利于经济的协调，有利于资源、能源的节约和环境保护，而传统的工业产品对此没有要求。

（6）工业产品的流通控制不同。只要是市场所需的工业产品，传统工业一律放行，而生态工业却加入了环保限制。只有那些对生态环境不具有较大危害性，而且符合市场原则的工业产品才能流通。这无疑更利于生态环境保护，更能促进人口、经济、环境和生态的协调发展。

图1-8是造纸工业闭路循环工艺流程示意图。该工艺包括火力发电、造纸和废弃物

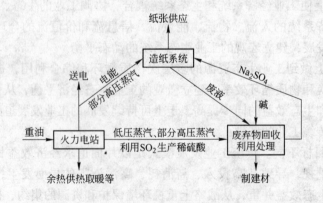

图1-8　造纸工业闭路循环工艺流程示意图

的回收利用三大部分。各分系统中产生的余热和高低压蒸汽、排烟中的二氧化硫以及造纸废液中的无机盐类均可回收利用。这样既使资源和能源得到综合利用，又减少了污染，保护了环境。

1.3.6　生物净化

生物净化是指生物类群通过代谢作用，使环境中污染物的数量减少，浓度下降，毒性减轻，有害成分转化、分解，直至消失的过程。在生物净化中，绿色植物和微生物起着重要的作用。

生物净化主要分为三大类：

（1）陆地生态系统的生物净化，主要是由植物吸收、转化、降解各种污染物，其中包括植物对大气污染的净化和土壤 – 植物系统对土壤污染的净化。

（2）淡水生态系统的生物净化。这其中起主导作用的是细菌，但许多水生植物和沼生植物也有较强的净化作用。

（3）海洋生态系统的生物净化，也是细菌起主要作用。此外还有霉菌、酵母、放线菌和原生动物等。它们对主要的海洋污染物石油烃类，以及多环芳烃类，都有较好的净化作用。

1.3.6.1　绿色植物的净化作用

绿色植物的净化作用主要体现在以下三个方面：

（1）绿色植物能够在一定浓度范围内吸收大气中的有害气体。例如，$1hm^2$ 柳杉林每个月可以吸收 60kg 的二氧化硫。

（2）绿色植物可以阻滞和吸附大气中的粉尘和放射性污染物。例如，$1hm^2$ 山毛榉林一年中阻滞和吸附的粉尘达 68t；又如，在有放射性污染源的厂矿周围，种植一定宽度的林木，可以减轻放射性污染物对周围环境的污染。

（3）许多绿色植物如悬铃木、橙、圆柏等，能够分泌抗生素，杀灭空气中的病原菌。因此，森林和公园空气中病原菌的数量比闹市区明显减少。

总之，绿色植物具有多方面净化大气的作用，特别是森林，净化作用更加明显，是保护生态环境的绿色屏障。

我国是一个地域辽阔、地形复杂的国家，发展林业有着比较优越的条件，我国古代许多地方都覆盖着茂密的森林。但是，长期以来，由于人们对森林资源的不合理利用，如乱砍滥伐、毁林开荒等，使我国的森林越来越少。近几十年来，我国大力开展植树造林，取得了很大的成绩。但是，目前我国的森林覆盖率仍然很低，按人均计算，我国是世界上森林最少的国家之一。因此，我们每一个公民，都应该从自己做起，爱护周围的一草一木，积极参加植树造林活动，努力提高我国的森林覆盖率。

自 1978 年以来，我国先后确立了以保护和改善生态环境，实现资源永续利用为主要目标的十大林业生态体系建设工程。这十大林业工程分别是：三北（东北西部、华北北部、西北地区）防护林体系建设工程；长江中上游防护林体系建设工程；沿海防护林体系建设工程；平原农田防护林体系建设工程；太行山绿化工程；全国防沙治沙工程；淮河太湖流域防护林体系建设工程；珠江流域防护林体系建设工程；辽河流域防护林体系建设工程和黄河中游防护林体系建设工程，共规划造林 $1.2 \times 10^8 hm^2$。十大林业生态体系建设工程的实施，使我国相当大一部分地区的生态环境开始逐步得到改善。

1.3.6.2　微生物的净化作用

污染物中往往含有大量的有机物。土壤和水体中有大量的细菌和真菌，这些微生物能够将许多有机污染物逐渐分解成无机物，从而起到生物净化作用。

自然界中不同的有机污染物被微生物分解的情况各有不同：有些有机污染物比较容易分解，如人畜粪尿等；有些有机污染物比较难分解，如纤维素、农药等；有些有机污染物则不能被微生物分解，如塑料、尼龙等。

农药的化学性质一般比较稳定，能够在土壤中残留较长的时间。农药能不能被土壤微生物分解呢？对此，科学家们进行了实验。他们选取几种有代表性的土壤，将其混合均匀，并等量地分装在一些相同的容器中。容器分成两组：一组进行高压灭菌；另一组作为对照不灭菌。接着，分别向两组容器内的土壤上喷施等量的"敌草隆"，然后把两组容器放入温箱中培养。六周以后，检测两组容器中"敌草隆"分解的情况，发现经灭菌处理过的土壤中"敌草隆"只被分解了10%，而对照组土壤中的"敌草隆"则被分解了近50%。科学家们通过多种实验最终得出结论，土壤中农药的消失，微生物的分解作用是一个重要的原因。

利用微生物净化污水。污水处理厂对污水进行处理时，一方面利用过滤、沉淀等方法，除去工业污水和生活污水中个体比较大的固体污染物；另一方面利用污水中的多种需氧微生物，把污水中的有机物分解成 CO_2、水以及含氮和含磷的无机盐等，使污水得到净化（如图 1-9 所示）。污水经过净化处理以后，若达到国家规定的排放标准，就可以用于农田灌溉和工厂的冷却用水。

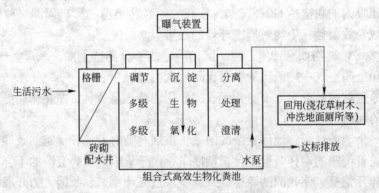

图 1-9　微生物净化污水装置

1.4　环境污染与人体健康

1.4.1　环境问题及其分类

环境问题是人类社会现代化进程中必然出现而又必须加以妥善解决的课题。根据引起环境恶化的原因，环境问题可分为原生环境问题和次生环境问题。

原生环境问题也称第一类环境问题。它的产生是由自然界本身运动引起的，不受或较少受人类活动的影响。如地震、海啸、火山活动、台风、干旱等自然灾害。

次生环境问题也称第二类环境问题。它是由于人类不适当的生产和生活活动而引起环境污染和生态环境破坏。

环境污染是指人类直接或间接地向环境排放超过其自净能力的物质或能量，从而使环境的质量降低，对人类的生存与发展、生态系统和财产造成不利影响的现象。具体包括：水污染、大气污染、噪声污染、放射性污染等。随着科学技术水平的发展和人民生活水平的提高，环境污染也在加剧，特别是在发展中国家。环境污染问题已成为世界各个国家的共同关注的重要课题之一。

生态环境破坏是指人类开发利用自然环境和自然资源的活动超过了环境的自我调节能力，使环境质量恶化或自然资源枯竭，影响和破坏了生物的正常发展和演化以及可再生自然资源的持续利用。例如砍伐森林引起的土地沙漠化、水土流失、一些动植物物种灭绝等。

原生和次生两类环境问题是相对的。它们常常相互影响，重叠发生，形成所谓复合效应。例如，过量开采地下水有可能诱发地震；大面积毁坏森林可导致降雨量减少；大量排放 CO_2，可使温室效应加剧，使地球气温升高、干旱加剧。

1.4.2 环境问题的产生和发展

1.4.2.1 各类环境污染及其危害

人们一直以为地球上的陆地、空气是无穷无尽的，所以从不担心把千万吨废气送入天空，把数以亿吨计的垃圾倒进江河湖海。可能大家都认为世界这么大，这一点废物算什么？但我们错了，其实地球虽大，但生物只能在海拔10km到海底10km的范围内生活，并且95%的生物都只能生存在这中间约3km的范围内。如今，人类仍在有节制或无节制地从以下方面弄污这有限的生活环境。

（1）海洋污染：主要包括从油船与油井漏出来的原油，农田用的杀虫剂和化肥，工厂排出的污水，矿场流出的酸性溶液，它们使得大部分的海洋湖泊受到污染，结果不但海洋生物受害，就是鸟类和人类也可能因吃了这些生物而中毒。

（2）陆地污染：垃圾的清理成了各大城市的重要问题，每天千万吨的垃圾中，好些是不能焚化或腐化的，如塑料、橡胶、玻璃等人类的第一号敌人。

（3）空气污染：这是最为直接与严重的，污染物主要是来自工厂、汽车、发电厂等放出的一氧化碳和硫化氢等，每天都有人因接触了这些污浊空气而染上呼吸器官或视觉器官的疾病。

（4）水污染：是指水体因某种物质的介入，而导致其化学、物理、生物或者放射性污染等方面特性的改变，从而影响水的有效利用，危害人体健康或者破坏生态环境，造成水质恶化的现象。

（5）噪声污染：是指所产生的环境噪声超过国家规定的环境噪声排放标准，并干扰他人正常工作、学习、生活的现象。

（6）放射性污染：是指由于人类活动造成物料、人体、场所、环境介质表面或者内部出现超过国家标准的放射性物质或者射线的现象。

总之，环境污染会降低生物生产量，加剧生态环境破坏。

1.4.2.2 环境污染的出现和加剧

人类通过自己的生产与消费作用于环境，从中获取生存和发展所需的物质和能量，同时又将"三废"排放到环境中；人类活动对环境的影响（特别是环境污染和生态破坏）又以某种形式反作用于人类，从而使人类与环境间通过物质、能量、信息联结起来，形成复杂的人类－环境系统。

当人类的活动违背自然规律时，就会对环境质量造成一定程度的破坏，从而产生了环境问题。例如环境对污染虽然具有一定的容纳能力和自净能力，但这种环境容量和自净能力都是有限度的。人类活动产生并排入环境的污染物和污染因素，若超越了这种限度，就会导致环境质量的显著恶化。可以说，环境问题是伴随着人类的出现而产生的。但在古代，由于人类对自然的开发和利用规模较小，所以环境问题并不十分突出。环境问题真正成为严重的社会问题，则是从产业革命开始的。

1784 年瓦特改良了蒸汽机，以此为起点的产业革命使人类社会的生产力得到巨大发展，同时也给环境带来污染和破坏。由于大量用煤作燃料，烟尘和二氧化硫污染了大气；矿冶、制碱工业使水受到污染，并在这一时期出现了一系列公害事件。例如，英国伦敦1873 年、1880 年和 1891 年发生三次烟雾污染事件，死亡 1532 人；日本从 1893 年起大约50 年间，足尾铜矿冶炼过程中排出的废气和废水使大片森林死亡，田园荒芜，几十万人流离失所，无家可归。

20 世纪 20～40 年代，燃煤造成的污染不断加剧，同时出现了石油工业和石油产品带来的污染。大气中氮氧化合物含量增加，导致了光化学烟雾的出现。

20 世纪 50 年代末和 60 年代初，随着工业发展、人口增加和城市化进程加快，环境污染进一步加剧，并已成为很多国家的重大社会问题，著名的"八大污染事件"大多发生在这一时期。这一时期除石油及石油产品的污染大量增加、巨型油轮污染海洋、高空飞行器污染大气外，有毒化学品、农药、化肥的使用，放射性装置的出现，以及噪声、振动、垃圾、恶臭、电磁波辐射和地面沉降等公害也纷至沓来，它们不仅污染了农田、水域，就连高山、极地、人迹罕至的岛屿也难幸免。

1.4.2.3 典型环境污染实例

A 莱茵河污染事件

1986 年 11 月 1 日深夜，瑞士巴富尔市桑多斯化学公司仓库起火，装有 1250t 剧毒农药的钢罐爆炸，硫、磷、汞等毒物随着百余吨灭火剂进入下水道，排入莱茵河。警报传向下游瑞士、德国、法国、荷兰四国 835km 沿岸城市。剧毒物质构成 70km 长的微红色飘带，以每小时 4km 速度向下游流去，流经地区鱼类死亡，沿河自来水厂全部关闭，相关部门改用汽车向居民送水，接近海口的荷兰，全国与莱茵河相通的河闸全部关闭。翌日，化工厂有毒物质继续流入莱茵河，为控制有毒物的泄漏，后来用塑料塞堵下水道。8 天后，塞子在水的压力下脱落，几十吨含有汞的物质重新流入莱茵河，造成又一次污染。11月 21 日，德国巴登市的苯胺和苏打化学公司冷却系统故障，又使 2t 农药流入莱茵河，使河水含毒量超标准 200 倍。这次污染使莱茵河的生态受到了严重破坏。

　　B　海湾战争油污染事件

据估计，1990 年 8 月 2 日至 1991 年 2 月 28 日海湾战争期间，先后泄入波斯湾的石油达 150 万吨。1991 年多国部队对伊拉克空袭后，科威特油田到处起火。1 月 22 日科威特南部的瓦夫腊油田被炸，浓烟蔽日，原油沿海岸流入波斯湾。随后，伊拉克占领的科威特米纳艾哈麦迪开闸放油入海。科威特南部的输油管也到处破裂，原油滔滔入海。1 月 25 日，科威特接近沙特的海面上形成长 16 km，宽 3 km 的油带，每天以 24km 的速度向南扩展，部分油膜起火燃烧，黑烟遮没阳光，伊朗南部降了“黏糊糊的黑雨”。至 2 月 2 日，油膜展宽 16km，长 90km，逼近巴林，危及沙特，迫使两国架设浮栏，以保护海水淡化厂水源。

1.4.3　当代世界的主要环境问题

当代世界环境问题的特点是人类文明和对环境的开发利用都达到空前的程度。一些发达国家对环境治理取得一定成效，但仍然存在或新产生了一些问题；而一些发展中国家急切改变贫穷落后状态的愿望与行动，则在一定程度上加剧了生态破坏和环境污染。这些环境问题强烈地制约和影响着经济的发展，甚至明显地危及人类的生存。目前当代世界的主要环境问题有：

　　（1）人口问题。人口问题虽然不能直接列为环境问题，但人口迅猛增加，引发了粮食危机，加剧了能源、资源的消耗，并给环境造成巨大压力，目前已成为人类特别是发展中国家面临的最大、最棘手的问题。

　　（2）全球气候变化。在过去的一个世纪里，全球表面平均温度上升了 $0.3 \sim 0.6℃$，海平面上升了 $10 \sim 25cm$。目前地球大气中的 CO_2 浓度已由工业革命（1750 年）之前的 0.028% 增加到了近 0.036%。据估计到 21 世纪中叶，大气中的二氧化碳浓度将达到 0.056%，全球平均温度可能上升 $1.5 \sim 4℃$。

　　（3）臭氧层破坏和损耗。自 1985 年南极上空出现臭氧层空洞以来，地球上空臭氧层被损耗的现象一直有增无减。到 1994 年，南极上空的臭氧层破坏面积已达 2400 万平方千米。在对消耗臭氧层物质（ODS）实行控制之前（1996 年以前），全世界向大气排放的 ODS 已达到了 2000 万吨。由于 ODS 相当稳定，可以存在 $50 \sim 100$ 年，所以被排放的大部分 ODS 目前仍留在大气层中。在它们陆续升向平流层时，就会与那里的臭氧层发生反应，分解臭氧分子。因此，即使现在全世界完全停止排放 ODS，也要再过数十年，人类才能看到臭氧层恢复的迹象。

　　（4）土地荒漠化。荒漠化是当今世界最严重的环境与社会经济问题。1991 年联合国环境规划署对全球荒漠化状况的评估是：全球荒漠化面积已近 $36 \times 10^8 hm^2$，约占全球陆地面积的 $1/4$，已影响到全世界 $1/6$ 的人口（约 9 亿人），100 多个国家和地区。而且，荒漠化扩展的速度是，全球每年有 $600 \times 10^4 hm^2$ 的土地变为荒漠，其中 $320 \times 10^4 hm^2$ 是牧场，$250 \times 10^4 hm^2$ 是旱地，$12.5 \times 10^4 hm^2$ 是水浇地，另外还有 $2100 \times 10^4 hm^2$ 土地因退化而不能生长谷物。亚洲是世界上受荒漠化影响的人口分布最集中的地区，遭受荒漠化影响最严重的国家依次是中国、阿富汗、蒙古、巴基斯坦和印度。

　　（5）森林植被破坏。据推算，地球上的森林面积约为 $(30 \sim 60) \times 10^8 hm^2$，约占陆地面积的 20%~40%，其中约一半是热带林（包括热带雨林和热带季雨林），另一半则以亚寒带针叶林为主。同时，热带林也占了陆地总生物量的很大部分。但在工业化过程中，欧洲、北美等地的温带森林有 1/3 被砍伐掉了，所以近 30 年来，发达国家陆续对全球的热带林进行了大规模地开发。欧洲国家进入非洲，美国进入中南美洲，日本进入东南亚，大量砍伐热带林，他们进口的热带木材增长了十几倍。森林大面积被毁引起了多种环境后果，主要有降雨分布变化，CO_2 排放量增加，气候异常，水土流失，洪涝频发，生物多样性减少等。

（6）有机污染物的污染。全世界已有约一千一百万已知化学物，同时，每年还有约一千种新的化学物进入市场。化学物是当今许多大规模生产场所必需的原料，但这些化学物在制造、储存、运输、使用和废弃过程中常常危害环境和生态。现在，全世界每年产生的有毒有害化学废物达 3~4 亿吨，其中对生态危害很大、并在地球上扩散最广的是持久性有机污染物（POP），最具代表性的即是多氯联苯和滴滴涕。

（7）海洋资源破坏和污染。据估计，全世界有 9.5 亿人把鱼作为蛋白质的主要来源。但近几十年来，人类对海洋生物资源的过度利用和对海洋日趋严重的污染，有可能使全球范围内的海洋生产力和海洋环境质量出现明显退化。人类活动产生的大部分废物和污染物最终都进入了海洋，海洋污染的主要来源和比例约是：城市污水和农业径流排放 44%，空气污染 33%，船舶 12%，倾倒垃圾 10%，海上油、气生产 1%。

（8）生物多样性锐减。科学家估计地球上约有 1400 万个物种，但当前地球上的生物多样性损失的速度比历史上任何时候都快，比如鸟类和哺乳动物现在的灭绝速度可能是它们在未受干扰的自然界中的 100~1000 倍。

1.4.4 我国当前的环境形势与特点

1.4.4.1 我国的环境状况

A 我国环境与资源现状

（1）随着人类工业化、城市化的快速推进，温室气体的大量排放，导致全球气候系统紊乱，洪水、干旱、飓风等自然灾害剧增，酸雨加剧，南极出现臭氧层空洞，为此，我国已开始大力调整产业结构，降低能耗，优化能源结构。

为改善大气质量，国家实行主要城市空气质量公布制度，一些城市已采取相应措施，大气质量趋于好转。

（2）我国水资源约为 $2.8 \times 10^{12} \, \mathrm{m}^3/\mathrm{a}$，居世界第六位，但人均水量不足 2200$\mathrm{m}^3$，仅及世界人均水量的 1/4。而且水资源分布不均，北方严重缺水，过度开采地下水导致地面沉陷，目前，国家已开始实施南水北调计划。

我国水资源污染也很严重，为此，国家实施了淮河流域、太湖水体等大型水污染治理工程。

（3）城镇化带来人口聚集和规模经济，但同时也在支付着较高的环境成本。城镇生活的每一天都会产生大量的垃圾，而目前垃圾处理率较低，全国 2/3 的城市和绝大多数集镇都处在垃圾包围中。

工业化促进了城市化，但也给城市发展带来严重的环境问题，特别是资源型城市目前都正面临突出的工业固体废弃物问题。

（4）青藏高原——世界屋脊，中华民族引以为豪。她孕育了母亲河、长江，还有奔出国界的澜沧江。但这些大江大河在上游植被遭到破坏后，河流泥沙含量增加，水土流失加剧。为此，国家启动了黄河中上游和长江上游天然林植被保护工程。

云贵高原的喀斯特地区和黄土高原，为世界罕见的自然景观，但水土流失也比较严重，如黄河中下游的河床不断淤积、抬升，已成地上悬河，为此国家在西部大开发中推出了退耕还林、还草等一系列重大工程。

B 我国环境治理现状

尽管我国大规模的工业化只有半个世纪的历史，但由于人口多、发展速度快以及过去一些政策的失误，因此环境与资源问题十分突出。近年来，我国政府和人民在环境与发展方面做出了不懈的努力。1996 年，我国正式提出将科教兴国和可持续发展作为国家发展的基本战略。近几年国家在环境治理方面又陆续制定了一系列政策法规，尤其是在西部大开发中将生态环境建设列为主要内容。在此基础上，国家先后实施了一些重大的治理工程，如天然林保护工程、退耕还林工程、京津沙源治理工程等。在环境污染治理上，也采取了一定措施，如重点水域污染治理、关闭污染严重的"十五小"企业等。可以说，近10 年是我国在环境治理上最为重视、投入最多的 10 年。不过，环境问题的复杂性、累积性和长期性，决定了保护环境和合理利用资源是一项长期而艰巨的任务，随着经济的高速发展，人口、资源与环境的矛盾会日益突出，我们对此必须有清醒认识，要常抓不懈。

a 还中华一片蓝天

自工业化以来的 200 多年里，二氧化碳累积排放量使空气中的 CO_2 含量增加了 50%，全球平均温度因此升高了 0.6℃。全球气候转暖，导致蒸发量增大，降水量也相应增大，但由于降水的空间分布不均，使得干旱地区的干旱程度进一步加剧，而另一些地区的洪水现象亦在增加。同时热带、亚热带的海洋低气压气旋形成条件加强，飓风灾害天气增多。各种制冷设备的发展，氟利昂的长期大量使用，导致大气中臭氧减少，南极出现臭氧层空洞。

由于我国工业化起步晚，与发达国家相比温室气体累积排放量较小，从这一角度来看，发达国家对全球气候变化负有更大的责任。但近 20 多年来，我国工业化发展较快，燃料消耗急剧增加，大气污染比较严重。根据国家环境监测结果，全国废气中主要污染物为二氧化硫、烟尘和粉尘，2000 年的排放量分别为 1995 万吨、1165 万吨、1092 万吨；2001 年的排放量分别为 1948 万吨、1059 万吨、991 万吨。从数据来看，2001 年较 2000年主要污染物排放量均有所下降，二氧化硫排放量下降了 2.4%，烟尘和粉尘排放量均下降了 9% 以上，但总量仍较大。因此，改善能源结构，提高大气质量是一项重要的环保任务。

我国大气污染的特点主要是由能源结构决定的，即属于煤烟型污染。我国能源结构中有 75% 是由煤为原料组成的。二氧化硫严重超标，酸雨态势扩大，出现酸雨的城市占全国城市半数以上，从分布来看，主要集中在南方。

据统计，2001 年全国城市空气质量达到二级以上、三级及三级以下标准的城市各占1/3。全国城市主要污染物为可吸入颗粒物，全国近 2/3 的城市可吸入颗粒物年均浓度超过国家二级标准，并且近三成的城市超过国家三级标准，且主要分布在华北北部和西北地区，这与当地高能耗的产业结构和荒漠化的环境条件有关。

随着小汽车走入我国百姓家庭，汽油消耗量急剧增加，氮氧化物、一氧化碳等污染物将会增加，城市交通污染有可能进一步加剧。为此，我国已经将发展电动汽车和轨道交通作为今后交通发展战略，这将会有效解决交通能耗污染问题。

城市化带来人口聚集和污染加剧，为解决大城市能耗污染问题，国家在西部大开发中把"西气东输"列为重要工程。

在大气污染治理方面，一些城市也已做了不少努力。目前我国已明确禁止使用氟利昂生产制冷设备的工艺；改善能源结构已列为工作日程；全国大部分城市的汽车尾气已达欧洲一号标准，北京等城市已开始实行欧洲二号标准。北方地区治理沙尘暴的工作已全面展开，相信不久的将来祖国的天空会更蓝，清新的空气会更宜人。

b 渴望清泉碧水

我国水资源空间匹配欠佳，北方耕地占全国64%，水资源不足18%，地多水少，而长江流域及其以南地区则刚好相反。目前有20%的城市供水困难，尤其是北方城市普遍缺水，许多城市因过度开采地下水资源，已出现了"漏斗"形地陷56个，面积达8.7万平方千米。水资源已成为我国北方工农业和城市发展的限制性因素之一。如同地表水分布一样，地下水资源南丰北贫。占全国1/3面积的西北地区，地下水天然资源量和开采资源量分别为1125亿立方米/年和430亿立方米/年，分别占全国地下水天然资源量和开采资源量的1/8左右。另一方面，我国用水方式落后，我国人均用水量约550吨，其中农业用水占总量85%，灌溉用水效率只有25%~40%，单位产品用水量比发达国家高出5~10倍，可见，节水潜力较大。

为解决北方用水问题，国家已开始实施南水北调计划，调长江水以缓解北方水资源短缺的压力。开源固然需要，但树立节约用水观念更重要。

另一方面，我国水资源污染也很严重。2000年工业废水排放总量194亿吨，并仍有45亿吨没有实现达标排放，城市生活污水排放量221亿吨，且处理率较低。因此，全国80%以上的河流受到不同程度的污染。据2001年全国重点水质监测断面资料显示，七大水系污染均比较严重，一类至三类，也就是较好的水质，所占比例不到三成，四类水质不到二成，五类和劣五类水质占一半以上。即使按干流统计，一类至三类所占比例不到一半。长江和珠江的水质较好，长江以二类水质为主，占八成，珠江以二类和三类水质为主，也占近八成。但长江流域目前水土流失加剧，水中含沙量增高，水质趋于恶化。全国大型湖泊污染也很重，有半数以上的水质为四类以上较差的水体。但大型水库的水质总体较好，以二类水为主，部分为一类水体，部分为三类水体。

目前，我国城市水体污染也相当严重，由于城市污水处理率较低，许多城市尚未实现雨水与污水分离，城市污水直接排到河里，黑色河流恶气熏天。一些城区湖泊水体由于污染富氧化较为严重，湖中鱼类大量死亡。过去城里的涓涓清流、湖边的鸟语花香亟待恢复。

我国江河、湖泊污染原因，一是农业的面状污染，主要是农药、化肥等污染；二是城镇生活和工业生产的点状污染。改善水质状况必须改变传统的农业生产方式，使用有机肥料，利用生物措施解决农作物病虫害；积极筹措社会各方面资金，建立城市污水处理设施，加大城镇污水的处理力度。近些年国家、地方政府和社会各界已十分关注水资源的利用和污染治理问题，一个旨在治理水污染的"碧水中华"计划正在酝酿实施。

c 清除包围城镇的垃圾

城镇生产和生活的每一天都在产生大量的垃圾，由于缺少足够的垃圾处理设施，处理率较低，全国 2/3 的城市和绝大多数集镇都处在垃圾包围中，如何处理这些垃圾，变废为宝、美化环境是城市环境面临的主要问题之一。

垃圾的一个来源是工业排放的固体废物，全国目前年产生量达 8 亿多吨，主要集中在煤炭、采矿、冶金、化工等行业，尤其是煤炭业产生的固体废弃物占一半左右。全国历年工业固体废弃物占地面积已达 700 多平方千米，累计贮存量近 70 亿吨，其中矿业及相关行业排放的废渣累计约 58 亿吨，占全国废渣贮存量的 90%。矿业城市的工业固体废弃物较多，污染比较严重，而我国大中城市有近 1/3 左右为资源型的矿业城市，因此这些城市工业固体废物污染十分严重，许多煤炭城市的煤矸石堆积如山，成为煤炭城市的标志性"风景线"。

垃圾的另一个来源是城镇生活垃圾。现在全国城市生活垃圾清运量已超过 1.5 亿吨，与 20 年前相比增加了近 6 倍，这主要与城镇化快速推进及人民生活水平提高有关。

我国垃圾无害化处理率不到 5%，历年城市生活垃圾堆放量达 65 亿吨左右，占地面积近 600 平方千米，在全国 600 多个城市中有 2/3 以上处于垃圾包围之中，垃圾在城市周边郊区自然堆放，对水体造成较大污染，严重威胁着居民的健康。同时，塑料制品等白色污染也影响城市景观。今后 10 年至 30 年，将是城市化快速推进时期，城市人口将以 1% 左右的速度增长，按年人均 500kg 垃圾量计算，年新增城市生活垃圾量将达 700 万吨左右。

将生活垃圾进行分类投放，特别是将金属、玻璃、塑料、废纸等可回收物品与其他可分解的有机物分开投放会提高垃圾处理的效率，降低垃圾处理的成本。因此，全民树立环保意识和环境文明意识，从自我做起，我们的家园就会变得更美好。

为清除固体废物垃圾，国家已制定了有关法律和规划，一些相关技术也比较成熟。工业固体废物主要通过回填和综合利用的方式进行处理；城市生活垃圾主要通过分选、回收、无害化和资源化处理等过程来生产有机肥和建材等新产品。目前我国的一些城市已经引进或开发出垃圾处理的工艺设备，并对城市生活垃圾采取收费制度，相信在全社会的共同努力下，我们一定能创造出一个优美清洁的城市环境。

d 实施退耕还林

我国拥有世界 7% 的国土，且绝大部分位于欧亚大陆东部的温带和亚热带区域。多样的自然条件为全国形成各具特色的区域经济奠定了基础，青藏高原、内蒙古高原及西北地区构成畜牧业基地；中部众多山地为林业发展提供有利条件；东北、华北和长江流域是全国农业生产基地；沿海地区形成水产、养殖基地。但由于我国国土面积近 2/3 是山区，故生态环境脆弱，水土流失十分严重。

目前，水土流失面积已占国土面积 16.7%，全国年水土流失总量达 46 亿吨。比较严重地区是西辽河上游、黄土高原、嘉陵江中上游、金沙江下游、横断山脉以及西南喀斯特山地丘陵区。

青藏高原由于生态破坏和植被退化，水土流失正威胁着三江源，1998 年长江流域的大洪水，既有气象方面原因，也与长江流域水土保持能力下降，抗洪能力减弱有关。长江上游地区森林覆盖率50多年来由30%减少到15%，导致水土流失加剧，干流宜昌站平均径流含沙量在1.3kg/m³左右，年均输沙量约6亿吨，因此如果不尽快遏止上游的水土流失，长江就有变成第二条黄河的危险。为此，国家在长江上游和黄河中上游实施了天然林保护工程，以期有效遏制大江大河上游的水土流失问题。

水土流失的结果是石漠化，我国石漠化主要分布在西南的喀斯特地区，并正在以每年2500平方千米的速度迅速扩展。其危害不亚于沙漠化。黄土高原水土流失面积达50万平方千米，严重水土流失地区占50%以上，其中每年水土流失量大于1万吨/平方千米的面积占20%。每年入黄河泥沙达8亿吨，损失氮、磷、钾养分500多万吨。水土流失的原因在于山地植被稀少。目前我国人均林地不足0.13公顷，人均木材蓄积量仅9m³。经过多年的努力，我国森林覆盖率已达16.5%，但仍有一些地区的森林覆盖率较低，如西北地区仅为5%，远低于世界平均森林覆盖率27%。不过与建国初的8.6%相比，目前的森林覆盖率已有了较大的提高。

为进一步加大西部山地植被覆盖度，减少水土流失，国家在西部大开发中实施了退耕还林工程，借此有望早日遏制水土流失的危害。

总而言之，环境问题多种多样，通常很难将原生和次生两类环境问题截然分开，它们常常是相互影响和相互作用的。进入新世纪以来，国家环境安全已成为备受人们关注的热门话题，国际上一些政治家认为威胁国家安全的不只是外敌入侵，严重的环境污染和生态破坏、外来物种的侵入，争夺资源造成的环境侵入也直接影响着国家安全。"十五"期间，我国从保证国家环境安全出发，把水和大气污染作为控制重点，使得大中城市的环境质量得到明显改善。为确保南水北调和三峡库区水质安全，我国还在长江、黄河等大江、大河源头建立了重要生态功能保护区，在物种丰富的地方建设了一批高质量的自然保护区。然而，我国的环境安全仍存在着诸多隐患，其主要表现在：水资源短缺而且污染严重，城镇饮用水源50%来自湖泊（水库），这些湖泊绝大部分处于严重的富营养化状态，地下水受到有害物质的污染直接影响人民生活和经济发展；区域性的酸雨污染、严重的城市空气污染以及有害有机物污染直接危害着人民群众的身体健康；仍在恶化的生态环境威胁着中华民族的生存繁衍；生物多样性锐减，外来物种入侵，危及未来的发展。

1.4.4.2　我国的环境污染状况

环境污染是指由于人为因素引起环境的构成或状态发生了变化，与原来的情况相比，环境质量恶化，从而扰乱和破坏了生态系统和人们正常的生产和生活的现象，当污染严重时还会发生"公害"事件。污染是现代人类社会所面临的一种司空见惯，但又麻木不仁的现象。从工业生产到农业生产，从日杂百货的日用品消费到吃喝玩乐的各种产品，从电讯信息技术到战争武器，无一不对环境和人类社会造成污染。比如，化工产品、汽车尾气、工业废水、有毒金属、原油泄漏、固体垃圾、杀虫剂、除草剂、各类药物、去污剂、洗衣粉、制冷剂、防腐剂、水体污染、酸雨、温室效应、贫铀弹甚至海洋中军事及船舶的噪声污染……

2005年国家环境公报表明，七大水系污染程度由轻到重依次为：珠江、长江水质较好，辽河、淮河、黄河、松花江水质较差，海河污染严重。主要湖泊氮、磷污染较重，滇池草海为重度富营养状态，太湖和巢湖为中度富营养状态。

2005 年，全国废水排放总量为 524.5 亿吨，比上年增加 8%。全国废气中二氧化硫排放总量 2549.3 万吨，烟尘排放总量 1182.5 万吨，工业粉尘排放总量 911.2 万吨。113 个大气污染防治重点城市中，海口、北海两个城市空气质量为一级（占 1.8%）、湛江等 46 个城市空气质量为二级（占 40.7%）、58 个城市空气质量为三级（占 51.3%）、7 个城市空气质量劣于三级（占 6.2%）。关于城市道路交通噪声，全国 364 个市（镇）中，道路交通噪声平均等效声级 $L_l \leqslant 68.0 dB$（A）的有 185 个城市（占 50.8%）；$68.0 < L_l \leqslant 70.0 dB$（A）的有 130 个城市（占 35.7%）；$70.0 < L_l \leqslant 72.0 dB$（A）的有 27 个城市（占 7.4%）；$72.0 < L_l \leqslant 74.0 dB$（A）的有 16 个城市（占 4.4%）；$L_l > 74.0 dB$（A）的有 6 个城市（占 1.7%）。全国 351 个市（县）中，11 个城市区域声环境质量为好（占 3.1%）、213 个城市区域声环境质量为较好（占 60.7%）、118 个城市为轻度污染（占 33.6%）、6 个城市为中度污染（占 1.7%）、3 个城市为重度污染（占 0.9%）。全国工业固体废物产生量为 13.4 亿吨，比上年增加 12%，工业固体废物排放量为 1654.7 万吨，比上年减少 6.1%。工业固体废物综合利用量为 7.7 亿吨，综合利用率为 56.1%，与上年基本持平。

A　空气污染

大气中的重要污染物（源）有可吸入颗粒物、臭氧（O_3）、氮氧化物（NO_x）、一氧化碳（CO）、二氧化硫（SO_2）等。除了这些污染源造成空气污染外，还有二次污染形成的光化学烟雾，也会对空气造成严重污染。由汽车尾气排放的氮氧化物和工厂排出的碳氢化合物在阳光作用下，在波长 4000×10^{-10} m 以下的紫外线照射后会进行一系列化学反应，生成臭氧（O_3）和过氧化酰基硝酸盐等光化过氧化产物以及各种游离基、醛、酮等成分，从而形成一种毒性较大的蓝色烟雾飘浮在空气中，即被称为"光化学烟雾"。

按人类社会活动功能划分，大气污染源可以分为工业污染源、农业污染源、交通运输污染源和生活污染源等。

工业污染源是指由火力发电、冶金、化工和硅酸盐等工矿企业在生产过程中所排放的煤烟、粉尘及有害化合物等形成的污染源。此类污染源由于不同工矿企业的生产性质和流程工艺的不同，其所排放的污染物种类和数量也大不相同，但它们的共同的特点是，排放源集中、浓度高、局地污染强度高。工业污染源是城市大气污染的罪魁祸首。

农业污染源主要是在不当施用农药、化肥、有机粪肥等过程产生的有害物质挥发扩散，以及施用后期 NO_x、CH_4、挥发性农药成分从土壤中逸散进入大气等而形成的污染源。

交通运输污染物（源）是指由汽车、飞机、火车和轮船等交通运输工具运行时向大气中排放的尾气。这类污染源属于流动污染源，主要污染物是烟尘、碳氢化合物、NO_x、金属尘埃等，是城市大气环境恶化的主要原因之一。

生活污染物（源）是指居民因日常烧饭、取暖、沐浴等活动，燃烧化石燃料而向大气排放的烟尘、SO_2、NO_x 等污染物。这类污染源属于固定源，具有分布广、排量大、污染高度低等特点，是一些城市大气污染不可忽视的污染源。

B　风蚀和荒漠化

风蚀是指由于地表缺乏植被覆盖，土质疏松干燥，以风为动力使土粒飞散而造成的土壤侵蚀现象。近年来我国沙尘暴频繁发生便与森林破坏、滥垦草原、过度放牧等引发的土壤风蚀有密切关联。在干旱地区，地表水蒸发率高还可导致土壤表面盐渍化。在石漠化地区，地表土更是流失严重、岩石裸露，无植被或仅在稍有泥土的石缝中有少量植被生长。

我国目前荒漠化潜在发生区域范围约为 $331.7 \times 10^4 km^2$，占国土面积 34.6%，其中荒漠化土地面积 $262 \times 10^4 km^2$，占国土面积的 27.3%，是全国耕地总面积的 2 倍多，并以每年 2460 多平方千米速度不断扩大。生活在荒漠地区和受荒漠化影响的人口近 4 亿，每年因荒漠化造成的直接经济损失达 540 亿元，平均每天损失近 1.5 亿元，粮食损失每年高达 30 多亿千克。内蒙古近 10 年来，因挖发菜使 $1467 \times 10^4 hm^2$ 草场遭受不同程度的破坏，其中 $400 \times 10^4 hm^2$ 草场沦为沙漠，其余的也处于沙漠化的过程中，由此每年对牧业造成的直接经济损失达 30 亿元，生态破坏的损失更是不可估量。

人类对大自然进行的野蛮开发导致沙漠化蔓延，而沙漠化的扩展又引起沙尘暴的肆虐。沙尘暴已成为沙漠化加剧的象征。据史料记载，近百年来沙尘暴在中国共发生过 70 次。20 世纪 60~70 年代每两年一次，90 年代每年都有，到 2000 年一年就发生了 12 次。2001 年 1 月 1 日的沙尘暴影响到我国北方大部分地区，北京也出现扬沙。2001 年春季，我国北方地区共出现 18 次沙尘天气过程，其中强沙尘暴过程达 41 天。

沙尘暴带给人类的是人员伤亡、健康损害。北京和山西都曾发生过因沙尘暴袭击而导致室外工作人员死亡的事件。每当沙尘暴来临时，医院收治的呼吸道和眼科患者就会成倍增加。沙尘暴还严重威胁交通运输，给我们的生活带来极大的不便，目前我国有 3000 多千米铁路、3 万多千米公路和 5 万多千米渠道常年受到风沙的危害。沙尘暴使中国本来就有限的土地资源减少，质量下降，全国有五万多个村庄经常受到风沙侵害，成千上万的农牧民成为"生态难民"。

C　土壤污染

土壤污染是工业化的副产品，可以说其所有的污染源都来源于工业生产。土壤污染包括污水灌溉污染、酸雨污染、重金属污染、农药和有机物污染、放射性污染、病原菌污染以及各种污染交叉造成的复合污染等。据报道，目前我国受镉、砷、铬等重金属污染的耕地面积近 $2000 \times 10^4 hm^2$，其中"三废"污染耕地 $1000 \times 10^4 hm^2$，因固体废弃物堆放占用和毁损农田面积达 $13.3 \times 10^4 hm^2$ 以上；受到大气污染的耕地达 $533.3 \times 10^4 hm^2$ 以上；污水灌溉农田面积占全国总灌溉面积的 7.3%；遭受农药污染的农田面积达 $933.3 \times 10^4 hm^2$，平均 $1 hm^2$ 施用农药约 14kg，比发达国家高出一倍，而有效率却只有 30%，大量农药由此进入大气、水体、土壤及农产品中，使得土壤中的农药残留量逐年增加。

除此之外，化肥的超量投入使土壤中硝酸盐大量积累，威胁着地下水及农副产品的质量安全；连年使用的地膜残留在土壤中难以降解；就连以往认为有益的有机肥也发生了质的变化，由于禽畜饲料中大量添加了铜、铁、锌、锰、钴、硒、碘等微量元素以及抗生素、生长激素，当这些物质随禽畜粪便排出，作为有机肥进入土壤时，就会污染环境。

土壤污染会带来严重的经济损失。我国每年仅因土壤重金属污染造成的粮食减产就达 1000 多万吨，每年被重金属污染的粮食多达 1200 万吨，共约合人民币 200 亿元。土壤污染使农副产品质量不断下降，许多地方的粮食、蔬菜、水果等食物中的重金属含量超标或接近临界值。一些被污染的耕地生产出了"镉米"，一些污灌区的蔬菜出现难闻异味。土壤污染物通过食物链富集到人和动物身体中，危害健康，引发疾病。据调查，广西某矿区因污水灌溉使稻米含镉浓度严重超标，当地居民长期食用这种"镉米"已经达到"痛痛病"的第三阶段。有的地区因长期饮用污水，很多人患有各种疾病。

　　污染的土壤表土会在风力或水力的作用下进入大气和水体中，导致大气、地表水、地下水污染，带来其他次生生态环境问题。如城市人口密度大，表土的污染物质可以随扬尘通过呼吸系统进入人体，影响健康。另外，土壤中的污染物会通过降水等逐渐转移到地下水中，造成地下水污染。上海市川沙县污水灌溉区的地下水中就检测出了氟、汞、镉、砷等重金属。成都市郊有的农村水井也因土壤污染导致井水中的汞、铬、酚、氰等污染物超标。

　　土壤污染不同于大气、水或废弃物污染那样直观，可以通过感官感觉或发现。土壤污染就像一个隐形杀手，具有隐蔽性和滞后性。它需要通过土壤样品分析化验、农作物残留检测才能确定，这种隐蔽性又使其对人或牲畜健康的影响往往在污染发生后很长时间才能发现。土壤污染有累积性，它不像大气或水中的污染物那样容易迁移、扩散或稀释。污染物一旦进入土壤，就会不断积累，直至超标。因此，土壤污染具有不可逆转性，治理起来也非常困难，即便切断污染源也很难靠稀释或自净化来达到恢复。

　　D　固体废弃物污染

　　人类社会生产的各种固体废物，如城市居民的生活垃圾、建筑垃圾、清扫垃圾与危险垃圾（废旧电池、灯管等各种化学、生物危险品，含放射性废物）等已成为现实生活中非同小可的社会问题。如被称为"白色污染"的一次性快餐盒、塑料袋等废弃物，其降解周期要上百年，焚烧则会产生有毒气体。我国固体废弃物主要来源有三个方面。

　　(1) 工业固体废弃物，主要是工业生产和加工过程中排入环境的各种废渣、污泥、粉尘等，其中以废渣为主。这类废弃物数量大，种类多，成分复杂，处理困难，如2005年，我国工业固体废弃物产生量（不包括乡镇企业）13.4亿吨。工业固体废物已成为世界公认的突出环境问题之一，要有效防止其造成的环境污染，最根本的方法是通过回收、加工、循环使用等方式，对这些废物进行综合利用。随着环境问题的日益尖锐，资源日益短缺，工业固体废物的综合利用越来越受到人们的重视。

　　(2) 废旧物资。我国废旧物资回收利用率只相当于世界先进水平的 1/4 ~ 1/3，大量可再生资源尚未得到回收利用，流失严重，造成污染。据统计，我国每年有数百万吨废钢铁、600多万吨废纸、200万吨玻璃未予回收利用，每年因再生资源流失造成的经济损失达 250 ~ 300 亿元。

　　(3) 城市生活垃圾。我国城市生活垃圾产生量增长快，每年以 8% ~ 10% 的速度增长，而目前城市生活垃圾处理率低，仅为 55.4%，近一半的垃圾未经处理随意堆置，致使三分之二的城市出现垃圾围城现象。

　　我国传统的垃圾倾倒销毁方式是一种"污染物转移"方式。而现有的垃圾处理场的数量和规模远远不能适应城市垃圾增长的要求，大部分垃圾仍呈露天集中堆放状态，对环境的即时和潜在危害很大，污染事故频出，问题日趋严重。目前城市垃圾带来的环境危害主要体现在以下几个方面：

　　1) 侵占大量土地，对农田破坏严重。堆放在城市郊区的垃圾侵占了大量农田。未经处理或未经严格处理的生活垃圾直接用于农田，或仅经农民简易处理后用于农田，后果严重。由于这种垃圾肥颗粒大，而且含有大量玻璃、金属、碎砖瓦等杂质，从而破坏了土壤的团粒结构和理化性质，致使土壤保水、保肥能力降低。

2）污染空气。在大量垃圾露天堆放的场区，臭气冲天，老鼠成灾，蚊蝇滋生，大量的氨、硫化物等污染物向大气释放。仅有机挥发性气体就多达 100 多种，其中许多含有致癌致畸物。

3）污染水体。垃圾不但含有病原微生物，而且在堆放腐败过程中还会产生大量的酸性和碱性污染物，并会将垃圾中的重金属溶解出来。这些成分经雨淋渗入土壤，会造成地表水或地下水的严重污染。

4）垃圾爆炸事故不断发生。随着城市垃圾中有机质含量的提高和由露天分散堆存变为集中堆存，并只采用简单覆盖，故极易产生甲烷气体（沼气）。垃圾产生沼气的危害日益突出，事故不断，从而造成重大损失。例如，北京市昌平区垃圾堆放场在 1995 年连续发生了三次垃圾爆炸事故。

干电池是人们日常生活中用得最广泛的物品之一，从照相机、录音机、计算器、电子辞典到掌上电脑，都离不开干电池。电池中含有大量的重金属、酸、碱等物质。在正常的使用过程中，这些物质被封装在壳体内，不会对环境和人体造成危害。但当电池被废弃后，由于长期机械或腐蚀等作用，会使内部重金属、酸碱等泄漏出来，从而带来严重的环境污染。

我国是干电池的生产和消费大国，一年的产量达 150 亿只，居世界第一位，消费量为 70 亿只，因无回收而丢失铜 1700 吨，锌 3.7 万吨，锰粉 22.6 万吨。我国的碱性干电池中汞含量达 1%～5%，中性干电池为 0.025%，因此全国每年用于生产干电池的汞就达几十吨之多。汞是电池中对环境危害最大的一种元素，科学家发现，汞具有明显的神经毒性，此外对内分泌系统、免疫系统等也有不良影响。

E　有毒废弃物污染与转移

有毒废弃物主要包括持久性有机污染物与医疗垃圾。

持久性有机污染物一般分成三类：农业用化学品（杀虫剂）、工业用化学药品和工业过程及固体废弃物燃烧过程中产生的副产品。这些有机化学物质充斥着我们生活的各个角落，可以在生产、运输、使用、废弃等各个环节，以各种形式污染大气、土壤、水体等环境。

例如：我国现在或以前生产和使用的 DDT、六氯苯、氯丹和灭蚁灵。此外还有大量废弃或仍在使用的设备含有多氯联苯（PCBs）。燃烧和生产、生活过程产生二噁英、呋喃、六氯苯和多氯联苯的现象也广为存在。虽然从 20 世纪 70 年代开始，我国各地就开始将含多氯联苯的废旧变压器等设备集中存放，但电力电容器的浸渍剂以及油漆的添加剂中仍在使用着多氯联苯。在发电、炼钢、水泥生产、氯碱生产、造纸、有机化工生产及垃圾焚烧等工艺过程中，也都存在着《POPs 公约》列出的 17 类有可能产生二噁英类物质。此外，用于血吸虫防治的主要药品五氯酚钠中也含有一定浓度的杂质二噁英。虽然我国现在已经禁止生产和使用 DDT，但由于 DDT 曾在我国作为主要杀虫剂长期大量使用，目前在环境、农作物、水果、茶叶、肉类、动物体和人体组织中有时还仍能检测出来。

医院废弃物是指在医院内产生的所有废弃物品，包括医疗废弃物和未被污染的对人及环境没有直接危害的各种废物，其中医疗废弃物约占医院废弃物的 20%。我国各类医疗机构日产医疗废弃物约 1700 吨，年产量达 165 万吨。由于设备不完善，管理和处置的法律体系不健全，目前我国的医疗废物的处理以自行焚烧为主，一些地区无力建造焚烧设施，就将医疗垃圾混入生活垃圾中填埋。有的地区虽然实行了医疗垃圾集中处理措施，但医院仍是先把可卖的东西挑选出来卖掉，剩下的再焚烧，造成医疗垃圾被不法商贩利用，流入社会，导致疾病流行，污染扩散。

危险废物的越境转移是指危险废物从一个国家管辖地区转移到另一个国家管辖地区，或者是通过第三国向另一个国家管辖地区转移。这种越境转移始于 20 世纪 70 年代。20 世纪 80 年代末，发达国家以每年 5000 万吨的规模向发展中国家转移危险废物，仅北美每年的越境转移事件就达 9000 起。由于废物的输入对进口国来说往往伴随有一定的经济收益，所以双方既得利益者常常一拍即合。伴随危险废物转移而来的往往是当地生态环境的整体恶化。近年来，危险废物转移到我国的事件时有发生。

为了防治环境污染，我国相继颁布了《中华人民共和国环境保护法》、《中华人民共和国水污染防治法》、《中华人民共和国环境噪声污染防治法》等一系列法律。1983 年，我国政府宣布把环境保护列为一项基本国策，提出在经济发展过程中经济效益、社会效益和环境效益相统一的战略方针。1994 年，我国政府制定了中国环境保护工作的行动指南——《中国 21 世纪议程》，指出"通过高消耗追求经济数量增长和'先污染后治理'的传统发展模式已不再适应当今和未来发展的要求，而必须努力寻求一条人口、经济、社会、环境和资源相互协调的、既能满足当代人的需要而又不对满足后代人需求的能力构成危害的可持续发展的路"。改革开放以来，我国政府在防治环境污染方面做了许多的工作，例如：成立环境保护部；颁布实施政策法规；制定科技标准；控制、治理污染；保护自然生态；进行环境评价；开展宣传教育；发展国际合作；进行环境监察，等等。政府有关部门在防治环境污染方面也做了许多的工作，如财政部、化工部、国家海洋局、国务院办公厅、最高人民法院、环境保护部等部门都颁发过相关法规和规章。例如：2006 年 6 月 26 日最高人民法院审判委员会第 1391 次会议通过了《最高人民法院关于审理环境污染刑事案件具体应用法律若干问题的解释》，对有关环境污染犯罪行为，规定了"公私财产遭受重大损失"、"人身伤亡的严重后果"或者"严重危害人体健康"的处罚。再如：2008 年 2 月 6 日国家环境保护部向各省、自治区、直辖市环境保护局（厅），副省级城市环境保护局，计划单列市环境保护局，新疆生产建设兵团环境保护局，解放军环境保护局颁发了《国家环境保护总局关于加强防范应对雨雪冰冻灾害次生环境污染事故的紧急通知》；2008 年 5 月 13 日环境保护部向各有关地区省环境保护（厅）局颁发了《关于防范和应对地震灾害次生环境污染事件的通知》。为了做好环境污染的防治工作，我们每一个公民必须努力增强环境意识：一方面要清醒地认识到人类在开发和利用自然资源的过程中，往往对生态环境造成污染和破坏；另一方面要把这种认识转变为自己的实际行动，以"保护环境，人人有责"的态度积极参加各项环境保护活动，自觉培养保护环境的道德风尚。

1.4.5 环境污染对人体健康的危害

人体通过新陈代谢和周围环境进行物质交换。物质的基本单元是化学元素，人体各种化学元素的平均含量与地壳中各种化学元素含量相适应。例如，人体血液中 60 多种化学元素含量和岩石中这些元素含量的分布规律是一致的。它们具有明显的相关性，自然界是不断变化的，人体也总是从内部调节自己来与地壳物质的不断变化保持平衡，这就是人与环境的辩证关系。

环境污染会使某些化学物质在环境中含量突然增加或出现环境中本来没有的合成化学物质，这在一定程度上破坏了人与环境在物质上的相应平衡，从而可能引起机体生病，甚至死亡。环境污染对人体的危害是十分复杂的问题，它可以对人体造成急性、慢性和远期危害，甚至影响到子孙后代的健康。

A 急性危害

污染物在短期内浓度很高，或者几种污染物联合进入人体，并对人体造成急性的危害。从 20 世纪 30 年代到 70 年代，在某些国家相继出现了不少严重的大气污染事件，引起人群急性中毒死亡，具体如表 1 - 1 所示。

表 1 - 1 世界上几次严重的环境污染事件

时　　间	事件名称	发生条件	主要污染物	受害情况
1930 年 12 月 1 ~ 5 日	比利时马斯河谷事件	山谷、无风、有逆温层、烟雾。工厂区有：铁厂、锌厂、玻璃厂、金属加工厂	二氧化硫、氟化物、飘尘	60 人及不少家畜死亡，患者胸痛、咳嗽、呼吸困难、眼睛受刺激
1948 年 10 月 27 ~ 31 日	美多诺拉事件	盆地、浓雾、气温逆转。建有大型炼铁厂、硫酸厂、炼锌厂	二氧化硫、硫酸雾、飘尘	死亡 20 人，6000 人住院，受害者多系肺病和心脏病患者
1950 年 11 月 24 日	墨西哥帕莎利卡事件	逆温层笼罩在低空，石油精炼厂脱硫装置破损	硫化氢	死亡 22 人，320 人住院，硫化氢中毒症
1952 年 12 月 5 ~ 9 日	伦敦烟雾事件	浓雾、高压逆温层、无风	烟尘（主要是家庭取暖烟气）	死亡 4000 人，死者以慢性支气管炎、肺炎和心脏病者居多
1964 年 9 月 14 日	日本富士山事件	平原、无风、液氯气化时管接头破裂，氯气大量喷出	氯气	中毒者 533 人，住院 47 人，患者咳嗽、流泪、胸痛、呕吐及后期头痛
1984 年 12 月 3 日凌晨	印度博帕尔市毒气泄漏事件	一农药厂 40t 毒气泄漏	甲基异氰酸盐（农药原料）在空气中浓度超标 1000 倍	直接致死 2.5 万人，间接致死 55 万人，永久残废 20 万人，死者血液变紫，肺、脑、肝、肾均受损伤，大批牲畜死亡，整个地区食物、水体均受污染
1986 年 4 月 26 日	苏联切尔诺贝利核电站事故	管理不善和操作失误	大量放射性物质泄漏，放射性尘埃广为扩散	当时死亡 2 人，约 2 个月后死亡 19 人，299 人住院，其中 35 人受辐射最严重。欧洲许多国家都受到放射性尘埃的污染，有的地区（瑞典）比平常高 5 ~ 10 倍，但低于安全界限
1986 年 11 月 1 日	剧毒物污染莱茵河事件	瑞士巴塞尔市桑多兹化工厂仓库失火	近 30t 剧毒的硫化物、磷化物与含有水银的化工产品随灭火剂和水流入莱茵河	有毒物沉积在河底，使莱茵河因此而"死亡" 20 年

急性危害事件在我国亦有发生。如 1971 年 7 月 13 日，某市冶炼厂镍冶炼车间由于输送氯气的胶皮管破裂，造成氯气污染大气事件，使周围 284 名居民急性中毒住院；2003 年 12 月 23 日，重庆市开县高桥镇"罗家 16H"井发生天然气井井喷，大量 H_2S 气体喷涌而出，事故造成 243 人死亡、2142 人不同程度中毒，65000 名群众被紧急疏散，直接经济损失 8200 余万元。"12·23"重庆开县天然气井井喷事故是世界天然气开采史上最惨重的一起事故，也是一起举国震惊的特大环境污染事故。

B 慢性危害

慢性危害主要是指小剂量的污染物持续地作用于人体而产生的危害。如大气、水体和土壤对人体造成慢性危害，更是屡见不鲜。例如日本熊本县水俣地区，由于工厂排放含汞废水造成水俣病事件，受害者达 1004 人，死亡 206 人，相同的公害事件，后又相继地在日本其他地区出现。我国某铁合金厂排出的含铬废水污染附近地下水，有的井水含铬量超标 400 倍。该厂附近居民由于长期食用被铬污染的水，发生口角糜烂、腹泻、腹痛和消化系统机能混乱等症状。大气污染对呼吸道慢性炎症发病率影响也很大。据某市调查结果表明：慢性鼻炎发病率，重污染区为 55.3%，轻污染区为 38.6%；慢性咽炎发病率，重污染区为 30.7%，轻污染区为 11.2%。而在对照区，慢性鼻炎和咽炎发病率分别为 10.4% 和 7%。

C 远期危害

远期危害有致癌作用、致突变作用、致畸作用和致敏作用。环境中致癌因素主要有物理因素、化学因素和生物因素。物理因素如放射性物质，可引起白血病和血癌等；生物因素如血吸虫与结肠癌有关，肝吸虫与肝癌有关等；动物实验表明：有致癌性的化学物质达 1100 余种。

致癌物按照对人类和哺乳动物致癌作用的不同，可分为确证致癌物、怀疑致癌物和潜在致癌物。确证致癌物通过动物实验和人群流行病学调查都已确认具有致癌作用。怀疑致癌物在动物，而且是在多种动物，特别是在与人类血缘较近的灵长类动物机体上呈现致癌作用，但在人群流行病调查中尚未能证实。潜在致癌物对动物致癌，但无任何资料表明对人类也具有致癌作用，只是对人类有致癌可能性。最近，世界卫生组织所属国际癌症研究机构对 140 种可使实验动物致癌的物质进行了鉴定，确证了其中 19 种物质属于确证致癌物，包括砒霜、石棉、苯、放射性氡气、芥子气、氯乙烯、煤焦油、矿物油和 3、4 - 苯并芘等。

国际癌症研究中心确证致癌金属有铬、砷、镍，怀疑致癌金属有铍和镉，潜在致癌金属有铝、锌、钴。金属的致癌潜伏期一般可达 10～20 年。此外，铍还能使人患上铍肺。20 世纪 70 年代以来，人们亦发现抗癌金属，如含有铂、锗的药物等。

在环境因素作用下，目前癌症发病率无论从全球范围还是我国的情况看都在直线上升。大家普遍认为癌症发病率与环境污染有关。据统计，人类癌症主要由病毒引起的在 5% 以下，由化学物质引起的占 90%，而外界环境中的这些化学物质主要来源于工业"三废"。总之，环境污染与癌症死亡率密切相关，如大气污染物中的 3、4 - 苯并芘就有较强的致癌作用。

环境中某些污染物质进入肌体后，能使肌体细胞的基因物质改变其特性，当细胞分裂后，新的子细胞就具有新的遗传特性，如果这种污染物质作用于人的生殖细胞，则其子孙后代的细胞内就带有这种突变基因，它虽对本代不显出影响，但可使子孙后代发生遗传突变作用。这就是环境污染对人体健康的又一种危害——致突变作用。

环境中某些污染物通过人或动物母体影响胚胎发育和器官分化，使子代出现先天性畸形的作用，称为致畸作用。业已肯定的环境污染物中甲基汞有致畸作用。致畸作用有物理因素、化学因素和生物因素。日本广岛、长崎原子弹爆炸区证实，放射性物质可引起眼白内障、小头症等畸形。

某些污染还可作为致敏源引起变态反应性疾病，如镍盐、砷盐等粉尘可引起过敏性皮炎、过敏性鼻炎等。

1.5　采矿生产对环境的影响

矿产资源是人类社会文明必需的物质基础。随着工农业生产的发展，世界人口剧增，人类精神、物质生活水平的提高，社会对矿产资源的需求量日益增大。矿产资源的开发、加工和使用过程不可避免地要破坏和改变自然环境，产生各种各样的污染物质，造成大气、水体和土壤的污染，并给生态环境和人体健康带来直接和间接的、近期或远期的、急性或慢性的不利影响。事实证明，一些国家或地区的环境污染状况，在某种程度上总是和这些国家或地区的矿产资源消耗水平相一致。同时，矿产资源又是一种不可再生的自然资源，所以，开发矿业所产生的环境问题，日益引起各国的重视：一方面是保护矿山环境，防治污染；另一方面是合理开发利用，保护矿产资源。矿产资源在开采、加工和使用过程中产生的环境问题可简述如下：

(1) 废石和尾矿对矿山环境的污染。采矿，无论地下还是露天开采，都要剥离地表土壤和覆盖岩层，开掘大量的井巷，因而产生大量废石；选矿过程亦会产生大量的尾矿。首先，堆存废石和尾矿要占用大量土地，不可避免地要覆盖农田、草地或堵塞水体，因而破坏了生态环境；其次，废石、尾矿如堆存不当可能发生滑坡事故，造成严重后果。如美国有一座高达 244m 的煤矸石场滑进了附近的一座城里，造成 800 余人死亡的惨案。据调查：近 20 年来我国先后发生过多次大规模的废石场滑坡、泥石流以及尾矿坝塌垮等恶性事故，造成人员伤亡、被迫停产、破坏公路、毁坏农田等恶果；再次，有的废石堆或尾矿场会不断逸出或渗滤析出各种有毒有害物质污染大气、地下或地表水体；有的废石堆若堆放不当，在一定条件下会发生自热、自燃，成为一种污染源，危害更大；干旱刮风季节会从废石堆、尾矿场扬起大量粉尘，造成大气的粉尘污染；暴雨季节，雨水会从废石堆、尾矿场中冲走大量砂石，可能覆盖农田、草地、山林或堵塞河流；等等。综上所述，废石、尾矿对环境的污染为：占用土地、损害景观；破坏土壤、危害生物；淤塞河道、污染水体；飞扬粉尘、污染大气。

(2) 许多矿山是包括采、选、冶的联合企业，会向环境排放大量的"三废"，如不注意防治，便将造成大范围的环境污染。如 19 世纪末日本发生震惊世界的环境污染事件就发生在某铜矿，该矿矿石含铜、硫、铁、砷，冶炼时排放废气除二氧化硫外，还有砷化合物和有色金属粉尘。污染物严重地污染矿区周围面积达 $400km^2$，受害中心区被迫整村迁移。该矿污水排入渡良濑川水体，洪水泛滥时广为扩散，使周围四个县数万公顷的农田遭受危害，鱼类大量死亡，沿岸数十万人流离失所。

(3) 采矿生产，特别是露天开采时对矿山周围大气污染甚为严重。开采规模的大型化，高效率采矿设备的使用，以及露天开采向深部发展，使环境面临一系列新问题。大型穿孔设备、挖掘设备、汽车运输等均会产生大量粉尘，使采场的大气质量急剧下降，劳动环境日益恶化。据现场监测，大气最高粉尘浓度达 $400 \sim 1600 \mathrm{mg/m^3}$，超过国家卫生标准上百倍。爆破作业产生大量有毒、有害气体。上述污染物在逆温条件下，会停留在深凹露天矿坑内不易排出，这是加速导致矿工患硅肺病的主要原因。此外，汽车运输还产生大量的氮氧化物、黑烟、3、4-苯并芘，这是导致癌症的根源。

（4）采矿工业中噪声污染也甚为严重。矿山设备的噪声级都在 $95 \sim 110 \mathrm{dB}$（A）之间，有的超过 $115 \mathrm{dB}$（A），均超过国家颁发的《工业企业噪声卫生标准》。噪声不仅妨碍听觉，导致职业性耳聋，或掩蔽音响信号和事故前征兆，导致伤亡事故的发生，而且还能引起神经系统、心血管系统、消化系统等多种疾病。

（5）采掘工作破坏地面或山头植被，引起水土流失，破坏矿山地面景观；地下坑道的开掘或地表剥离破坏岩石应力平衡状态，在一定条件下会引起山崩、地表塌陷、滑坡、泥石流和边坡不稳定，从而造成环境的严重破坏和矿产资源的损失，并酿成严重的矿毁人亡的重大恶性事故。1980 年湖北宜昌盐池河磷矿因地下采空区的扩大，引起了地面陡峭的石灰岩山崖开裂，在雨后失稳的岩体发生滑移，约有 10 余万立方米的岩体突然从陡崖上急骤倾泻而下，将山坡下矿部约 6 万平方米建筑物推垮并掩埋，堆积乱石面积约 6000 余平方米，堵塞了盐池河，造成巨大的财产损失和人员伤亡。另外，地表下沉和塌陷区引起地表水和地下水的水力联通，也容易酿成淹没矿井的水灾事故。

（6）矿产资源的合理开发和利用是矿山环境保护一项重要内容。上面谈到，矿产资源是不可再生资源。为此，加强对矿产资源的综合评价，是合理利用矿产资源的重要保证。要正确选择矿床合理开采方法，保证矿石最高回采率和最低损失、贫化率。大多数金属矿山是多种金属共生，综合回收和利用是保护矿产资源的重要手段。此外，针对我国矿产资源日趋减少的现状，把现有生产矿山大量排放的废石、尾矿作为二次矿产资源进行合理开发和有效的利用，变废为宝，既保护了国家的资源，又充分利用了国家资源，同时还净化了环境，可谓一举多得。

综合来讲，采矿生产对环境的影响包括水土流失、矿坑造成的地面沉降、生物多样性的破坏以及采矿过程中含化学物的废水对地下水的污染等。

（1）水污染。由于采矿、选矿活动，地表水或地下水会呈酸性，含重金属和有毒元素，这种污染的矿山水通称为矿山污水。矿山污水危及矿区周围河道、土壤，甚至破坏整个水系，影响生活用水、工农业用水。当有毒元素、重金属侵入食物链时，还会给人类带来潜在的威胁。

（2）大气污染。露天采矿及地下开采时，在工作面钻孔、爆破以及矿石、废石的装载运输过程中产生的粉尘，废石场废石的氧化和自燃释放出的大量有害气体，废石风化形成的细粒物质和粉尘，以及尾矿风化物等，在干燥气候与大风作用下会产生尘暴等，这些都会造成区域环境的空气污染。

（3）固体废弃物污染。在风景区附近的露天矿场，因采矿对地面景观的破坏会使旅游观光环境极不协调。许多矿山随意倾倒固体排弃物导致沟壑纵横、河道淤塞，泄洪不畅，水患不断。

（4）土地破坏及复田、土壤的污染。矿山开采，特别是露天开采会造成大面积的土地遭到破坏或被占用。据统计,美国约有 1.5 万个露天矿,每年破坏土地 $3 \times 10^4 hm^2$ 以上;而在德国,仅开采褐煤一项,每年就占地约 $2.1 \times 10^4 hm^2$。我国矿山破坏土地的总数尚未详细的统计,而根据已初步掌握的资料,各类主要的露天矿山有 1000 多个,多属于小型露天矿,但对土地的破坏却是十分可观的。

(5)地质灾害。地面及边坡开挖会影响山体的稳定,并因导致岩(土)体变形而诱发崩塌和滑坡等地质灾害。矿山排放的废石(渣)常堆积于山坡或沟谷,在暴雨发生时极易引起泥石流。

使用过去的方法采矿,对采矿业限制不严格的国家而言,其会对环境造成无法弥补的破坏,同时还会影响人类的健康。因此,现代许多国家对采矿业都有严格的环境保护和恢复地表状态的法律法规,以保证采矿区域在开采后能够恢复原有的状态,甚至要求比采矿以前的环境更好。

复习思考题

1-1　什么是环境,在《中华人民共和国环境保护法》中它又是怎样定义的?

1-2　环境系统的特性包括哪些?

1-3　环境科学的研究内容包括哪些?

1-4　生态系统由哪几部分组成?

1-5　采矿生产对环境有哪些影响?

2 矿山大气污染及其防治

教学目的：通过本章的学习，掌握大气污染及其类型，矿区大气污染的危害，井下有毒有害气体种类及其防治，露天矿空气污染的防治，大气污染的防治措施。

2.1 大气的结构和组成

地球的最外层被一层总质量约为 5.3×10^{15} t 的混合气体包围着，它只占地球总质量的百万分之一。大气质量在垂直方向的分布是极不均匀的，由于受地心引力的作用，大气的质量主要集中在下部，50% 的质量集中在离地面 5km 以下，75% 集中在 10km 以下，90% 集中在 30km 以下的范围内。高度 100km 以上的空气质量仅是整个大气圈质量的百万分之一。

2.1.1 大气的结构

根据观测证明，大气在垂直方向上的温度、化学成分、荷电等物理性质是有显著差异的，同时考虑到大气的垂直运动状况，可将大气圈分为五层，如图 2-1 所示。

A 对流层

对流层位于大气的最低层，集中了约 75% 的大气质量和 90% 以上的水汽质量。其下界与地面相接，上界高度随地理纬度和季节而变化。在低纬度区平均高度为 17~18km；在中纬度地区平均为 10~12km；两极附近高纬度地区平均为 8~9km，并且夏季高于冬季。

对流层的显著特点：一是气温随高度升高而降低，平均每上升 100m，温度降低 0.65℃。气温随高度升高而降低是由于对流层大气的主要热源是地面长波辐射，离地面越高，受热越

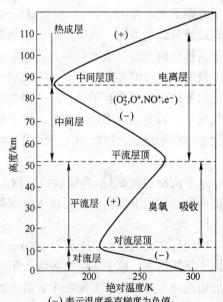

(-) 表示温度垂直梯度为负值；
(+) 表示温度垂直梯度为正值

图 2-1 大气圈的层状结构

少，气温就越低，故在垂直方向上形成强烈的对流；二是密度大，大气总质量的 3/4 以上集中在此层。

在对流层内，按气流和天气现象分布的特点又可分为下层、中层和上层。

(1) 下层。下层又称扰动层或摩擦层。其范围一般是自地面到 2km 高度处。随季节

和昼夜的不同，下层的范围也有一些变动，一般是夏季高于冬季，白天高于夜间。在这层里气流受地面摩擦作用的影响较大，湍流交换作用特别强盛，通常，随着高度的增加，风速增大，风向偏转。这层受地面热力作用的影响，气温亦有明显的日变化。由于本层的水汽、尘粒含量较多，因而，低云、雾、浮尘等出现频繁。

（2）中层。中层的底界在摩擦层顶，顶部高度距地面约为 6km。它受地面影响比摩擦层小得多，气流状况基本上可表征整个对流层空气运动的趋势。大气中的云和降水大都产生在这一层内。

（3）上层。上层的范围是从 6km 高度伸展到对流层的顶部。这一层受地面的影响更小，气温常年都在 0℃ 以下，水汽含量较少，各种云都由冰晶和过冷水滴组成。在中纬度和热带地区，这一层中常出现风速等于或大于 30m/s 的强风带，即所谓的急流。

由于受地表影响较大，气象要素（气温、湿度等）的水平分布不均匀，空气有规则的垂直运动和无规则的乱流混合都相当强烈，上下层水气、尘埃、热量发生交换混合，而且 90% 以上的水汽集中在对流层中，所以云、雾、雨、雪等众多天气现象都发生在对流层。对流层和人类的关系最为密切。

B　平流层

从对流层顶到约 50km 高度的大气层为平流层。在平流层下层，温度随高度降低变化较小，气温趋于稳定，所以又称同温层，在 30 ~ 35km 高度范围均保持在 −55℃ 左右。再向上温度随高度的增加而升高，到平流层顶升至 −3℃ 以上。对流层顶以上，平流层内臭氧量逐渐增加，在 15 ~ 25km 高度臭氧浓度达到最大值，称为臭氧层。臭氧具有吸收太阳光短波紫外线的能力，从而使地面生物和人类免受紫外线伤害。同时，在紫外线的作用下臭氧可被分解为原子氧和分子氧，当它们重新化合成臭氧时，会以热的形式释放大量的能量，故使平流层的温度升高。在平流层中空气没有对流运动，平流运动占显著优势，空气也比对流层稀薄得多且干燥，水汽、尘埃的含量甚微，大气透明度好，很难出现云、雨等天气现象。因为在这层能见度高，受力稳定，噪声污染小，安全系数高，所以目前大型客机大多飞行于此层，以增加飞行的稳定度。

C　中间层

从平流层顶到 80km 高度这一层称为中间层，在这一层里有强烈的垂直对流运动，气温随高度增加而下降，中间层顶温度可降至 −83 ~ −113℃。

D　暖层

中间层之上为暖层，上界达 800km。该层的下部基本上是由分子氮所组成，而上部是由原子氧所组成，原子氧层可吸收太阳辐射出的紫外光，因而在这层中的气体温度随高度增加而迅速上升。由于太阳和宇宙射线的作用，该层大部分空气分子发生电离，成为具有较高密度的带电粒子，故该层又被称为电离层。电离层能将电磁波反射回地球，故对全球的无线电通讯有重大意义。

E　逸散层

这是大气圈的最外层，下界高度达 800km 以上。这层空气在太阳紫外线和宇宙射线的作用下，大部分分子发生电离，使质子的含量大大超过中性氢原子的含量。逸散层空气极为稀薄，其密度几乎与太空密度相同。由于空气受地心引力极小，故气体及微粒可以从这层被碰撞出地球重力场而进入太空逸散。目前研究学者对逸散层的高度还没有一致的看法，实际上地球大气与星际空间具有相当厚的过渡层，该层的温度也是随高度的增加而略有增加的。

2.1.2 大气的组成

大气是一种气体的混合物，其中除含有各种气体元素及化合物外，还有水滴、冰晶、尘埃和花粉等杂质。大气中除去水汽和杂质的空气称为清洁空气。表2－1列出了对流层清洁空气的气体组成。一般将大气分为恒定组分、可变组分和不定组分。

表2－1　对流层清洁空气的组成

气体成分	体积分数	气体成分	体积分数
氮（N_2）	780840×10^{-6}	氪（Kr）	1.08×10^{-6}
氧（O_2）	209480×10^{-6}	氢（H_2）	0.5×10^{-6}
氩（Ar）	9340×10^{-6}	一氧化氮（NO）	0.5×10^{-6}
二氧化碳（CO_2）	330×10^{-6}	氙（Xe）	0.08×10^{-6}
氖（Ne）	18×10^{-6}	臭氧（O_3）	0.01×10^{-6}
氦（He）	5.24×10^{-6}	甲烷（CH_4）	1×10^{-6}

恒定组分系指大气中含有的氧气占大气总体积的百分比为20.94%；氮为78.09%；氩为0.93%。仅此三种成分，共占大气99.96%。除此之外，还含有微量的氖、氦、氪、氙、氢等稀有气体。上述组分的比例在地球上任何地方几乎都可以看做是不变的。

可变组分系指大气中除含有上述恒定组分外，还含有二氧化碳和水蒸气，在通常情况下二氧化碳的含量为0.02% ~0.04%，水蒸气的含量为4%以下，这些组分在大气中的含量随地区、季节、气象以及人们的生产和生活活动等因素的影响而有所变化。

不定组分来自自然和人为两个方面。自然界的火山爆发、森林火灾、海啸、地震等自然灾害形成的污染物有尘埃、硫、硫氧化物、氮氧化物、盐类及恶臭气体，可造成局部和暂时的大气污染，但这不是本章要讨论的内容。工业化、城市化等人为活动排放的烟尘和其他有害气体，是大气不定组分的主要来源，也是大气污染的主要原因。这类不定组分达到一定浓度时，就会对人和动植物造成危害，所以是环境保护工作者应当研究的主要对象。

2.2　大气污染、污染物及类型

2.2.1　大气污染

所谓大气污染，广义地说，是指自然现象或人类活动向大气中排放了过多的烟尘和废气，使大气的组成发生变化，或介入了新的成分，而达到了有害的程度。这些自然现象包括火山活动、森林火灾、海啸、土壤和岩石的风化以及大气圈空气运动等。一般来说自然现象所造成的大气污染，自然环境能通过自身的物理、化学和生物机能经过一定的时间后使之自动消除，这就是所谓的地球自净能力和自然生态平衡的自动恢复。而我们通常说的大气污染主要是人类活动造成的，是指当排入大气中的污染物浓度超过环境所能允许的极限，改变了正常大气的组成，破坏了其物理、化学和生态平衡体系，从而危害人类生活、生产、健康，损害自然资源及财产、设备的现象。大气污染可造成大规模建筑物腐蚀，大批森林损害甚至死亡。

引起大气污染的因素有自然因素，也有人为因素。自然因素指由大风刮起地面的沙层，火山爆发喷出的灰尘、CO_2 等，森林大火产生的 CO_2、CO、NO_2 及碳氢化合物。人为因素主要是工农业、交通运输业及生活取暖等所排放的污染物。

大气污染对人体健康的危害可分为急性作用和慢性作用。急性作用是指人体受到污染的空气侵袭后，在短时间内即表现出不适或中毒症状的现象。历史上曾发生过数起急性危害事件，例如：伦敦的烟雾事件，造成空气中 SO_2 含量高达 $3.5mg/m^3$，总悬浮颗粒物达 $4.5mg/m^3$，一周雾期内伦敦地区比往年多死亡 4703 人；洛杉矶光化学烟雾事件致使许多人喉头发炎，鼻、眼受刺激红肿，并有不同程度的头痛。慢性作用是指人体在低浓度污染物的长期作用下，产生的慢性危害。这种危害往往不易引人注意，而且难以鉴别，其危害途径是污染物与呼吸道黏膜接触，主要症状是眼、鼻黏膜受刺激，出现慢性支气管炎、哮喘、肺癌及因生理机能障碍而加重高血压、心脏病等病情。实践证明，美、日、英等工业发达国家近 30 年来患呼吸道疾病的人数和死亡率不断增加。根据动物试验结果，已确定有致癌作用的污染物质达数十种。如某些多环芳香烃、As、Ni、Be 等。近年来世界各国肺癌发病率和死亡率明显上升，特别是工业发达国家增长尤其快，而且城市高于农村。虽然肺癌的病因至今不完全清楚，但大量事实说明，空气污染是重要致病因素之一，且空气污染程度与居民肺癌死亡率之间呈一定正相关关系。大气污染对动物的危害与对人体的危害情况相似。对植物的危害可分为急性、慢性和不可见三种。急性危害可导致作物产量显著降低，甚至枯死。慢性危害常根据受害植物初期叶片上出现的变色斑点来判断，但大多数症状不明显，难以判断。不可见危害只造成植物生理上的障碍，使植物的生长在一定程度上受到抑制，但从外观上一般看不出症状。若要判断大气污染对植物造成的可见或不可见危害情况，需采用植物生产力测定、受害叶片内污染物的分析等方法。

根据影响范围，大气污染可分为四类：

(1) 局部地区污染，如工厂或单位烟囱排气引起的污染；

(2) 地区（区域）性污染，如工业区及其附近地区或整个城市大气受到污染；

(3) 广域性污染，指跨越行政区划的广大地域的大气污染；

(4) 全球性大气污染，指某些超越国界、具有全球性影响的大气污染。

2.2.2　大气污染源

大气污染源是指向大气环境排放有害物质或对大气环境产生有害影响的场所、设备和装置。根据不同的研究目的和污染源的特点，污染源的类型有以下四种划分方法。

2.2.2.1　按存在场所的形式划分

(1) 固定污染源。它指污染源从固定地点排出，如工厂的排烟或排气，矿井主扇排风口排气。

(2) 流动污染源。它指各种交通工具在移动过程中排放大量废气，如汽车、轮船和飞机等。

在对大气进行质量评价时，这种分类方法可以满足绘制污染源分析图的需要。

2.2.2.2 按排放范围划分

（1）点源。它指集中在一点或一个可当做一点的小范围排放污染物，如高架烟囱排烟。

（2）面源。它指在一个大面积范围排放污染物，如采矿台阶工作面析出有毒、有害气体，以及从矿坑水中析出二氧化硫和硫化氢等。

（3）线源。如在运输过程中造成污染的汽车、轮船、飞机等。

这种分类方法适用于大气污染扩散计算。

2.2.2.3 按排放时间划分

（1）连续源。它指污染物连续排放，如露天矿钻机和电铲扬尘，以及从矿岩中析出毒气和放射性气体。

（2）间断源。它指污染物时断时续地排放，如取暖锅炉的烟囱排烟。

（3）瞬间源。它指污染物短暂地排放，如二次爆破排放有毒气体和粉尘。

这种分类方法适用于分析污染物排放的时间规律。

2.2.2.4 按污染物质的来源划分

A 天然污染源

自然界中某些自然现象向环境排放有害物质或造成有害影响的场所，是大气污染物的一个很重要的来源。大气污染物的天然源主要有：

火山喷发。排放出 SO_2、H_2S、CO_2、CO、HF 及火山灰等颗粒物。

森林火灾。排放出 CO、CO_2、SO_2、NO_2、HC 等。

自然尘。风沙、土壤尘等。

森林植物释放。主要为萜烯类碳氢化合物。

海浪飞沫。颗粒物主要为硫酸盐与亚硫酸盐。

B 人为污染源

人类的生产和生活活动是大气污染的主要来源。通常所说的大气污染源是指由人类活动向大气输送污染物的发生源。大气的人为污染源可概括为五个方面：

（1）燃料燃烧。燃料（煤、石油、天然气）的燃烧过程是向大气输送污染物的重要发生源。煤是主要的工业和民用燃料，它的主要成分是碳，并含有氢、氧、氮、硫及金属化合物。煤燃烧时除产生大量烟尘外，在燃烧过程中还会形成一氧化碳、二氧化碳、二氧化硫、氮氧化物、有机化合物及烟尘等有害物质。火力发电厂、钢铁厂、焦化厂、石油化工厂等是用煤量最大的企业，根据这些企业的性质、规模的不同，其对大气产生污染的程度也不同。家庭日常生活用的炉灶，由于居住区分布广泛、密度大、排放高度又很低，再加上无任何处理，故所排出的各种污染物的量往往不比大锅炉低，在有些地区甚至更高。

（2）工业生产。工业生产过程中排放到大气中的污染物种类多，数量大，是城市和工业区大气污染的主要污染源。如石油化工企业排放二氧化硫、硫化氢、二氧化碳、氮氧化物；有色金属冶炼工业排出的二氧化硫、氮氧化物以及含重金属元素的烟尘；钢铁工业在开采、炼钢、炼焦过程中排出的粉尘、硫氧化物、氰化物、一氧化碳、硫化氢、酚、苯类、烃类等。总之，工业生产过程排放的污染物的组成与工业企业的性质密切相关。

（3）交通运输。现代交通工具如汽车、飞机、船舶等排放的尾气是造成大气污染的主要来源。内燃机燃烧排放的废气中含有一氧化碳、氮氧化物、碳氢化合物、含氧有机化合物、硫氧化物和铅的化合物等多种有害物质。由于交通工具数量庞大，来往频繁，排放污染物的量也非常可观。

（4）矿山开采。采矿企业，特别是露天开采矿山造成的大气污染甚为严重。开采规模的大型化、高效率采矿设备的使用，以及开采向深部发展，使大气污染面临着一系列的问题。如大型金属露天矿穿孔设备所采用的牙轮钻机，若不采取除尘措施，对人体健康具有严重危害的呼吸性粉尘（小于 7μm）在风流的作用下，可污染大片露天矿作业区。汽车运输是露天矿尾气排放和二次扬尘的污染源，内燃机车运行时产生大量有毒、有害气体，如丙烯醛、甲醛、一氧化碳、氮氧化物及黑烟等，随着排入矿山大气而污染作业环境；在路面不好的干燥地区，汽车运行时灰尘弥散，严重污染周围大气。爆破工作产生大量粉尘、一氧化碳和氮氧化物等有毒、有害气体，在深凹露天矿内往往很久不能扩散，这种粉尘和有害有毒气体的结合严重威胁着矿山的安全生产和矿工的身体健康。

（5）农业活动。农药及化肥的使用，对提高农业生产起着重大的作用，但也给环境带来了不利影响，致使施用农药和化肥的农业活动也成为大气的重要污染源。田间施用农药时，一部分农药会以粉尘等颗粒物形式散逸到大气中，残留在作物体上或黏附在作物表面上的也有部分可挥发到大气中。进入大气中的农药可以被悬浮的颗粒物吸收，并随气流向各地输送，从而造成大气农药污染。

2.2.3 大气污染物

大气污染物系指由于人类活动或自然过程排入大气的并对环境或人类产生有害影响的那些物质。大气中的污染物质的存在状态是由其自身的理化性质及形成过程决定的，气象条件也起一定的作用。目前认识到对环境已产生影响的主要大气污染物种类很多，主要有粉尘、硫氧化物、氮氧化物、一氧化碳、臭氧、碳氢化合物等。排放到大气中的污染物质，在与正常的空气组分相混合过程中会发生各种物理、化学变化。按其形成过程可分为一次污染物和二次污染物两大类；按其存在的物理状态可分为气溶胶状态污染物和气体状态污染物两大类。

2.2.3.1 一次污染物

一次污染物是指直接从污染源排放的污染物质，如二氧化硫、一氧化氮、一氧化碳、颗粒物等。它们又可分为反应物和非反应物，前者不稳定，在大气环境中常与其他物质发生化学反应，或者作催化剂促进其他污染物之间的反应，后者则不发生反应或反应速度缓慢。

2.2.3.2 二次污染物

二次污染物是指由一次污染物在大气中互相作用，经化学反应或光化学反应形成的与一次污染物的物理、化学性质完全不同的新的大气污染物，这类物质颗粒小，一般在 0.01 ~ 1.0μm，其毒性比一次污染物还强。最常见的二次污染物有硫酸及硫酸盐气溶胶、硝酸及硝酸盐气溶胶、臭氧、光化学氧化剂 O_x，以及许多不同寿命的活性中间物（又称自由基），如 HO_2、HO、NO 和氧原子等。目前已受到人们普遍重视的大气污染物如表 2-2 所示。

表 2-2 大气中主要污染物

类 别	一次污染物	二次污染物
含硫化合物	SO_2、H_2S	SO_3、H_2SO_4、MSO_4
含氮化合物	NO_2、NH_3	NO_2、HNO_3、MNO_3
碳的氧化物	CO、CO_2	
碳氢化合物（碳氢氧化合物）	$(C_1 \sim C_3)H_n$ 化合物	醛、酮、过氧乙酰硝酸酯
含卤素化合物	HF、HCl、$ClFC_3$	
颗粒物	重金属元素、多环芳烃	H_2SO_4、SO_4^{2-}、NO_3^-

2.2.3.3 气溶胶状态污染物

在大气污染中，气溶胶系指固体粒子、液体粒子或它们在气体介质中的悬浮体，其直径约为 $0.002 \sim 100\mu m$。

按照气溶胶的来源和物理性质，可将其分为以下几种：

（1）粉尘。这是最为常见的一种气溶胶。粉尘是悬浮于空气中的固体微粒，通常由矿物加工、破碎、钻孔、碾磨、运输、爆破等各种机械作用形成。粉末状物质（例如土壤微粒）受空气作用飞扬、弥散于空气中，也是大气粉尘的主要来源。粉尘是固体微粒，因其形成机制的原因，一般来说粒径都较大，约在 $1 \sim 100\mu m$ 的范围。

（2）烟。烟是由于燃烧和凝结而生成的细小粒子，也是一种有机性的可燃物质，例如煤、石油、木材等燃烧而形成的固体粒子，粒径较小，一般在 $0.01 \sim 1\mu m$ 的范围内。因其粒径小，在空气中沉降很慢或基本不沉降，故在空气中停留时间长。

（3）飞灰。飞灰是指有机物燃烧的残留物中的细微颗粒形成的气溶胶。粒径一般在 $10\mu m$ 以下，它们总是随烟一起弥散于大气中，很难将二者加以区别，因而笼统地称之为烟。与飞灰混合的"烟"的粒径范围一般为 $0.1 \sim 10\mu m$。城市污染的主要来源可以说就是烟，它是环保部门最为操心的难题之一。

（4）烟尘。非有机物的固体或液体物质在燃烧过程中，特别是在金属冶炼、焊接以及液体的蒸发、升华、溶解等过程中所形成的固体气溶胶，常常称为烟尘。实际上它也是一种"烟"，只是母体物质不同而已。烟尘的粒径与烟大致相同。这种烟尘在城市地区尤其突出。

（5）雾。由液体（主要指水）喷射、蒸发、雾化、蒸汽冷凝等过程而形成的高浓度的液体气溶胶称为雾。由于这种雾的形成，空气中的能见度将大大降低，严重时可能大白天也"对面不见人"。雾是一种液滴，其形状为球形，粒径小，通常在 $1\mu m$ 以下。水平能见度大于 $1000m$ 的低浓度的雾，称为薄雾，也就是所谓的"霭"。浓度更低时，这些微小的雾滴均匀分布在空气中，使太阳光发生散射时会出现特有的光学现象，这就是所谓的"霾"。

（6）烟雾。烟雾是烟（包括烟尘）与雾的混合体，是液体气溶胶和固体气溶胶的混合物。这种由烟和雾混合而形成的大气悬浮微粒物，是大气污染的主要来源，也是提高大气环境质量，特别是城市地区大气环境质量的主要障碍。

上述属于气溶胶范畴的分类和专用术语，很难给予严格界定，在国内外文献中常常有不一致的叫法。一般大气粒子的粒径范围是 $0.001 \sim 500\mu m$，小于 $0.1\mu m$ 的粒子具有和气体分子一样的行为，在气体分子的撞击下具有较大的随机运动，在 $1 \sim 20\mu m$ 之间的粒子随气体运动而运动，往往被气体所携。大于 $20\mu m$ 的粒子具有明显的沉降运动，通常它们在大气中停留的时间很短。

在大气污染控制中，根据大气中颗粒物粒径的大小，又将其分为以下几种：

（1）总悬浮颗粒（TSP）。用标准大容量颗粒采样器（流量在 $1.1 \sim 1.7 m^3/min$）在滤膜上采集到的颗粒物的总质量，通常称为总悬浮颗粒物。其粒径绝大多数在 $100\mu m$ 以下，其中多数在 $10\mu m$ 以下。它是分散在大气中的各种粒子的总称，也是目前大气质量评价中的一个通用的重要污染指标。

（2）飘尘。能在大气中长期飘浮的悬浮物质称为飘尘。其主要是粒径小于 $10\mu m$ 的微粒。由于飘尘粒径小，能被人直接吸入呼吸道内造成危害；又由于它能在大气中长期飘浮，易将污染物带到很远的地方，导致污染范围扩大，同时在大气中还可为化学反应提供反应床，因此飘尘是为环境科学工作者所重视的研究对象之一。

（3）降尘。降尘是指用降尘罐采集到的大气颗粒物。在总悬浮颗粒物中一般直径大于 $10\mu m$ 的粒子，由于自身的重力作用其会很快沉降下来，所以将这部分的微粒称为降尘。单位面积的降尘量可作为评价大气污染程度的指标之一。

（4）可吸入粒子（IP）。美国环保局 1978 年引用密勒等人所定的可进入呼吸道的粒径范围，把粒径 $d_p \leqslant 15\mu m$ 的粒子称为可吸入粒子，随着研究工作的不断深入，国际标准化组织（ISO）建议 IP 定为粒径 $d_p \leqslant 10\mu m$ 的粒子，此标准目前已为日本和我国科学工作者所接受。

2.2.3.4　气体状态污染物

大气中的气体状态污染物又简称为气态污染物，它是以分子状态存在的。气态污染物的种类很多，常见的有五大类，其一类是以二氧化硫为主的含硫化合物，如 SO_2、H_2S 等；其二类是以一氧化氮和二氧化氮为主的含氮化合物，如 NO、NH_3 等；其三类是碳的氧化物，如 CO、CO_2 等；其四类是碳氢化合物，如烷烃（C_nH_{2n+2}）、烯烃（C_nH_{2n}）和芳香烃类；其五类是卤族化合物，如 HF、HCl 等。

（1）硫氧化物。硫氧化物中主要的是 SO_2。SO_2 是目前来源广泛，影响面比较大的一种气态污染物。SO_2 是具有辛辣及刺激性的无色气体，吸入过量的 SO_2 会损害呼吸器官。SO_2 是大气中的主要酸性污染物，在大气中会氧化而形成硫酸烟雾或硫酸盐气溶胶。SO_2 与大气中的烟尘有协同作用，著名的伦敦烟雾事件带来的危害就是这种协同作用所造成的。

SO_2 主要来自含硫化石燃料的燃烧、金属冶炼、火力发电、石油炼制、硫酸生产及硅酸盐制品熔烧等过程。各种燃煤、燃油的工业锅炉和供热锅炉都会排放大量的 SO_2。全世界每年向大气中排放的 SO_2 量约为 1.5 亿吨，其中化石燃料燃烧产生的 SO_2 约占 70% 以上。火力发电厂排烟中的 SO_2 浓度虽然较低，但是总排放量却最大。

（2）氮氧化物。氮氧化物有 N_2O、NO、NO_2、N_2O_3、N_2O_4 和 N_2O_5，NO_x 是其总代表式。在大气中常见的氮氧化物污染物是 NO 和 NO_2。NO 是无色气体，毒性不太大，但进入大气后，会被氧化成 NO_2，当大气中有 O_3 等强氧化剂存在时，其氧化速度加快。NO_2 是一种红棕色的、具有恶臭刺激性的气体，其毒性约为 NO 的 5 倍。NO_2 会参加大气中的光化学反应，形成光化学烟雾，其毒性更大。

NO_x 主要来自燃料的燃烧，例如各种炉窑。以汽油和柴油为燃料的各种机动车，特别是汽车，排出的废气中，含有大量的 NO_x。美国洛杉矶烟雾就是由数量巨大的汽车废气经太阳光作用而形成的光化学烟雾。NO_x 的生成途径有两个：一是空气中的氮在高温下被氧化而形成 NO_x，温度愈高、燃烧区氧的浓度愈高，则 NO_x 的生成量也就愈大。据分析，燃煤发电厂排出的废气中，NO_x 含量为 $400 \sim 24000 mg/m^3$。二是燃料中的各种氮化物在燃烧时生成 NO_x。

此外，硝酸生产、炸药制备以及金属表面的处理过程也产生 NO_x。土壤和水体的硝酸盐在微生物的反硝化作用下也可生成 N_2O。

（3）碳氧化物。CO 和 CO_2 是各种大气污染物中发生量最大的一类污染物。CO 是一种无色无味无刺激性的气体。吸入人体后，能与血红蛋白结合，损害其输氧能力，使机体缺氧，严重时使人窒息而死。冬季在我国北方煤气中毒事件时有发生，实际上是 CO 中毒。CO 主要来源是燃料的不完全燃烧过程和汽车尾气。CO 排入大气后，由于大气的扩散稀释作用和氧化作用，一般不会造成危害。但是在城市冬季取暖季节或交通繁忙地区，在不利于尾气扩散时，CO 的浓度则有可能达到危害环境的水平。

CO_2 是无毒的气体，但是局部地区的空气中 CO_2 浓度过高时，会使氧含量相对减小而对人体产生不良影响。地球上 CO_2 逐年增多，产生"温室效应"，导致全球气候变暖，这已受到世界各国的密切关注。

（4）碳氢化合物。碳氢化合物是由碳、氢两种元素组成的各种有机化合物的总称，包括烷烃、烯烃和芳香烃类等。碳氢化合物主要来自煤和石油的燃烧以及各种机动车辆排出的废气。

大气受到碳氢化合物的污染，能使人的眼、鼻和呼吸道受到刺激，并影响肝、肾和心血管的生理功能。在这类污染物质中，多环芳烃（PAH）如蒽、苯并蒽、萤蒽和苯并芘等，都具有一定的致癌作用，尤其苯并芘更是强致癌剂。大多数多环芳烃是吸附在大气颗粒物上的，冬季因取暖燃煤量大增，烟尘多，附在其上的苯并芘便是大气受到 PAH 污染的标志。

碳氢化合物的更大危害还在于它与氮氧化物共同引起的光化学烟雾。由汽车、工厂等污染源排入大气的碳氢化合物和氮氧化物，在阳光照射下，发生一系列的光化学反应，生成了如臭氧、醛类、过氧乙酰硝酸酯（PAN）等二次污染物，其危害性远大于一次污染物。

碳氢化合物还有许多复杂的高分子有机化合物，如：酚、醛、酮等含氧有机化合物；过氧乙酰硝酸酯（PAN）、过氧硝基丙酰（PPN）、联苯胺、腈等含氮有机化合物；硫醇、噻吩、二硫化碳（CS_2）等含硫有机化合物以及氯乙烷、氯醇、有机农药 DDT（223）、除草剂 TCDD 等。

随着化学工业和石油化工的迅速发展，大气中的有机化合物日益增加，这些有机污染物对人体危害甚大，它们能强烈地刺激眼、鼻、呼吸器官，严重地损害心、肺、肝、肾等内脏，甚至致癌、致畸，并促使遗传因子变异。

（5）硫酸烟雾。硫酸烟雾是大气中的 SO_2 等硫氧化物，在有水雾、含有重金属的飘尘或氮氧化物存在时，发生一系列化学或光化学反应而生成的硫酸雾或硫酸盐气溶胶。硫酸烟雾引起的刺激作用和生理反应等危害远比 SO_2 大得多，其对生态环境、金属和建筑材料也都有很大的危害。

（6）光化学烟雾。光化学烟雾是在阳光照射下，大气中的氮氧化物、碳氢化合物和氧化剂之间发生一系列光化学反应而生成的蓝色烟雾（有时呈紫色或黄褐色）。光化学烟雾形成的机制很复杂，其危害性也比一次污染物更强烈。

2.2.4 大气污染类型

大气污染类型主要取决于所用能源的性质和污染物的化学特性，但气象条件也起着重要的作用（如阳光、风、湿度、温度等）。从大气污染的历史看，可根据不同的依据对其进行分类。

2.2.4.1 根据污染物的性质划分

（1）还原型（煤炭型）。这种类型常发生在以使用煤炭和石油为燃料的地区，主要污染物是 SO_2、CO 和颗粒物。在低温、高湿度的阴天，风速很小并伴有逆温存在的情况下，一次性污染物在低空聚积，生成还原性烟雾，如伦敦烟雾事件发生时的大气污染类型，所以人们也称之为伦敦烟雾型。

（2）氧化型（汽车尾气型）。这种类型大多发生在以使用石油为燃料的地区，污染物的主要来源是汽车排气、燃油锅炉以及石油化工生产，主要的一次性污染物是一氧化碳、氮氧化物和碳氢化合物。这些大气污染物在阳光照射下能引起光化学反应，并生成二次污染物——臭氧、醛类、酮类、过氧乙酰硝酸酯等物质。由于它们具有强氧化性质，对人眼睛、鼻黏膜等能产生强烈刺激。如洛杉矶的光化学烟雾就属这种类型。

2.2.4.2 根据燃料性质和大气污染物的组成划分

（1）煤炭型。代表性污染物是由煤炭燃烧时放出的烟气、粉尘、二氧化硫等构成的一次性污染物，以及由这类污染物发生化学反应而生成的硫酸、硫酸盐类气溶胶等二次污染物。主要污染源为工业企业烟气排放；其次是家庭炉灶的排放。

（2）石油型。主要污染物来自汽车排气、石油冶炼及石油化工厂的排放。主要污染物质是氮氧化物、烯烃等碳氢化合物，它们在大气中形成臭氧、各种自由基以及其反应生成的一系列中间产物与最终产物。

（3）混合型。包括：以煤为燃料的污染源排出的污染物；以石油为燃料的污染源排出的污染物；从工厂企业排出的各种化学物质等，如日本横滨、川崎等地曾发生的污染事件便属于此类型。

（4）特殊型。它是指有关工业企业生产排放的特殊气体造成的局部小范围的污染，如生产磷肥的工厂造成周围大气的氟污染等。

1969 年，美国联合碳化物公司在印度中央邦博帕尔市北郊建立了联合碳化物（印度）

有限公司，专门生产滴灭威、西维因等杀虫剂。这些产品的化学原料是一种叫异氰酸甲酯（MIC）的剧毒气体。1984 年 12 月 3 日凌晨，这家工厂储存液态异氰酸甲酯的钢罐发生爆炸，40t 毒气很快泄漏，引发了 20 世纪最著名的一场灾难。

根据印度政府公布的数字，在毒气泄漏后的头 3 天，当地有 3500 人死亡。不过，印度医学研究委员会的独立数据显示，死亡人数在前 3 天其实已经达到 8000 至 1 万之间，此后多年里又有 2.5 万人因为毒气引发的后遗症死亡。还有 10 万当时生活在爆炸工厂附近的居民患病，3 万人生活在饮用水被毒气污染的地区。

据统计，博帕尔毒气泄漏事件截至 2010 年已陆续致使超过 55 万人死于和化学中毒有关的肺癌、肾衰竭、肝病等疾病，20 多万博帕尔居民永久残废，当地居民的患癌率及儿童夭折率也因为这次灾难远比印度其他城市高。博帕尔毒气泄漏已成为人类历史上最严重的工业灾难之一。

1990 年，由于海湾战争，科威特 200 口油井起火，燃起的黑烟遮天蔽日，燃烧的大火持续时间之长令世人罕见，致使海湾及其周边地区环境污染十分严重。据报道，科威特下午两点上街开车要打亮前灯，居民出门得靠手电寻路，人们饱受着有害的二氧化硫及碳氢化合物的污染。据有关人士说，科威特油井燃烧产生的烟尘，形成半个美国那么大的烟云，使阿富汗、印度等国深受其害，浓烟蔽日，使到达地面的太阳能减少 20%，大量烟尘使印度大陆的气温下降好几度。同时，烟云还使该地区在雨季到来之时不再下雨，从而对该地区几个国家已经十分紧张的粮食供应造成直接威胁。美国威尔士的化学工程师约翰·考克斯当时对这次污染所作的估计更为悲观，他说，浓重的烟云可能使海湾地区的白昼气温下降 20℃之多，并预言，油井燃烧所产生的烟尘将使北半球一半地区的气候受到破坏。由此可见，海湾战争所造成的大气污染在世界历史上是极为严重的。

2.3 矿区大气污染的产生及危害

2.3.1 矿区大气污染

2.3.1.1 矿区大气

空气是人类赖以生存所不可缺少的物质。每人每天吸入空气的次数约两万多次，按体积算约 10000L，按重量计约 15~20kg，相当于人每天所需食物的 8~10 倍。人类对空气的质量要求是比较严格的，各国均制定了居民区、工矿企业车间空气的卫生标准。在矿井条件下对于空气中的粉尘、放射性以及各种有毒有害气体，安全规程均有一定要求。据统计，人与空气接触的肺泡膜表面积约为 50m²，当空气被污染以后，其中的有害物质很容易进入人体，如果人们长期在被污染的空气环境中工作，则会发生各种疾病。

现代矿山，特别是大型矿山，多为采矿、选矿和冶炼的联合企业，同时还设有为产品服务的建材、化工、烧结、焦化、电厂等辅助企业。这些企业在生活和生产活动的过程中，每时每刻都在向矿区地面和井下空间排放各种无机的或有机的气体、烟雾、矿物性及金属性粉尘。这些污染物质进入矿区大气，经足够的时间，达到足够的浓度时会使矿区大气质量发生恶化，从而危害人们的生活和身体健康，同时也破坏了矿区的大气环境，影响了生态平衡，这种状态称为矿山大气污染。矿山大气污染属于地区性污染，即污染范围通常为矿区及其附近地区。

　　矿区地面空气污染物主要来源于冶炼厂对矿石的冶炼加工过程。据统计，生产1t铅，排烟量达30000m³；电炉炼铜的废气排放量达（4~6）×10⁴m³/h。其次是露天开采的矿岩风化，大爆破生成的有毒气体、粉尘，汽油、柴油设备产生的尾气，采、选、冶的固体堆积物氧化、水解产生的有害气体和由矿井排出的废气。

2.3.1.2　大气污染物分类

　　矿区地面空气污染物按其性质可分为气态污染物和气溶胶污染物两大类。

　　A　气态污染物

　　气态污染物系指矿山在采矿、选矿、冶炼生产过程中产生的在常温常压下呈气态的污染物，它们以分子状态分散在空气中，并向空间的各个方向扩散。相对密度大于空气者下沉，并随气流的方向以相等速度移动，相对密度小于空气者向上飘浮。它们可分为：以二氧化硫为主的含硫氧化物；以一氧化氮和二氧化氮为主的含氮氧化物；以二氧化碳为主的含碳氧化物、碳氢化合物以及少数卤素化合物。此外，含铀、钍的矿山还存在放射性气体。

　　（1）含硫氧化物。矿区地面空气中含硫氧化物主要为二氧化硫和三氧化硫，此外还有少数硫化氢。含硫氧化物可以与空气中的原有成分或其他污染物发生化学或光化学反应而产生二次污染物，主要有硫酸烟雾和光化学烟雾。

　　（2）含氮氧化物。含氮氧化物通常主要指一氧化氮和二氧化氮。全世界由于人为活动，每年产生的一氧化氮和二氧化氮总量约为$5×10^6$t。矿区地面含氮氧化物主要来自冶炼厂的生产过程、锅炉烟气、露天开采的炸药爆炸以及矿区运输、装载、铲运等使用汽油、柴油为燃料的设备所排放的尾气。

　　（3）含碳氧化物。含碳氧化物是指一氧化碳和二氧化碳。人类向大气排放的一氧化碳主要是由燃料不完全燃烧产生。矿区碳氧化物主要来自冶炼生产，此外，还来自矿山爆破作业、汽油、柴油等内燃设备排放的尾气以及煤和矿石的自燃、矿岩中涌出的气体。

　　B　气溶胶污染物

　　所谓气溶胶系指沉降速度可以忽略的固体粒子、液体粒子或固体和液体粒子在气体介质中的悬浮体。按照其性质，属于气溶胶的物质有：粉尘、烟尘、液滴、轻雾及雾等。矿区气溶胶成分极其复杂，含有数十种有害物质。

　　（1）粉尘，指在矿山生产过程中，对矿物和岩石进行破碎、筛分、研磨、钻孔、爆破、运输等时产生的悬浮于大气中或在大气中发生缓慢沉降的微小固体颗粒，它属于固态分散性气溶胶。

　　（2）烟尘，指在冶炼和燃烧过程中矿物高温升华、蒸馏及焙烧时产生的固体粒子，它属于固态凝聚性气溶胶；或指常温下是固体物质，因加热熔融产生蒸气，并逸散到空气中，当被氧化后或遇冷时凝聚成的极小的分散悬浮于空气中的固体颗粒。例如，在熔铅过程中，有氟化铅烟尘产生；电焊时有锰烟及氧化锰烟产生；黄铜和青铜中含有锌，当铜被熔化时，则有锌蒸气逸到空气中，继而氧化成氧化锌烟等。这些微细的气溶胶颗粒，都具有规则的结晶形态，并且其颗粒比一般粉尘小。

　　（3）液滴，指在常温常压下是液体的物质，这种液体粒子能在静止条件下沉降，在紊流条件下保持悬浮状态，粒径范围在200μm以下。

（4）雾，指在常温常压下能悬浮于气体中的微小液体，它是在蒸气的凝结、液体雾化和化学反应等过程中形成的，属于液态凝聚性气溶胶，如酸雾、碱雾、水雾等。

2.3.1.3 影响矿区大气污染浓度分布的因素

（1）污染物的性质，指污染物的相态（固态、液态、气态）、形状、大小、相对密度、成分以及其他物理或化学性质。它们对污染物的浓度和污染物在大气中的分布及停留时间或能否造成二次污染等有着重要影响。

（2）污染源的性质，包括污染物的排放量、排放时间、污染源的高度、形状、口径以及源内温度以及排放速率等。

（3）矿区气象条件，指温度、湿度、气压、风、湍流及大气稳定度。

大气湍流系指无规则阵性搅动的气流。它是当空气在起伏不平的地面流动时，由于风向、风速的不断变化，加之空气的黏性和地形地物的阻力，流动的空气形成大小涡旋而呈现的无规则的运动状态。大气污染物的扩散，主要靠湍流的作用。

大气稳定度指大气中某一高度上的气团在垂直方向上相对稳定的程度，它是影响大气扩散的重要因素。大气稳定度与气温垂直递减率、风速及湍流有着密切关系。根据气温垂直变化率，大气稳定度状态有两种情况：大气的垂直温度随高度增高而降低时，大气为不稳定状态，此时对流强烈，湍流激烈，污染物扩散和稀释能力增强；当大气的垂直温度随高度增高而增高时，呈现出逆温，这时大气是稳定的，湍流作用受到抑制，污染物扩散能力弱。所谓逆温是当气温垂直递减率小于零时，大气层的温度分布与标准大气气温分布相反时称为温度逆温。逆温现象是矿区及深凹露天采场空气污染物形成聚集，不易扩散的主要原因。矿区气象参数具有相互影响与相互制约的关系。

（4）地面性质，包括矿区地形、地貌、粗糙度、地面植被对污染物的吸收、吸附和反射情况等。

2.3.1.4 矿区大气环境污染标准

A 空气中有害物质最高容许浓度

制定空气中有害物质的最高容许浓度，是为了控制毒物在人们劳动环境中浓度的分布量，以预防职业中毒。关于空气中有害物质的容许浓度的概念，各国所用的定义不一，主要可分为下列三种：

（1）最高容许浓度。最高容许浓度是指在工人工作地点的空气中经长期多次有代表性的采样测定后，有害物质均不超过的数值。该浓度以保障生产工人健康为目的，接触有害物质时间以每天 8h，每周 5d 计算。在不超过该浓度的情况下，工人长期接触亦不致产生用现代检查方法所能发现的任何病理改变。我国目前采用的就是这种标准。

（2）阈限值。阈限值是美国政府工业卫生学家会议制订的车间空气中有害物质的容许浓度。即每天 8h，每周 40h 工作时间内所接触的有害物质的时间加权平均浓度限制。该值可容许在一定限度内波动。在该浓度下工人每天反复接触有害物质，几乎都不会引起不良反应。但由于个体敏感性的差异，少数工人可能出现不适，或可能加重既往疾病，甚至罹患职业病。

（3）一次接触限值。一次接触限值，或称最高容许峰值、应急接触限值等，是一次临时性接触时的容许标准。此标准比最高容许浓度的尺度为宽，但除规定浓度外，还有接触极限的限制。在我国的卫生标准中，对一氧化碳规定了这种限值，其目的主要是防止急性中毒。

  B 矿区大气环境标准

  大气环境质量一级标准为保护自然生态和人群健康，在长期接触情况下，不发生任何危害影响的空气质量要求；二级标准为保护人群健康，城市、乡村、动植物，在长期和短期接触情况下不发生伤害的空气质量要求；三级标准为保护人群不发生急、慢性中毒和城市一般动植物（敏感者除外）能正常生长的空气质量要求。

2.3.2 矿区空气污染造成的危害

  污染物可以对矿区周围环境如气候、植被、农作物等造成破坏，引起生态平衡的失调，其主要表现在以下几方面。

2.3.2.1 对人体造成的危害

  (1) 刺激和腐蚀作用。如二氧化硫、三氧化硫与湿空气或湿表面接触形成硫酸，可引起支气管炎、哮喘、肺气肿等病症。

  (2) 窒息作用。引起窒息的气体有一氧化碳、硫化氢。大气中一氧化碳的危害作用与井下不同，由于大气对一氧化碳的扩散，故一般情况不会引起窒息作用，其主要危害是参与光学作用和被氧化时相对降低大气中氧的浓度。

  (3) 急性或慢性中毒作用。如大气受到汞蒸气、氟气或其他重金属（镉、砷、铅等）微粒的污染，当污染浓度特别大时则会产生急性中毒。

  (4) 其他危害。引起职业病，如硅肺、肺癌、石棉病。另外，烟雾笼罩削弱了日光和紫外线的照射，能见度降低，杀菌作用减弱，易使传染病流行，儿童佝偻病发生。

2.3.2.2 对局部天气和全球性气候的影响

  从工厂、发电站、汽车、家庭取暖设备向大气中排放的大量烟尘微粒，使空气变得非常浑浊，遮挡了阳光，使到达地面的太阳辐射量减少，导致人和动植物因缺乏阳光而生长发育不好。从大工业城市排出的微粒，其中有很多具有水气凝结核的作用。因此，当大气中有其他一些降水条件与之配合的时候，就会出现降水天气。有时候，从天空降下的雨水是酸性的。这种酸雨是大气中的污染物二氧化硫经过氧化形成硫酸，随自然界的降水下落形成的。硫酸雨能使大片森林和农作物毁坏，能使纸品、纺织品、皮革制品等腐蚀破碎，能使金属的防锈涂料变质而降低保护作用，还会腐蚀、污染建筑物。

  大气污染物浓度过高会增加大气温度，大量废热排放到空中，导致城区近地面空气的温度比四周郊区要高一些。

  研究认为，在有可能引起气候变化的各种大气污染物质中，二氧化碳具有重大的作用。二氧化碳能吸收来自地面的长波辐射，使近地面层空气温度增高，即产生所谓的"温室效应"。经粗略估算，如果大气中二氧化碳含量增加 25%，近地面气温可以增加 $0.5 \sim 2 ℃$。如果增加 100%，近地面温度可以增高 $1.5 \sim 6 ℃$。有的专家认为，大气中的二氧化碳含量按现在的速度增加下去，若干年后会使得南北极的冰融化，导致全球的气候异常。

2.3.2.3　对植物的影响

植物、森林不但具有保持水土、调节气候、净化空气、减弱噪声、监测污染的功能，同时又是制造氧气的工厂。植物主要依靠叶面与大气进行光合作用。通常情况下，大多数植物对空气污染物的抵抗性较弱，当大气污染物的浓度超过了植物可以忍受的限度时，植物个体的细胞结构、组织器官、生理生化功能都会受到影响和危害，表现出生长减慢、发育受阻、失绿黄化、早衰等症状，导致产量下降、产品品质变坏。植物群落也会因此发生组成和结构的变化，乃至造成植物个体死亡，群落消失的严重后果。

对植物危害较大的空气污染物是二氧化硫、氟化氢、碳氢化合物、光化学烟雾和含重金属的粉尘。

2.3.2.4　腐蚀物品

大气污染对金属物品、油漆材料、皮革制品、纸制品、橡胶制品和建筑物的腐蚀也相当严重。二氧化硫和水分子化合形成酸雾，对钢铁腐蚀性强。带有硫黄的污染物，能使铜表面变为绿色。二氧化硫与水蒸气形成的硫酸雾能腐蚀纺织品及纸张，使其变脆，还能使皮革变软。少量的硫化氢可以使含铅的油漆变色。臭氧最易腐蚀纺织品，可使其变色，也能使橡胶脆裂。

2.3.3　有害气体防治的基本方法

由上可知，大气污染物种类繁多，成分复杂，因而在预防及治理措施上有其共性，也有其特殊性。这里所述的处理方法是对气体及蒸气污染物而言。

由于气体污染物是以分子状态存在的，所以一般不能采用重力、惯性力、离心力、电场力及过滤等作用进行净化。目前国内外净化有害气体的方法归纳起来主要有五种：吸收法、吸附法、催化氧化或催化还原法、燃烧法、冷凝法。

A　冷凝法

冷凝法适用于回收蒸气状态的有害物质，特别是回收高浓度的溶剂蒸气、汞、砷、硫、磷等物质。其原理是利用物质在不同温度下具有不同的饱和蒸气压及不同物质在同一温度下具有不同的饱和蒸气压这一性质来冷却气体，使处于蒸气状态的有害物质冷凝成液体，从而从废气中分离出来。

冷凝法的优点是所需设备和操作条件比较简单，回收的物质比较纯净。因此，冷凝回收常常用于吸附、燃烧等净化方法的前处理，以减轻这些方法的负荷；或预先除去影响操作或腐蚀设备的有害组分以及用于预先回收某些可以利用的物质。此外，它还适用于处理含有大量水蒸气的高温空气。冷凝回收所用的设备是接触冷凝器、表面冷凝器（通常是列管式换热器）等。

B　吸收法

吸收法是用水、水溶胶或水溶液来吸收废气中的有害物质或蒸气的方法。有害气体被溶解在液体吸收剂中或与吸收剂发生化学反应而被吸收。吸收过程实际上就是物质从气相通过相界面传入液相的传质过程。

通常用的液体吸收法有水吸收法、碱液吸收法及采用其他吸收剂的吸收方法。水吸收法适用于处理易溶于水的有害气体，如氯化氢、氨、二氧化硫、二氧化氮、氟化氢、二氧化碳、氯气等。

水吸收率与吸收温度有关。一般随着吸收温度增高，吸收效率下降。当废气中有害物质含量很低时，水吸收率也会很低；这时则需采用其他高效吸收剂。

碱液吸收法用来处理能和碱液发生化学反应的有害气体，如二氧化硫、氮氧化氢、氟化氢、硫化氢等。常用的碱液有碳酸钠溶液、氢氧化钠溶液、氨水等。

C　吸附法

吸附法是利用多孔性固体吸附剂吸附废气中的有害物质于固体表面从而使废气得以净化的方法。常用的吸附剂有活性炭、分子筛、氧化铝及硅胶等。

当吸附剂工作一段时间后，吸附剂就逐渐失去吸附能力，净化有害气体的效率降低。这时则需要把吸附剂表面上的物质除去，才能重新恢复吸附剂的吸附能力，这个过程称为解吸。经过解吸后的吸附剂，必须通过一定的活化处理再生，才能恢复其吸附活性。

影响吸附效果的因素很多，但主要是吸收剂性质（如吸附剂的种类、表面积等）、吸附温度、被吸附污染物的浓度及通过吸附层的气流速度等。

D　催化转化法

利用催化作用将废气中的有害物质转化成各种无害的化合物，或者转化为比原来存在状态易于除去的化合物的方法称为催化转化法。

根据催化反应的性质，催化法可分为催化氧化和催化还原法。前者指在催化剂作用下，废气中的有害物质能被氧化为无害的物质或更易处理的其他物质。如有色冶炼生产所产生的尾气中二氧化硫的浓度较高，污染较大，为了消除污染，回收硫资源，可利用这部分废气来制硫酸，其原理就是在催化剂存在下，将二氧化硫氧化成三氧化硫，然后三氧化硫再被水吸收就可制得硫酸。

催化还原法系指在催化剂存在下，用一些还原性气体（如甲烷、氢、氨等）将废气中的有害物质还原为无害物质。如含氮氧化物的废气在催化剂作用下，可被甲烷、氢、氨等还原为氮气。

E　燃烧法

燃烧法是利用废气中某些有害物质（如一氧化碳和沥青烟气）可以氧化燃烧的特性将其燃烧变成无害物质的办法。燃烧净化仅能处理那些可燃的、或在高温下能分解的有害气体。其化学作用主要是燃烧氧化。因此，燃烧净化不能回收废气中所含的原有物质，只是把有害物质烧掉，或者从中回收利用燃烧氧化后的产物，另外，根据条件也可以回收燃烧过程中产生的热量。

燃烧净化法主要用于含有机溶剂蒸气及碳氢化合物的废气的净化处理。这些物质在燃烧过程中被氧化成二氧化碳和水蒸气。

在实际中，往往根据处理废气的不同性质，采用二级或三级组合式的净化方式。如：冷凝 – 燃烧法、冷凝 – 吸附法、冷凝 – 吸收 – 吸附法、吸附 – 催化转化法、吸附 – 冷凝法、催化还原 – 催化氧化法、催化还原 – 吸收 – 催化氧化法等。

2.4　矿山井下空气的污染及防治

2.4.1　井下空气成分

井下空气来源于地面空气。地面空气主要由氧气（O_2）、氮气（N_2）和二氧化碳

（CO_2）所组成。此外，还含有微量的水蒸气、微生物和灰尘等，后述这些物质仅在城市或工业中心等局部地区变化较大，但不影响整个地面的空气组成，所以不包括在地面空气的组成成分之内。

地面空气进入矿井后，在成分上将发生一系列的变化，如氧含量减少，混入各种有害气体和矿尘，空气温度、湿度和压力发生变化。

可见，地面空气与井下空气是有区别的。但是，当井下空气的成分与地面空气相近似时，仍将其称为新鲜风流（如进风巷道中的风流）；反之称为污浊风流或废风（如回风道中的风流）。下面研究井下空气的主要成分。

（1）氧气（O_2）。氧气是一种无色、无味、无臭的气体，和空气相比，它的相对密度是1.11。它的化学性质很活泼、几乎能与所有的气体化合，易使其他物质氧化，是人与动物呼吸和物质燃烧不可缺少的气体。因此，井下工作地区必须供给含有足够氧气的新鲜空气。我国矿山安全规程规定：在总进风和采掘工作面进风中，按体积计算，氧气体积不得低于20%。

（2）二氧化碳（CO_2）。二氧化碳是一种无色略带酸臭味的气体，俗称碳酸气，相对密度是1.52，容易聚集在巷道底部或下山盲巷没有风流的地方；不助燃、不能供呼吸，易溶于水。

二氧化碳对人的呼吸有刺激作用，当人体内二氧化碳增多时，能刺激人的呼吸神经中枢，而引起频繁的呼吸，使人的需氧量增加。但是，井下空气中二氧化碳浓度过大时，又会使氧含量相对减少，使人窒息。

为了防止二氧化碳的危害，安全规程规定：在总进风和采掘工作面进风中，按体积计算，二氧化碳不得超过0.5%；在总回风中不得超过0.75%。

（3）氮气（N_2）。氮气是一种无色、无味、无臭的气体，相对密度是0.97，既不助燃，也不能供人呼吸。在正常情况下，氮气对人体无害，但当空气中氮气含量增加时，会使氧气含量相对减少，而使人窒息。在通风正常的巷道中氮气含量一般变化不大。

综上所述，地表空气的主要成分是氧气、二氧化碳及氮气。空气进入矿井后，其成分会发生变化。由于在井下，矿岩及木材等不断缓慢氧化，消耗大量氧气，并产生二氧化碳，因此，井下空气成分变化主要是氧气减少及二氧化碳增加。在矿内通风不好的地方，尤其是火区及采空区附近以及有二氧化碳放出的独头巷道，氧气的含量可能会降到1% ~ 3%。所以在进入这些巷道前应该进行检查，否则贸然进入将会遭到窒息死亡的危险。已经停止通风的旧巷道，未经检查决不允许进入，以免发生二氧化碳中毒窒息事故。

2.4.2　井下空气中的有毒气体

2.4.2.1　爆破及内燃设备产生的主要有毒气体

爆破是矿山生产的主要作业之一，爆破后不能立即进入工作面，因为当炸药爆炸时，除产生水蒸气和氮气外，还产生二氧化碳、一氧化碳、氮氧化物等有毒有害气体（统称为炮烟），它会直接危害矿工的健康和安全。

井下使用柴油动力的无轨设备能使劳动生产率大大提高，但必须消除柴油机排出的废气对矿工的危害。因为柴油按组分质量比例是由碳（85% ~ 86%）、氢（13% ~ 14%）和硫（0.05% ~ 0.7%）组成，故柴油的燃烧一般不是理想的完全燃烧，会产生很多局部氧化和不燃烧的东西。所以，柴油机排出的废气也是各种成分的混合物，其中以氮氧化物（主要是一氧化氮和二氧化氮）、一氧化碳、醛类和油烟四类成分含量较高，毒性较大，是柴油机废气中的主要有害成分。一般柴油机废气中的氮氧化物浓度按体积为 0.005% ~ 0.025%，一氧化碳浓度为 0.016% ~ 0.048%。所以只有进一步了解一氧化碳和氮氧化物的特点，才能清楚地知道它们的危害及其预防方法。

A　一氧化碳

一氧化碳是一种无色、无味、无臭的气体，相对密度是 0.97。由于一氧化碳与空气密度相近，易于均匀散布在巷道中，若不用仪器测定很难察觉。一氧化碳不易溶解于水，在通常的温度和压力下，化学性质不活泼。

一氧化碳是一种性质极毒的气体，在井下各种中毒事故中所占的比例较大。一氧化碳性质极毒是由于它与人体血液中血红蛋白的结合力比氧大 250 ~ 300 倍，也就是说血液吸收一氧化碳的速度比氧快 250 ~ 300 倍。当人体吸入的空气含有一氧化碳时，那么血液就会多吸收一氧化碳，少吸入以致不吸入氧气。这样人体内循环的不是氧素血红蛋白（HBO_2）而是碳素血红蛋白（HBCO），从而使人患缺氧症；当血液中一氧化碳达到饱和时血红蛋白就完全失去输送氧的能力，最终致人死亡。

以上说明空气中一氧化碳含量过高会妨碍人体吸收氧；反之，有足够的氧气也会排出人体内的一氧化碳。因此一氧化碳中毒时只要吸入新鲜空气就会减轻中毒的程度，所以将一氧化碳中毒者尽快地转移到新鲜风流中进行人工呼吸，仍可使其得救。

由于一氧化碳的毒性很大，安全规程规定：井下作业地点（不采用柴油设备的矿井），空气中一氧化碳浓度不得超过 0.0024%，按质量计不得超过 0.03mg/L。这个规定的允许浓度较有轻微症状的中毒浓度还有几倍的安全系数，这主要是为了保证人在这样恶劣的环境下从事劳动也不致中毒和受到伤害。但爆破后，在扇风机连续运转不断送入新鲜风流的情况下，一氧化碳浓度降到 0.02% 时就可以进入工作面。使用柴油设备的矿井一氧化碳浓度应小于 0.005%。

若经常在一氧化碳浓度超过允许浓度的环境中工作，虽然短时期内不会发生急性病状，但由于血液长期缺氧和中枢神经系统受到伤害，就会引起头痛、眩晕，胃口不好，全身无力，记忆力衰退，情绪消沉及失眠等慢性中毒症状。

另外还应注意到，发生井下火灾时，由于井下氧气供应不充分，也会产生大量的一氧化碳。

B　氮氧化物

爆破后和柴油机排出的废气中都有大量的一氧化氮产生，一氧化氮是极不稳定的气体，遇到空气中的氧即转化为二氧化氮。

二氧化氮是一种褐红色的气体，相对密度是 1.57，具有窒息气味，极易溶解于水；二氧化氮遇水后生成硝酸，对人的眼、鼻、呼吸道和肺部都有强烈的腐蚀作用，以致破坏肺组织而引起肺部水肿。

二氧化氮中毒的特点是起初无感觉，往往要经过 6 ~ 24h 后才出现中毒征兆。即使在危险浓度下，起初也只感觉呼吸道受刺激、咳嗽，但经过 6 ~ 24h 后，就会发生严重的支气管炎、呼吸困难、吐黄痰、发生肺水肿、呕吐等症状，以致很快死亡。

为了防止二氧化氮的毒害，安全规程规定：井下作业地点（不采用柴油设备的矿井）

空气中二氧化氮的浓度不得超过 0.000259%（换算为 N_2O_5 的氮氧化合物为 0.0001%），按质量计不得超过 0.005mg/L；使用柴油设备的矿井二氧化氮浓度应小于 0.0005%。

C 一氧化碳和二氧化氮中毒时的急救

从一氧化碳和二氧化氮的特性可以看出，二者都是毒害很大的气体，又同时产生在爆破后和柴油机排出的废气中，但由于它们对人体中毒的部位不同，故在对中毒伤员进行急救时应加以区别对待。一氧化碳中毒，呼吸浅而急促，失去知觉时面颊及身上有红斑；嘴唇呈桃红色；对中毒伤员可施用人工呼吸及苏生输氧，输氧时可掺入 5%~7% 的二氧化碳以兴奋呼吸中枢、促进恢复呼吸机能；口服生萝卜汁也有解毒作用。二氧化氮中毒，突出的特征是指尖、头发变黄，另外还有咳嗽、恶心、呕吐等症状。因为二氧化氮中毒时，往往发生肺水肿，所以切忌采用人工呼吸，以免加剧肺水肿的发展。可用拉舌头刺激神经引起呼吸，或在喉部注入碱性溶液 $NaHCO_3$，以减轻肺水肿现象。

2.4.2.2 含硫矿床产生的主要有毒气体

在开采含硫矿床的矿井里，眼和鼻会有特殊的感觉，这是因为硫化矿物被水分解产生的硫化氢和含硫矿物的缓慢氧化、自燃和爆破作业等产生的二氧化硫所引起的。

A 硫化氢

硫化氢是一种无色的气体，相对密度是 1.19，具有臭鸡蛋及微甜气味，当空气中含量为 0.0001%~0.0002% 时，可以明显地感到它的臭味；易溶解于水，能燃烧；性极毒，能使人体血液中毒，并对眼膜和呼吸系统产生强烈的刺激作用。

安全规程规定：矿内空气中硫化氢的含量不得超过 0.00066%。

应该注意到，硫化氢容易出现在一些老硐中。由于它的相对密度大，易溶解于水，故很容易聚集在老硐的水塘中，若被搅动，就有放出的危险。

B 二氧化硫

二氧化硫是无色的气体，具有强烈的烧硫黄味，相对密度是 2.2，易溶解于水，对眼有刺激作用；与呼吸道潮湿的表皮接触后能产生硫酸，对呼吸器官有腐蚀作用，可使喉咙支气管发炎，呼吸麻痹，严重时引起肺水肿。所以二氧化硫中毒的伤员也不能进行人工呼吸。

安全规程规定：矿内空气中二氧化硫浓度不得超过 0.0005%。

在矿石含硫量超过 15%~20% 的矿井里，一氧化碳和二氧化硫含量不断增加是矿石自燃火灾的主要征兆之一。

C 硫化氢、二氧化硫中毒时的急救

硫化氢中毒，除施行人工呼吸或苏生输氧外，还可用浸过氨水溶液的棉花或毛巾放在嘴和鼻旁，因为氨是硫化氢的良好解毒物。二氧化硫中毒可能引起肺水肿，故应避免用人工呼吸；当必须用苏生输氧时，也只能输入不含二氧化碳的纯氧。

外部器官受硫化氢、二氧化硫刺激时，眼睛可用 1% 的硼酸水或明矾溶液冲洗，喉咙可用苏打溶液、硼酸水及盐水漱口。

2.4.3 井下有毒有害气体及防治

2.4.3.1 矿井常见气体

矿井常见气体有一氧化碳、二氧化碳、氮氧化物、一氧化氮、二氧化氮、硫化氢、二氧化硫等，这些气体的性质和危害前已述之。

甲烷又名沼气，是一种无色、无味、无臭的气体，它对空气的相对密度为 0.554，在标准状态下，每立方米质量为 0.716kg。甲烷无毒，但具有窒息性；当空气中含量过高时，氧气含量相对降低，可使人窒息。当甲烷浓度达到 43% 时，空气中氧气含量降到 12%，使人开始窒息。当甲烷含量达到 57% 时，氧气含量降到 9%，短时间内人就会窒息死亡。

甲烷具有燃烧性和爆炸性。通常甲烷爆炸的下限为 5.0% ~ 6.0%，某些情况下，也有低到 3.2% 和高到 6.7%，上限为 14.0% ~ 16.0%。在爆炸界限内，甲烷遇到火源即能引起爆炸。甲烷最易引燃的浓度为 8.0%，甲烷最强烈的爆炸浓度为 9.5%。

氡气，一种无色、无味、无臭的放射性气体，能被固体物质吸附，具有强烈的扩散性。氡对人体主要危害表现在其衰变过程中所放出的 α、β、γ 射线能使物质产生电离与激发作用，引起体内生化反应，使代谢功能发生障碍。病理学研究表明，矿井氡及其子体是矿工患肺癌的主要原因。

冶金矿山安全规程规定：含铀、钍金属矿山，井下空气中氡的浓度不应大于 3.7kBq/m^3；氡的子体潜能值不应大于 6.4μJ/m^3。

2.4.3.2　有毒气体中毒时的急救

当井下发生灾害，工作人员遇有毒气体中毒或缺氧时，应立即组织抢救，以便使其及早脱离危险，保障其生命安全。

中毒时的急救措施，可按下列步骤执行：

(1) 立即将中毒者移至新鲜空气处或地表；

(2) 将患者口中一切妨碍呼吸的东西如假牙、黏液、泥土除去，将衣领及腰带松开；

(3) 给患者保暖；

(4) 为促使患者体内毒物洗净和排除，给患者输氧。

2.4.4　矿井柴油设备尾气的污染及其防治

2.4.4.1　概述

近年来，采用柴油机为动力的内燃机设备，在矿山及地下工程的采掘、装载及运输中已大量使用。矿山采用的柴油设备有：汽车、内燃机车、挖掘机、装运机、凿岩台车、喷浆机、锚杆车及炮孔装药车等。

与风动、电动设备相比，内燃机车驱动功率大、移动速度快、不拖尾巴、不架天线、有独立能源，因而具有生产能力大、效率高、机动灵活等优点。但是由于内燃机车产生的废气对矿井空气有较严重的污染，会对工人的健康及安全生产造成威胁。因此，如何解决柴油设备的废气净化，防止污染矿井大气成为柴油设备能否在井下推广使用的关键。

2.4.4.2　柴油设备污染机理

柴油机是以柴油为燃料，在密闭的气缸中将吸入的空气高倍压缩，产生 500℃ 以上的高温，柴油通过喷嘴呈雾状压入气缸（燃烧室）与高速旋转的压缩空气混合，发生爆炸燃烧，推动活塞并通过连杆带动曲轴而做功的动力设备。

然而，由于某些原因，上述反应不能进行完全，并会产生成分极为复杂的废气，从而给矿井大气造成较严重的污染。

柴油机排放的废气中包含有气态、液态及固态的污染物。气态污染物中含有 CO_2、CO、H_2、NO_x、SO_2、HC、氧化物、有机氮化物及含硫混合物等；液态污染物中含有 H_2SO_4、HC、氧化物等；固态污染物有碳、金属、无机氧化物、硫酸盐以及多环芳烃（PAH）和醛等碳氢化合物。

上述污染物中，最主要的是 CO、HC、NO_x 以及固体微粒（PM）。CO 是柴油不完全燃烧产生的无色无味气体；HC 也是柴油不完全燃烧和气缸壁淬冷的产物；NO_x 是 NO_2 与 NO 的总称，它们都是在燃烧时氧气过量、温度过高而生成的氮气燃烧产物，NO 在空气中即被氧化成 NO_2，NO_2 呈红褐色并有强烈气味；PM 是所排气体中可见污染物，它是由柴油燃烧中裂解的碳（干烟灰）、未燃碳氢化合物、机油与柴油在燃烧时生成的硫酸盐等组成的微粒，也就是我们常见的由排气管冒出的黑烟。相对汽油机而言，柴油机的 CO 和 HC 排放量较少，主要排放的污染物是 NO_x 和 PM。

PM 被吸入人体后会引起气喘、支气管炎及肺气肿等慢性病；在碳烟微粒上吸附的 PAH 等有机物，更是极有害的致癌物。

2.4.4.3 柴油机的排放标准

为了控制废气污染，许多国家都制定了相应的环保法规和废气排放污染防治的技术政策，以及控制排放污染物限值的技术监督标准。欧盟柴油机稳态实验（试验程序 ESC）时的排放标准如表 2-3 所示。

表 2-3　欧盟柴油机排放标准　　　　　　　　　　（g/(kW·h)）

标　准	开始实施年份	污染物排放标准			
		CO	HC	NO_x	PM
欧 I	1992	4.5	1.10	8.0	0.36
欧 II	1998	4.0	1.10	7.0	0.15
欧 III	2000	2.1	0.66	5.0	0.10
欧 IV	2005	1.5	0.46	3.5	0.02

我国已于 2000 年实施了《压燃式发动机和装用压燃式发动机的车辆排气污染物限值及测试方法》（GB 17691—1999）、《压燃式发动机和装用压燃式发动机的车辆可见污染物限值及测试方法》（GB 3847—1999）等排放标准。这些强制性的国家标准等效采用了联合国欧洲经济委员会（ECE）有关汽车排放控制的全部技术内容，这意味着我国对新车的排放要求比原有的国家标准更加严格了。

在执行新标准中，主要问题是可见污染物排放的测试。根据 GB 3897—1999 要求，测试仪器采用取样式不透光度仪，测定连续通过气样管的一部分排气的不透光度，测量单位为 m^{-1}（光吸收系数）。这种全负荷烟度排放值的测量仪器，是一种部分流不透光的烟度计（如 AVL415 型、AVL438 型及 AVL439 型），目前还是依赖于进口。因此，国内仍在沿用旧标准《汽车柴油机全负荷烟度排放标准》（GB 14761.7—1993）、《汽车柴油机全负荷烟度测量法》（HB 3847—1993）、《柴油车自如加速排放标准》（GB 14761.6—1993）及《柴油车自如加速烟度的测量滤纸烟度法》（GB/T 3846—1993），即利用滤纸测定烟度Rb，单位为 FSN（滤纸烟度指数）。

2.4.4.4　废气污染的治理

对井下柴油设备产生的废气主要从三方面来解决，即净化废气、加强通风和个体防护。实践证明，通过以上综合措施完全可以使废气中的有害成分降到允许浓度以下。

A　废气的净化

废气净化可分为机内净化和机外净化。前者目的是控制污染源，降低废气生成量，后者目的是进一步处理生成的有害物质。

（1）机内净化是整个净化工作的基础。当前国内外主要从以下几方面着手。

1）正确选择机型。这是指选择柴油机燃烧室的形式。当前，对在井下使用的柴油机燃烧室形式有两种看法：一种主张采用涡流式；另一种主张采用直喷式。目前采用直喷式较多，原因是直喷式具有结构简单、热负荷低、平均有效压力低、油耗低、启动容易等优点。然而直喷式产生的污染物浓度大，资料表明，直喷式的排污要高于涡流式 1～2 倍，这对井下的污染治理来说是一个严重问题。此外，直喷式对维护和喷嘴的状况要求较严，稍有损坏，柴油机的排污将更为恶化，而涡流式的最大优点在于排污量较直喷式小，因此，从保护井下大气环境来讲，采用涡流式较好。

康明斯公司在 ISR、ISC、ISM 系列发动机中，采用了垂直中央喷射和更高的喷射压力，从而使排放污染物减少了 1/5。

盖瑞特公司在涡轮增压器上采用液压变喷嘴涡轮技术，使发动机在怠速至全速的工作范围内都降低了 NO_x 的排放。

2）推迟喷油延时。其主要目的是减少空气中的氮和氧与燃油的接触时间，从而使氮氧化合物的生成量减少。

3）选用高标号的柴油，并注意柴油和机油系统的清洁，绝对禁止井下使用汽油机。

4）严格维修保养，保证柴油机的完好率，特别是滤清器、喷油嘴内的清洁，防止阻塞。

5）不要超负荷或满负荷运行。测定表明，当柴油机在超负荷或满负荷状态下工作时，其废气浓度及废气量急剧增加。为改善排污状况，井下多采用降低转速和功率的办法，通常将功率降低 10%～15%，或不使用高档。

废气再循环技术可有效地控制 NO_x 的排放。但是，要想不增加 HC 的排放，还得采用电控废气再循环技术，利用调整装置来优化不同负荷时的废气再循环。

在工程机械柴油机上采用电子喷射系统是重大的技术进步。新三菱·卡特彼勒公司的HEUI 共轨液压式喷油系统，由高压油泵、共轨油道、调压阀、控制单元（电磁阀）、电控液压喷嘴等组成。在液压共轨中保持 4～23MPa 油压，通过喷油器的增压活塞使燃油压力增至 30～140MPa；喷油计量由喷油时段与喷油压力决定，而喷油时段则取决于电磁阀通电时间的长短；电磁阀按负荷情况与转速的变化自动地调节喷油正时。EUI 高压共轨电子喷油系统则能够进行预喷射与后喷射，还可实现△形喷油规律的多段喷射。LICR 电液控制喷油系统则可根据发动机工况，更好地实现预喷压力的调节。电喷技术由于可根据负荷与转速的变化自动地按柴油喷射曲线喷油，故可使柴油更好的雾化、充分燃烧，从而净化了废气，也减少了可见污染物（黑烟）的排放。

（2）机外净化。一台完好的柴油机，即使机内净化很好，排放指标再低，其浓度仍然超过允许浓度的几十倍甚至几百倍。因此，还必须采取机外净化措施。所谓机外净化就是在废气未排放至井下大气前经过净化设备进一步处理生成的有害物质。

机外净化常采用的方法有：

1）催化法。催化法的原理是废气中的一氧化碳、碳氢化合物、含氧碳氢化合物等借助催化剂的表面催化作用，利用柴油机排气中所剩余的氧气和排气高温氧化生成无毒的二氧化碳和水。

2）水洗法。根据废气中的二氧化硫、三氧化硫、醛类及少量氮化物可溶解于水的性质，将其用水洗涤，可达到进一步除去以上气体的目的，同时废气中的炭黑还可被水黏附。

根据洗涤方式不同，水洗法可分喷水洗涤法和水箱洗涤法两种。

喷水洗涤法的净化装置包括水泵、水箱喷嘴和管道，水泵由柴油机带动，水箱可容纳足够一个班的用水量。水的喷射方向与废气流动方向相反。

水箱洗涤法是让废气通过管道直接进入水体，净化后的气体从水面出来后由排气管排出。水箱洗涤法具有结构简单、加工容易、效果好等优点，故目前国内外多数柴油机采用这种净化装置。

3）再燃法。利用再燃净化器把柴油机排出的废气送入燃烧仓进行二次燃烧可净化一氧化碳。再燃净化器由燃烧仓、射流器、反应罐、高效喉管和一些附属装置组成。

4）废气再循环法。废气再循环法是把柴油机汽缸燃烧室中排出的废气的一部分（约20%）与空气混合后再循环到汽缸中去，由于混合后的气体氧含量降低，故能使二次排出的废气中氮化物浓度大幅度下降，达到净化目的。

5）综合措施。为了克服以上各种净化方法的自身缺点和充分发挥各自突出的优点，有的柴油设备采用了综合净化措施，如催化法和水洗法联合净化，废气再循环与再燃法的联合应用等，均取得较好的效果。

B 合理使用维护

超负荷使用、保养维护不当或检修调整不良等使用中的问题，都会使柴油机的性能恶化，导致污染物排放量增加。在使用与维护中，应该采取严格的管理规范和技术措施。

对于柴油品种，要选用十六烷值适中的柴油，一般夏季用 0 号、+10 号柴油，冬季用 −10 号、−20 号柴油，严寒地区用 −35 号柴油；并尽可能的选用低硫柴油。在柴油中按 3/10000 ~ 5/10000 的比例掺入 XS30.30 高效柴油添加剂，可有效地控制炭烟的排放。

定期维护保养至关重要。另外，有必要将排黑烟与排蓝烟视为故障现象，应及时检修，随时保持柴油机有良好的技术状况。引起排黑烟故障的原因有：空气滤芯堵塞或进气管漏气，造成进气量不足；消声器被过多的黑烟堵塞或排气管变形使排气背压过高；涡轮增压器、燃油喷射泵或喷油器工作不良；喷油正时过迟，后燃过多；气门间隙不良；气门与气门座圈接触不良或气门弹簧失效；活塞、活塞环、缸套磨损超限等。引起排蓝烟故障的原因有：油底壳加机油过量；曲轴箱废气通气孔堵塞；活塞环与油环失效；活塞、活塞环、缸套磨损超限；气门与导管间隙过大；涡轮增压器漏油等。

　　C　加强通风、搞好井下柴油设备的通风管理

　　在目前的技术条件下，尽管柴油设备的废气经过机内外的净化，但最后排出的废气浓度仍然超过国家的允许浓度。实践证明：对井下使用柴油设备的矿山在通风系统及供风量上，都应有一定的特殊要求，否则，将影响柴油机在井下的推广使用。

　　（1）使用柴油设备的各作业地点或运行区段，应有独立的新风，要防止污风串联。

　　（2）各作业地点应有贯穿风流，当不能实现贯穿风流时，应配备局部扇风机，其排出的污风要引到回风系统中。

　　（3）通风方式以抽出式或以抽出为主的混合式为宜，避免在进风道安设风门及通风构筑物，以便于柴油设备的运行及通风管理。

　　（4）柴油设备的分布不宜过于集中，也不要过分分散；每个区域的柴油机应相对稳定，以便于风量分配及管理。

　　（5）柴油设备重载运行方向与风流流向相反为好。以利用风流加快稀释及改善司机工作条件。

　　综上所述，与汽油机的排放控制相比，柴油机排放的污染危害性更大，而且排放控制的难度更大。目前的有效对策是，严格遵守国家规定的排放标准，采取机内净化技术、机外后处理技术，以及合理的使用维护措施，以期控制排放、保护环境。

2.5　露天矿空气的污染及防治

2.5.1　露天矿大气中粉尘的含毒性

　　在露天矿开采过程中，由于使用各种大型移动式机械设备（包括柴油机动力设备）和大爆破，可使露天矿内空气发生一系列尘毒污染，而矿物、岩石的风化和氧化等过程也增加对露天矿大气的毒化作用。露天矿大气中混入的污染物质主要有粉尘、有害有毒气体和放射性物质。如果不采取防止污染措施，露天矿内空气中的有害物质必将大大超过国家卫生标准规定的最高允许浓度，进而对矿工的健康和附近居民的生活环境造成严重的危害。

　　露天矿有两种尘源：一是自然尘源，如风力作用形成的粉尘；二是生产过程中产尘，如露天矿的穿孔、爆破、破碎、铲装、运输及溜槽放矿等生产过程都能产生大量粉尘，其产尘量与所用的机械设备类型、生产能力、岩石性质、作业方法及自然条件等许多因素有关。由于露天矿开采强度大，机械化程度高，又受地面气象条件的影响，不仅有大量生产性粉尘随风飘扬，而且还会从地面吹起大量风沙，使沉降后的粉尘容易再次飞扬。所以露天矿的粉尘污染及其导致尘肺病发生的可能性是不可低估的。

　　硅肺病是由于吸入大量的含游离二氧化硅的粉尘而引起的。露天矿大气中的粉尘按其矿物和化学成分，可分为有毒性粉尘和无毒性粉尘。含有铅、汞、铬、锰、砷、锑等的粉尘属于有毒性粉尘；煤尘、矿尘、硅酸盐粉尘、硅尘等属于无毒性粉尘，但当这些粉尘在空气中含量较高时，也就成为促进硅肺病发生的"有毒"性粉尘了。

　　有毒性粉尘在致病机理方面与硅肺病不同，它不仅单纯作用于肺部，其毒性还作用于机体的神经系统、肝脏、胃肠、关节以及其他器官，导致发生特殊性的职业病。

　　露天矿大气中粉尘的含毒性，还表现在粉尘表面能吸附各种有毒气体，如某些有放射性矿物存在的矿山。氡及其子体可吸附于粉尘表面而形成放射性气溶胶。因此，其对人体

的危害就不仅限于硅肺病，也可导致肺癌等疾病。

2.5.2 影响露天矿大气污染的因素

2.5.2.1 地质、采矿和地理等因素的影响

A 地质条件和采矿技术的影响

矿山的地质条件是影响露天矿环境污染的主要因素之一。因为矿山地质条件是确定剥离和开采技术方案的依据，而开采方向、阶段高度和边坡以及由此引起的气流相对方向和光照情况又影响着大气污染程度。此外，矿岩的含瓦斯性，有毒气体析出强度和涌出量也都与露天矿环境污染有直接关系。矿岩的形态、结构、硬度、湿度又都严重影响着露天矿大气中的空气含尘量。在其他条件相同时，露天矿的空气污染程度随阶段高度和露天矿开采深度的增加而趋向严重。

露天矿的劳动、卫生条件可以随着采矿技术工艺的改革而发生根本性变化。例如，用胶带机运输代替自卸式汽车运输，使用电机车运输或联合运输方式都能显著地降低露天矿的空气污染程度。

B 地形、地貌的影响

露天矿区的地形和地貌对露天矿区通风效果有着重要的影响。例如山坡上开发的露天矿，最终也形成不了闭合的深凹露天矿，因为没有通风死角，故这种地形对通风有利，即使发生风向转变和天气突变，冷空气也照常沿着露天斜面和山坡流向谷地，并把露天矿区内的粉尘和毒气带走。相反，对于地处盆地的露天矿，四周有山丘围住，则露天矿越向下开发，所造成深凹越大。这不仅使其内常年平均风速降低，而且还会造成露天矿深部通风量不足，从而引起严重的空气污染，并易经常逆转风向。而且这还会造成露天矿周围山丘之间的冷空气，不易从中流出，从而减弱了通风气流。

另外，如果废石场的位置很高，废石场将成为露天矿通风的阻力物，从而形成通风不良，污染严重的不利局面。一些丘陵、山峦及高地废石场，如果和露天矿坑边界相毗连，不仅能降低空气流动的速度，影响通风效果，而且还会促使露天采区积聚高浓度的有毒气体，造成露天矿区的全面污染。

2.5.2.2 气候条件的影响

气候条件如风向、风速和气温等是影响空气污染的诸因素中的重要方面。例如长时间的无风或微风，特别是大气温度的逆增，均能促使露天矿内大气成分发生严重恶化。风流速度和阳光辐射强度是确定露天矿自然通风方案的主要气象资料。为了评价它们对大气污染的影响，应当研究露天矿区常年风向、风速和气温的变化。

高山露天矿区气象变化复杂，冬季，特别是夜间变化幅度更大，可使露天矿大气污染严重。炎热地区的气象，对形成空气对流、加强通风、降低粉尘和有毒气体的浓度是有利的。有强烈对流地区，且露天矿通风较好时，就不易发生气象的逆转。

露天矿工作台阶上的风速与露天矿的通风方式、气象条件和露天台阶布置状况有关。自然通风时，露天矿越往下开采，下降的深度越大，自然风力的强度愈低，从而使深凹露天矿的污染也越严重。

　　粉尘的含量和有害气体的浓度随气流速度变化是不相同的。如果增加气流速度,就会使空气中废气污染程度降低,但气流达到一定速度后,空气含尘量开始增加,空气的含尘量和废气污染程度变化的特点在于气流速度过高会引起粉尘飞扬。当气流速度尚未达到一定数值时,粉尘和有害气体扩散过程将遵循同一规律,即有害气体和粉尘在空气中含量将下降;气流速度继续增加时,废气浓度继续下降,而空气中含尘量由于沉积粉尘飞扬而增加。这种空气含尘量的变化,符合局部污染或整个大气污染的特征。在同样速度时的风向变化,可能会 2 ~ 3 倍或更多地改变露天矿大气污染和局部大气污染程度。

2.5.2.3　采、装、运设备能力与露天矿大气污染的关系

　　试验研究表明:当其他条件相同时,空气含尘量与矿山机械的生产能力有关。露天矿机械设备能力对有毒气体生成量的关系大不相同。对柴油发动的运矿汽车和推土机而言,尾气产生量和露天矿大气中有毒气体含量随其运行速度提高而直线上升。

2.5.2.4　矿岩的湿度与空气含尘量的关系

　　影响空气含尘量的主要因素之一是岩石的湿度。随着岩石自然湿度的增加,或者用人工法增加岩石湿度均能使各种采掘机械在工作时的空气含尘量急剧下降。

2.5.3　露天矿大气污染的防治

　　由于露天开采强度大,机械化程度高,而且受地面条件影响,露天采场在生产过程中产生的粉尘量大,有毒有害气体多,影响范围广。因此,在有露天矿开采的矿区,防治矿区大气污染的主要对象是露天采场。

2.5.3.1　穿孔设备作业时的防尘措施

　　钻机产尘强度仅次于运输设备,居生产设备总产尘量的第二位。根据实测资料表明:在无防尘措施的条件下,钻机孔口附近空气中的粉尘浓度平均值为 448.9 mg/m³,最高达到 1373 mg/m³。

　　A　穿孔作业时的产尘特点

　　钻机作业时,既能生成几毫米以上的岩尘,也能排放出几微米以下的可呼吸性粉尘。为提高钻机效率和控制微细粉尘的产生量,当钻机穿孔时,必须向钻孔孔底供给足够的风量,以保证将破碎的岩屑及时排出孔外,避免二次破碎。

　　排粉风量不仅与钻孔直径有关,而且还与钻杆直径、岩屑密度及其粒径等因素有关。

　　B　钻机除尘措施

　　按是否用水,可将露天矿钻机的除尘措施分为干式捕尘、湿式除尘和干湿相结合除尘三种方法,选用时要因时因地制宜。

　　(1) 干式捕尘,是指将袋式除尘器安装在钻机口进行捕尘。为了提高干式捕尘的除尘效果,可在袋式除尘器之前安装一个旋风除尘器,组成多级捕尘系统,其捕尘效果会更好。袋式除尘器不影响钻机的穿孔速度和钻头的使用寿命,但辅助设备多,维护不方便,且能造成积尘堆的二次扬尘。

　　采用干式捕尘时,为避免岩渣重新掉入孔内再次粉碎,除采用捕尘罩外,还应设置孔

口喷射器与沉降箱、旋风除尘器和袋式过滤器组成三级捕尘系统。

（2）湿式除尘，主要采用风水混合法除尘。这种方法虽然设备简单，操作方便，但在寒冷地区使用时，必须有防冻措施。

牙轮钻机的湿式除尘可分为钻孔内除尘和钻孔外除尘两种方式。钻孔内除尘主要是气、水混合除尘法，该法可分为风、水接头式与钻孔内混合式两种。钻孔外除尘主要是通过对含尘气流喷水，并在惯性力作用下使已凝聚的粉尘沉降。

（3）干湿结合除尘，主要是往钻机里注入少量的水而使微细粉尘凝聚，并用旋风除尘器收集粉尘；或者用洗涤器、文丘里除尘器等湿式除尘装置与干式捕尘器串联使用的一种综合除尘方式，其除尘效果也是相当显著的。

2.5.3.2 矿（岩）装卸过程中的防尘措施

电铲给运矿列车或汽车装卸载时，可二次生成粉尘，在风流作用下，粉尘会向采场空间飞扬。装卸载过程中的产尘量与矿岩的硬度、自然含湿量、卸载高度及风流速度等一系列因素有关。

装卸作业的防尘措施主要采用洒水；其次是密闭司机室，或采用专门的捕尘装置。

装载硬岩，采用水枪冲洗最合适；挖掘软而易扬起粉尘的岩土时，采用洒水器为佳。

岩体预湿是极有效的防尘措施，在露天矿中，可利用水管中的压力水，或采用移动式、固定式水泵进行，也可利用振动器，脉冲发生器，而利用重力作用使水湿润岩体则是一种最简易的方法。

2.5.3.3 大爆破时防尘

大爆破时不仅能产生大量粉尘，而且造成污染的范围也很大，在深凹露天矿，尤其在出现逆温的情况下，污染还可能是持续的。露天矿大爆破时的防尘，主要是采用湿式措施。当然，合理布置炮孔、采用微差爆破及科学的装药与填充技术，对减少粉尘和有毒有害气体的生成量也有重要意义。

在大爆破前，向预爆破矿体或其表面洒水，不仅可以湿润矿岩的表面，还可以使水通过矿岩的裂隙渗透到矿体的内部。在预爆区打钻孔，利用水泵通过这些钻孔向矿体实行高压注水，湿润的范围会更大、湿润效果也明显。

2.5.3.4 露天矿运输路面防尘措施

汽车路面扬尘可造成露天矿空气的严重污染是不言而喻的。其产尘量的大小与路面状况、汽车行驶速度和季节干湿等因素有关。不管是司机室或路面的空气中粉尘浓度，其变化频率和幅度都是很大的，在未采取措施的情况下，引起大幅度变化的重要因素是气象条件和路面状况。

目前，为防止汽车路面积尘的二次飞扬，主要采取的措施有：

（1）路面洒水防尘。通过洒水车或沿路面铺设的洒水器向路面定期洒水，可使路面空气中的粉尘浓度达到容许值，但其缺点是用水量大，时间短，花钱多，且只能夏季使用。洒水还会使路面质量变坏，引起汽车轮胎过早磨损，增加养路费。

（2）喷洒氯化钙、氯化钠溶液或其他溶液。如果在水中掺入氯化钙，可使洒水效果和作用时间增加。也可用颗粒状氯化钙、食盐或二者混合物处理汽车路面。

2.5.3.5　采掘机械司机室空气净化

在机械化开采的露天矿山，主要生产工艺的工作人员，大多数时间都处于各种机械设备的司机室里或生产过程的控制室里。由于受外界空气中粉尘影响，在无防尘措施的情况下，钻机司机室内空气中粉尘平均浓度为 $20.8mg/m^3$，最高达到 $79.4mg/m^3$；电铲司机室内平均浓度为 $20mg/m^3$。因此，必须采取有效措施使各种机械设备的司机室或其他控制室内空气中的粉尘浓度都达到卫生标准，是露天矿防尘的重要方面之一。

采掘机械司机室空气净化的主要内容有：

（1）保持司机室的严密性，防止外部大气直接进入室内；

（2）利用风机和净化器净化室内空气并使室内形成微正压，防止外部含尘气体的渗入；

（3）保持室内和司机工作服的清洁，尽量减少室内产尘量；

（4）调节室内温度、湿度及风速，创造合适的工作环境条件。

司机室内的粉尘来自外部大气和室内尘源。室内产生的粉尘来自沉积在司机室墙壁、地板和各种部件上的粉尘以及司机工作服上粉尘的二次飞扬。如钻机司机室空气中粉尘的来源，主要是钻机孔口扬尘后经不严密的门窗缝隙窜入；其次为室内工作台及地面积尘的二次扬尘；前者占70%，后者占30%。又如电铲司机室内粉尘的来源：一是铲装过程所产生的粉尘沿门窗缝隙窜入；二是室内二次扬尘，其中后者占室内粉尘量的13.5% ~ 54.6%。室内产尘量带有很大的随机性，往往根据司机室的布置、人员、工作服清洗状况等而变化。

司机室净化系统由下列部分组成：

（1）通风机组，宜采用双吸离心式风机；

（2）前级净化器，在外部大气粉尘浓度高时，为提高末级净化器的寿命，可用百叶窗式或多管式净化器作前级；

（3）纤维层过滤器，作为净化系统的末级；

（4）空调器，冬季时加热空气，夏季时降温，此外还有入风口百叶窗、调节风量用的阀门、外部进气口与内循环风口等。

2.5.3.6　废石堆防尘措施

矿山废石堆、尾矿池是严重的粉尘污染源，尤其在干燥、刮风季节更严重。台阶的工作平台上落尘有风时也会大量扬起，风流扬尘的危害严重。

在扬尘物料表面喷洒覆盖剂是一种有效的防尘措施。喷洒的覆盖剂和废石间具有黏结力，互相渗透扩散，由于化学键力的作用和物理吸附，废石表面会形成薄层硬壳，可防止风吹、雨淋、日晒而引起的扬尘。

2.6　防治大气污染的措施

2.6.1　大气污染物排放总量现状

当前，我国大气污染状况十分严重，主要呈现为煤烟型污染特征。城市大气环境中总悬浮颗粒物浓度普遍超标；二氧化硫污染保持在较高水平；机动车尾气污染物排放总量迅速增加；氮氧化物污染呈加重趋势；全国形成华中、西南、华东、华南多个酸雨区，其中以华中酸雨区为重。

目前，大气污染物排放总量现状是：

（1）二氧化硫排放现状。中国是燃煤大国，燃煤占一次能源消费总量的75%左右。随着经济发展，煤炭消费量不断增加，二氧化硫排放量也不断增加，二氧化硫排放量已连续多年超过2000万吨，居世界首位，致使我国酸雨和二氧化硫污染日趋严重。目前我国降水 pH 值小于5.6的国土面积，已占总面积的30%左右，已有约60%的城市环境空气中的二氧化硫年平均浓度超过国家《环境空气质量标准》的二级标准值或日均浓度超过三级标准值。

到2000年底，全国火电厂装机容量和发电量分别达到 $3.19 \times 10^8 \mathrm{kW}$ 和 $1.37 \times 10^{12} \mathrm{kW \cdot h}$，每年耗用煤炭近5亿吨，排放二氧化硫约800万吨；全国现有燃煤工业锅炉50余万台，年耗用煤炭4亿吨，排放二氧化硫约640万吨。燃煤的二氧化硫排放量约占全国二氧化硫排放量的70%，是影响我国城市空气环境质量和形成酸雨、二氧化硫污染的主要污染源。

2010年中国环境状况公报显示，二氧化硫排放总量为2185.1万吨。

（2）烟尘、粉尘排放现状。2010年全国烟尘的排放总量为829.1万吨，其中工业排放总量为603.2万吨，约占70%以上，生活排放总量为225.1万吨。

2010年全国工业粉尘排放量约为448.7万吨，其中钢铁生产排尘占总量的15%，水泥生产排尘占总量的70%。在水泥生产排尘中，地方水泥厂排尘占到80%，成为工业粉尘的主要排放源。

（3）机动车排气污染现状。2011年《中国机动车污染防治年报》公布了"十一五"期间全国机动车污染排放情况。结果显示，我国已连续两年成为世界汽车产销第一大国，尾气排放成为空气污染的重要来源。我国城市空气呈现出煤烟和机动车尾气复合污染的特点，2010年，全国机动车排放污染物5226.8万吨，包括氮氧化物（NO_x）、碳氢化合物（HC）、一氧化碳（CO）和固体颗粒物（PM），其中汽车排放的 NO_x 和 PM 超过85%，HC 和 CO 超过70%。机动车污染防治成为大气环境治理最突出、最紧迫的问题之一。

2.6.2 防治大气污染的具体措施

为防治大气污染，我国可采取的对策措施有：

（1）地方政府对环境质量负责，走可持续发展的道路。各级政府要对本辖区的大气环境质量负责，充分认识走可持续发展道路的重要性。在研究经济社会发展的重大战略和重大项目时，应充分考虑环境保护的要求。城市大气环境质量应普遍达到国家二级标准。采取措施落实跨世纪绿色工程规划和主要污染物排放总量控制计划，根据本辖区大气环境质量控制目标分解总量指标，并从资金、监督管理等方面予以保证。尤其是大、中、小型新建、扩建、改建和技术改造排放二氧化硫和烟尘的项目，必须采取有效措施控制污染物排放总量，或者由项目建设单位或当地人民政府负责削减区域内其他污染源的排放量，确保大气污染物排放量控制在区域总量控制指标内。

（2）发展清洁能源，改善能源消费结构。逐步减少直接消费煤炭，提高使用燃气、电力等清洁能源的消费比例。逐步提高车用燃油质量和标号，加速淘汰含铅汽油，使我国的汽油尽快向无铅化、高标号方向发展。2000年已完成禁止生产、销售和使用含铅汽油。积极开发各种低污染汽车，如天然气汽车、液化气汽车、甲醇汽车、电动汽车等。

（3）淘汰落后生产工艺，防治工业废气污染。淘汰严重污染环境的落后工艺和设备，采用技术起点高的清洁工艺，最大限度地减少能源和资源的浪费，从根本上减少污染物的产生和排放，减少末端污染治理所需的资金投入。

1）国家已发布第一批限期淘汰的严重污染大气环境的工艺和设备名录，提出可替代的先进工艺和设备；规定普通立窑生产水泥、化铁炼钢、平炉炼钢、横罐炼铸、部分铁合金电炉和部分水泥机械化立窑等生产工艺和设备的淘汰期限；禁止在新建、改建、扩建和技改项目中使用淘汰的工艺和设备，超过限期的，要坚决取缔。要继续取缔、关停小造纸、土法炼铅铸、土法炼焦、土法炼钵、炼硫黄等污染严重的"十五小"企业，认真采取这项措施可减排烟尘65万吨，减排二氧化硫50万吨。

2）改组、改造地方中小水泥厂，设备上用静电除尘或袋式除尘器取代旋风除尘器，关停小立窑等，使水泥企业工业粉尘除尘效率达到80%，这些措施是解决当前烟尘污染的重要技术。

3）着重解决人民群众反映强烈的一些大气污染问题，主要是严重超标排放的工业有毒、有害、有异味的大气污染问题。

（4）加强大气污染防治实用技术的推广。从国情出发，尽快开发推广技术可靠、经济合理、配套设备过关的大气污染防治实用技术，重点领域包括煤炭洗选脱除有机硫、工业型煤、循环流化床锅炉、煤的气化和液化、烟气脱硫、转炉炼钢收尘、焦炉烟气治理、陶瓷砖瓦窑黑烟治理等。

（5）完善环境监督管理制度。主要包括：

1）所有超标排放大气污染物的单位达标排放，制定实施计划，落实治理资金，分阶段完成限期治理任务。

2）各地将排污总量指标分配到排污单位，实施排污许可证制度，使排污单位明确各自的污染物排放总量控制目标，对污染源排放总量实施有效控制。排污单位必须按照环境保护部门根据环境质量要求核定的允许排放量组织生产。

3）建立对工业部门环保工作的监督机制，要求各部门切实采取措施落实本行业"十二五"环保计划。

4）二氧化硫排污收费试点地区由"两省"、"九市"扩大到两控区。提高二氧化硫排污收费标准，使其逐步达到高于治理成本，促使排污企业积极增加投入，主动治理污染。

5）进一步加强城市烟尘控制区的监督管理，提高建设烟控区的标准和监测频率，配备烟尘总量计量装置。加强对除尘器等环保设备的制造、安装和使用的监督管理，加快淘汰各种低效除尘器和原始排放浓度高的落后锅炉。充分发挥城市已有集中供热设施的作用，城市热网范围内不允许新建分散供热锅炉，已有分散供热锅炉应要求限期拆除。

6）提高大气环境监测及大气污染源监督监测的技术水平，改善监测装备条件，建立酸雨监测网络，掌握"两控区"酸雨变化动态。

7）逐步完善机动车排气污染监督管理体系，建立环保部门统一监督管理、部门协调分工的管理体系和运行机制，进一步加大执法监督力度。实施对车辆定型、生产、进口、使用的全过程污染监督管理。在全过程管理中，执行相应的国家机动车排放标准，对未达到国家机动车排放标准的车辆不准制造、销售、进口和使用。完善老旧车辆报废制度，对严重超标排放的车辆予以取缔，以提高在用车辆总体装备水平，改善大气环境质量。

8）认真履行保护全球大气环境的国际公约。我国 1989 年 9 月加入《保护臭氧层维也纳公约》，1991 年 6 月成为修正后的《关于消耗臭氧层物质（ODS）的蒙特利尔议定书》（以下简称《议定书》）缔约国。《议定书》是迄今为止最具强制性限控目标的国际环境公约。1993 年，国务院批准了《中国逐步淘汰消耗臭氧层物质国家方案》。按照《方案》的总体部署，我国先后实施多边基金单个项目 400 多个，行业计划 17 个，共获得国际赠款 8 亿多美元。到 2006 年底，已成功削减公约规定的五大类 12 种消耗臭氧层物质生产和消费量的 85%（相对于基线水平）。2007 年 7 月 1 日，我国停止全氯氟烃（CFCs）和哈龙的生产和进口，提前两年半完成履约目标；甲基氯仿和四氯化碳的淘汰也在 2010 年完成。迄今为止，作为发展中国家中最大的消耗臭氧层物质生产和消费国，我国没有出现任何不履约的情形。

（6）制定大气环境质量标准。根据实际情况，我国目前对一些量大面宽、环境影响较普遍的多种大气广域污染物（总悬浮微粒、飘尘、二氧化硫、氮氧化物、一氧化碳和光化学氧化剂）浓度的限值制定了标准。

复习思考题

2–1 大气污染源有哪些？

2–2 矿区大气污染物如何分类？

2–3 矿区空气污染有哪些危害？

2–4 矿山井下有哪些有毒有害气体，怎样防治？

3 矿山粉尘污染及其防治

教学目的：通过本章的学习，掌握矿山粉尘的性质及其危害；重点掌握矿山粉尘尘源的控制，粉尘传播途径的控制，加强个体防护的措施，井下生产过程中粉尘的控制。

在矿山生产过程中，如凿岩、爆破、装矿、运输、卸矿、放矿、二次破碎、喷射混凝土、刻槽取样以及工作面放顶、自溜运输和皮带运输机转载等各工序，均会产生大量的、能长时间悬浮于空气中的矿物与岩石的细微颗粒，这些颗粒称为矿尘。

矿尘污染，不但会降低矿井环境质量，严重影响作业区的空气质量，危害工人的身体健康和生命安全，导致各种职业病（如硅肺、煤肺、石棉肺、石墨肺等）的发生，而且还会损坏机器设备，发生事故，直接影响生产的发展和企业的经济效益。

3.1 矿山生产粉尘的产生及危害

3.1.1 矿山粉尘的产生

矿山粉尘的产生主要有如下几个方面：

（1）凿岩时产生粉尘。凿岩机在钻孔作业中产尘量最大。凿岩产尘量的大小除与矿岩的物理力学性质（硬度、破碎性、湿度）及炮孔方向（水平、向上、向下）和深度有关外，同时也随工作的钻机台数、凿岩速度、炮孔的横断面积增加而增加。

（2）爆破时产生粉尘。爆破作用将矿岩粉碎，并在冲击波的作用下将矿尘抛掷并使之悬浮于空气中。爆破产生尘量的大小取决于爆破方法、炸药消耗量、炮眼深度、爆破地点落尘量、工作面矿岩和空气潮湿情况以及矿岩的物理力学性质。

（3）装运时产生粉尘。矿岩在装载、运输和卸载的过程中，由于矿岩相互的碰撞、冲击、摩擦以及矿岩与铲斗、车厢的相互碰撞、摩擦而产生粉尘。装运作业产尘量的大小与矿岩的湿润程度、装岩方式（人工或机械）以及矿岩的物理力学性质等因素有关。

（4）溜矿井装、放矿时产生粉尘。溜矿井是金属矿井下主要产尘区之一，特别是多中段开采时尤为突出。由于溜井多设于进风巷道中，所以其产生的粉尘不但污染溜井作业区，而且还会随进风风流进入其他工作面。

溜井放矿时由于矿石与矿石、矿石与格筛、矿石与井壁间互相冲撞、摩擦而产生大量粉尘。它产尘量的大小取决于矿车容积（矿石量）、连续作业的矿车数、溜井高度和面积、矿石的湿度及矿岩的物理力学性质。

溜井产尘的特点是：在卸矿时，由于矿石加速下落，空气受到压缩，此受压空气带着大量粉尘流经下部中段出矿口向外泄出而污染矿井空气。当矿石经溜井下落时，在矿石的后方又产生负压，此时，在卸矿口将产生瞬间入风流，造成风流短路。当主溜井多中段作业时，很可能造成风流反向。

（5）井下破碎硐室产生粉尘。破碎硐室是井下产尘量最集中的地方。因为在此要进行大量的、连续的矿石破碎工作，以满足箕斗提升设备对矿石块度的要求。

（6）其他作业产生粉尘。如工作面放顶，喷锚作业，挑顶刷帮，干式充填。

3.1.2 矿山粉尘的性质

矿尘的性质主要有：

（1）矿尘的粒度和分散度。矿尘的粒度指矿尘颗粒的大小。矿尘粒度按照可见程度和沉降情况分为可见尘粒、显微尘粒、超显微尘粒。矿尘的分散度是指矿尘中各粒径的尘粒所占总体质量或数量的百分数。前者称为质量分散度；后者称为数量分散度。它反映了被测地点矿尘粒度的组成状况。研究矿尘的粒度及分散度，有助于我们分析其对人体的危害程度及正确选择除尘方式和设备。

（2）游离二氧化硅的含量。二氧化硅是地壳最常见的氧化物，是大多数岩石和矿物的组成成分。游离二氧化硅是引起矿工硅肺病及其他综合性尘肺病的主要原因。其在矿岩中含量的高低，是制定矿尘卫生标准及拟定通风方案的依据。

（3）矿尘的荷电性。悬浮于空气中的矿尘粒子，特别是高分散度的矿尘，通常带有电荷。矿尘荷电后，凝聚性增强，可促使尘粒凝聚增大而较易于沉降和捕获。同时，带电尘粒也较易沉积于支气管和肺泡中，并影响吞噬细胞作用的速度，增加了对人体的危害性。

（4）矿尘的比表面积。所谓矿尘的比表面积系指单位质量的矿尘总表面积。表面积越大，矿尘的物理化学活性就越高。比表面积增大，会显著增加尘粒在溶液中的溶解度；比表面积愈大，尘粒与空气中氧的反应也就愈剧烈，由于这种反应的剧烈性，便可能发生矿尘自燃和爆炸；比表面积愈大，尘粒表面空气中气体分子的吸附能力也就增大。由于吸附气体，尘粒上会形成一层特有的薄膜层阻碍粉尘的凝聚，从而大大提高了粉尘的稳定程度，同时增加了降尘工作的难度。

（5）矿尘的湿润性。矿尘的湿润性决定于尘粒的成分、大小、荷电状态、温度和气压等条件。粉尘易被水所湿润的称为亲水性粉尘；反之，称为疏水性粉尘。对于疏水性粉尘，不宜采用湿式除尘器净化。

（6）矿尘的燃烧性和爆炸性。在矿物的开采过程中产生大量粉尘，由于其比表面积增大，从而使其与空气及水的接触面积也增大，因而增加了氧化产热的能力，故在一定条件下可发生自燃现象。

粉尘爆炸本身是一类特殊的燃烧现象，它也需要可燃物、助燃物和点火源三个条件。

3.1.3 矿山粉尘的危害

矿山粉尘主要有以下几方面危害：

（1）有毒矿尘（如铅、锰、砷、汞等）进入人体能使血液中毒。

（2）长期吸入含游离二氧化硅的矿尘或煤尘、石棉尘，能引起职业性的尘肺病（硅肺、煤肺、石棉肺等）。

（3）某些矿尘（如放射性气溶胶、砷、石棉等）具有致癌作用，是造成矿工患肺癌的主要原因之一。

（4）矿尘落于人的潮湿皮肤上或与五官接触，能引起皮肤、呼吸道、眼睛、消化道等炎症。

（5）沉降在设备及仪器上的矿尘能加速设备的磨损，妨碍设备的散热，从而导致设备事故。

（6）硫化矿尘及煤尘与空气混合时，在一定条件下能引起爆炸，造成人身、设备及资源的巨大损失。

3.2　矿山生产粉尘的防治方法

根据矿尘的污染过程，矿山粉尘的治理措施主要可分为四大类，即：控制尘源，用抽尘装置将粉尘抽入回风系统，再排放至地表或将粉尘抽入净化装置（湿式旋流除尘器等），净化后的空气循环使用或送入进风巷道，最大限度地减少粉尘向通风空间的排放量；在传播途径上控制粉尘，在尘源处喷雾洒水，湿润并捕集粉尘，降低通风空间，特别是需风地段的矿尘浓度；加强个体防护及综合防尘；采取综合措施，即尘源密闭、喷雾洒水、通风排尘结合进行。

3.2.1　控制尘源

就地消灭粉尘，最大限度地减少污染源向井下通风空间的粉尘排放量，是粉尘治理中的根本性措施。

（1）控制凿岩时的粉尘。

1）湿式凿岩。湿式凿岩是抑制凿岩时产生粉尘的重要措施。因此安全规程规定："必须采用湿式作业。"

根据供水方式不同，有中心供水及旁侧供水两种。

采用中心供水湿式凿岩时，压力水通过水针冲洗湿润眼底，将粉尘湿润捕获。它具有结构简单，操作方便的优点，但其主要缺点是会产生压气混入水中的充气现象，以及排气中产生较多的油雾及水雾。

旁侧供水是从机头旁侧利用供水外套直接供水给钎杆中心孔，它有效地克服了中心供水的缺点，提高了钻眼速度和湿润粉尘的能力。

2）干式凿岩捕尘。对于某些不宜用水的矿床、水源缺乏或难于铺设水管的地方，以及冰冻期较长的露天矿，为降低凿岩的产尘量，可考虑干式凿岩捕尘措施。

干式凿岩捕尘可分为两类：孔口捕尘和孔底捕尘。将孔口捕尘罩或捕尘塞套在钎杆上，使孔口密闭，在压力引射器产生的负压作用下，将粉尘从炮孔经抽尘软管送入过滤器，净化后排入空气中。孔底捕尘效果较好，在引射装置的负压作用下，孔底粉尘经钎杆中心孔和凿岩机内的导尘管，被吸到干式捕尘器内，大颗粒碰撞于挡板后沉降，细微粉尘则为捕尘器内滤袋所阻留，净化后的空气重新排入大气。

（2）控制爆破作业的粉尘。爆破作业产生的粉尘浓度高，尘粒细，自然沉降速度极慢，不利于缩短作业循环时间。因此，必须采取有效的控制尘源措施。矿山通常采用以下综合性的措施：通风排尘、喷雾洒水、水封爆破及改进放炮方法等。

喷雾是我国矿山井下降低爆破粉尘及消除炮烟常用的一种方法。其降尘原理是使水通过喷雾器，形成细微水滴，以一定的速度进入含尘空气中，并占据一定的空间。水滴越多，占据的空间越大。风流中的粉尘由于惯性作用，在其流动的路途中，与水滴相碰撞而被水滴所捕获，从而达到降尘目的。

水封爆破是利用特制的塑料水袋（又称水炮泥）放入炮孔内的不同位置，封堵炮眼，在爆破作用的高温、高压下将水袋炸裂并形成细微水雾，以此达到降尘的目的。

其他措施，如爆破前对工作面及其四壁用水冲洗，可防止爆破时由于冲击波作用使已沉降的粉尘又重新飞扬，避免增加空气中粉尘含量。此外，合理确定炮孔装药量及起爆方式也可以降低爆破产尘量。

（3）抑制装矿（岩）时的粉尘。对矿岩堆进行喷雾、洒水是降低装矿时粉尘浓度的简单易行和有效措施。

在井下刮板运输机、皮带运输机的装载点和转载点，矿车卸车点及采场放矿漏斗口均可设置定点喷雾装置，以降低产尘点的粉尘浓度。

（4）抑制溜矿井的粉尘。溜矿井粉尘的控制，首先是溜矿井的布置要避开进风巷道，尽量将溜矿井放在排风道附近，其次是做好溜矿井井口密闭，做好喷雾洒水和通风排尘工作。

（5）抑制井下破碎硐室的粉尘。破碎硐室产尘强度大，而且多位于井底车场进风带。为了有效地控制粉尘，不使其外逸，通常采用密闭、抽尘和净化的联合措施，个别大型破碎硐室还利用局部风机送新风至人员操作区及控制室。

对碎矿机要进行整体密闭，尽可能减少敞开部分，对于进料口、出料口以及不可能密闭的其他产尘点，必须采用喷雾洒水及水幕除尘，密闭空间要有足够的抽尘风量和负压，以防粉尘外逸。

由产尘点抽出的含尘空气最好排放至回风道或地表，当条件不允许时，也可采用湿式旋流除尘器，泡沫除尘器或水浴除尘器等风流净化措施，净化后的空气送回到井下巷道。

3.2.2 在传播途径上控制粉尘

进入矿井的风流，由于某些原因其初始含尘浓度若超过国家卫生标准，便应采取净化风流的措施。此外，井下有些作业场所（如溜矿井、破碎硐室、喷锚支护工作面）尽管采取了降尘措施，但由于产尘量大，其向井下空气中排放的粉尘浓度仍然较高，为了消除在传播途径上的粉尘污染，保护井下环境或循环利用这部分空气，必须对含尘空气进行净化处理。

风流净化可分为干式和湿式两大类。干式除尘有重力沉降室、网状过滤器及干式电除尘器；湿式除尘有水幕除尘、水膜除尘器、冲激式除尘器、喷淋式除尘器、泡沫除尘器、湿式旋流除尘器及湿式电除尘器。

（1）水幕。用水幕净化巷道的含尘风流，在各矿应用比较普遍。这种方法通常在下列情况下使用：当入风风流受到污染，含尘浓度超过规程规定或箕斗井必须兼作入风井时；独头巷道掘进采用压入式通风时；主溜井设于进风巷道旁，其绕道与进风巷道相通时；主溜井含尘风流不能排至地表或回风道需循环使用时；破碎硐室含尘风流需循环使用时；串联通风的工作面或产尘巷道等地点。

（2）重力沉降室。重力沉降室是利用粉尘本身的重力（重量）使粉尘和气体分离的一种除尘设备。重力沉降室具有结构简单、制作方便、造价低、阻力小、管理方便等优点，但它占地面积大，除尘效率低。

（3）水浴除尘器。水浴除尘器是一种最简单的湿式除尘器。水浴除尘器结构简单，造价低廉，可在现场用砖或钢筋混凝土构筑。它的缺点是泥浆清理比较困难。

（4）冲激式除尘机组。冲激式除尘机组由通风机、除尘器、清灰装置和水位自动控制装置组成。冲激式除尘机组结构紧凑、施工安装方便，处理风量变化对除尘效果影响小。它的缺点是：与其他除尘器相比，阻力高，金属消耗量大，价格贵。

（5）湿式电除尘器。湿式电除尘器是用喷水或溢流水等方式使集尘极表面形成一层水膜，从而将沉积在极板上的粉尘冲走的电除尘器。湿式清灰可以避免已捕集粉尘的再飞扬，故能达到很高的除尘效率。因无振打装置，运行也较可靠。但存在着腐蚀、污泥和污水的处理问题，仅在气体含尘浓度较低、要求含尘效率较高时才采用。

3.2.3　个体防护

在采取了各种防尘措施后，大多数情况下，粉尘浓度可以降到规定标准以下，但由于井下环境的特殊性和防尘技术上、管理上的缺陷，还会有少量微细矿尘悬浮于空气中，甚至进入作业空间，或者高浓度地混入作业场所，进而对井下职工造成危害，所以井下人员必须佩戴防尘口罩，这是综合防尘措施中不可缺少的十分重要的措施。坚持个体防护，正确使用和佩戴防尘口罩，是防止井下粉尘对人体危害的重要措施。

总之，粉尘处理是一项综合性的工作，单纯依靠技术措施难以达到稳定、可靠的预期效果，必须从提高认识、加强教育、严格管理等各方面开展工作。

3.2.4　井下生产的防尘

3.2.4.1　通风洒水除尘

A　通风除尘

通风除尘的作用是稀释和排出进入矿内空气中的矿尘。矿内各个产尘地点，在采取了其他防尘降尘措施之后，仍会有一定量的矿尘进入空气中。因为微细矿尘能长时间悬浮于空气中，如继续有矿尘产生，则空气中矿尘逐渐积累，浓度会越来越高，这将会严重危害人体健康。所以，必须采取有效通风措施，稀释并及时排出矿尘，以不使之积聚。

B　湿式作业

湿式作业是矿山普遍采用的一项重要防尘技术措施，其设备简单，使用方便，费用少，效果较好，在有条件的地方应尽量采用。湿式作业按其除尘作用可分为：用水湿润沉积的矿尘和用水捕捉悬浮于空气中的矿尘。

用水湿润沉积于矿岩堆、巷道周壁等处的矿尘或凿岩生成后尚未扩散进入空气中的矿尘，是很有效的防尘措施。矿尘被水湿润后，尘粒间互相附着凝集成较大的颗粒，同时，因矿尘湿润后增加了附着性而能黏结在巷道周壁或矿岩表面上，这样在矿岩装运等生产过程中或受到高速风流作用时，矿尘不易飞扬起来。

在矿岩的装载、运输和卸载等生产过程和地点以及其他产尘设备和场所，都应进行喷雾洒水，这可显著减少产尘量和防止矿尘飞扬。

洗壁也是要经常进行的防尘措施，主要入风巷和掘进巷道要定期清洗四壁沉积的矿尘。采掘工作地点，爆破后及凿岩和出矿前，清洗巷道周壁的防尘效果是很显著的。

湿式凿岩是在凿岩过程中，将压力水通过凿岩机送入并充满孔底，以湿润、冲洗并排出生成的矿尘。它是凿岩工作普遍采用的有效防尘措施。

根据水对矿尘的湿润作用，应注意以下几个问题，以提高湿式凿岩的捕尘效果：

（1）钎头在冲击、旋转过程中，有 90% 的粉尘被湿润，但还有 10% 左右小于 $5\mu m$ 的微细粉尘没被湿润而从孔口逸出。当有两台凿岩机开动时，在无局部通风等措施条件下，20min 内产生排出的这种粉尘，就可使单轨巷道工作面的粉尘质量浓度达到 $2mg/m^3$ 以上。

（2）湿式凿岩岩浆经雾化后，又会有粉尘重新游离到空气中。

（3）矿山凿岩喷洒用水水质不良也影响采掘作业面粉尘质量浓度的达标。

（4）各种原因引起的二次扬尘也是影响采掘工作面含尘超标的因素。由于粒径较大的尘粒降落得快，粒径较小的降落得慢，所以顶帮和底板上沉降或附着的尘粒，在爆破冲击气流、风动设备排出的废气、通风或设备走行等所产生的气体流动的作用下，这些干燥的粉尘，特别是那些浮在表面上的微细尘粒，会重新飞扬起来，从而成为采掘工作面的又一"尘源"。

（5）湿式凿岩若不执行先开水后开风或凿干眼，粉尘质量浓度便不可能达标。

另外，用水捕捉悬浮于空气中的矿尘，是把水雾化成微细水滴并喷射于空气中，使之与尘粒碰撞接触，则尘粒被水捕捉而附于水滴上或者被湿润的尘粒互相凝集成大颗粒，从而可加快其沉降速度；或者用装水的塑料袋代替部分炮泥充填于炮眼内，爆破时水袋被炸裂，由于爆破时的高温高压作用，水大部分汽化，然后重新凝结成极微细的雾粒并和同时产生的矿尘相接触，则尘粒成为雾滴的凝结核或被雾滴湿润而起到降尘的作用。

3.2.4.2 密闭抽尘与净化

密闭的目的是把局部产尘点或设备所产生的矿尘局限在密闭空间之内，防止其飞扬扩散，并为抽尘净化创造有利条件。对比较集中的高强度产尘点这是非常重要而有效的防尘措施。

密闭要根据产尘情况及强度、生产操作及设备运转情况、抽尘净化要求等因素综合考虑设置。密闭的严密性是保证防尘效果的重要条件，越严密越能控制矿尘飞扬，同时需要的抽尘风量也越少。密闭的形式及抽尘口、观察孔等的设置要考虑密闭内气流产生情况并应方便生产操作及检修工作。密闭基本上分为以下三种类型：

（1）局部密闭。局部密闭是只将设备的产尘局部密闭起来，生产操作和设备在密闭罩外，以便于操作。它适用于产尘强度不高，罩内诱导风流不大，不需经常检修的地点，如干式凿岩孔口密闭、皮带运输机转运点密闭等。

（2）整体密闭。整体密闭是将产尘地点或设备的全部或大部分密闭起来，在密闭外操作，通过观察窗口监视设备运转。它适用于产尘面积较大，诱导风流较强，机械振动较大的设备。矿内产尘地点多采用这种形式，如破碎机、翻笼等。

（3）密闭室。密闭室是将产尘点或设备全部密闭起来，工人在室外操作但可以进入室内检修。它适用于散尘面积大，检修频繁的设备。密闭的容积较大时，在内部能产生循环气流而起缓冲压力的作用，但外形尺寸增大，孔洞及缝隙的面积也要增加。

复习思考题

3-1　矿山粉尘是如何产生的?

3-2　矿山粉尘的危害有哪些?

3-3　在矿山生产过程中如何控制尘源?

3-4　井下生产如何防尘?

4 矿山噪声污染及其防治

教学目的：通过本章的学习，了解噪声的产生、传播及危害；掌握噪声控制的一般方法；重点掌握风动凿岩机、凿岩台车、扇风机以及空压机的噪声控制。

4.1 噪声的产生与危害

4.1.1 噪声的产生

噪声是由物体的振动产生的，是声波的一种，具有声波的一切特性。从物理学观点来看，噪声是指声强和频率的变化都无规律、杂乱无章的声音。在人们生存的环境中存在着各种各样的声波，其中有的声波是在进行交流和传递信息，这是社会活动所需要的；但有的声波则会影响人们的工作和休息，甚至危害人体健康，是人们不需要的。因此，从心理学的观点看，凡是人们不需要的，使人烦躁的声音都可称为噪声，它在周围环境造成的不良影响称为噪声污染。钢琴声是乐音，但对于正在睡觉或看书的人来说，就成了干扰的噪声。

按照声源的不同，噪声主要可分为：空气动力性噪声，机械性噪声和电磁性噪声。空气动力性噪声是由于气体中有了涡流或发生了压力突变，引起气体的扰动而产生的，如凿岩机、扇风机、空气压缩机等产生的噪声。机械性噪声是在撞击、摩擦及交变的机械应力作用下，机械的金属板、轴承、齿轮等发生振动而产生的，如球磨机、破碎机、电锯等产生的噪声。电磁性噪声是由于磁场脉动、磁场伸缩引起电气部件振动而产生的，如电动机、变压器等产生的噪声。此外，矿山还有爆破过程中产生的脉冲噪声。

按频谱的性质，噪声又可分为有调噪声和无调噪声。有调噪声就是含有非常明显的基频和伴随着基频的谐波，这种噪声大部分是由旋转机械（如扇风机、空气压缩机）产生的。无调噪声是没有明显的基频和谐波的噪声，如脉冲爆破声等。

4.1.2 噪声的传播

4.1.2.1 声波辐射和衰减

声波在一个没有边界的空间中传播，如果它的波长比声源尺寸大得多时，声波就以球面波动的形式均匀地向四面八方辐射，我们把这种声源称为点声源。它没有方向性。当声源辐射的声波，其波长比声源尺寸小得多时，这时声源发出去的声波就以略微发散的"声束"向正前方传播。声波的波长与声源尺寸相比，其比值愈小则辐射的声束发射角愈小，方向性愈强，当声波的波长与声源尺寸相比非常短小时，声音以几乎不发散的声束成平面的形状由声源向外传播。例如，我们平时听到的高音喇叭声，在它的正前方时听到的音量很高，在它的背面或侧面时声音就显得弱而且音调发闷，这就是高频声，特点是波长短、方向性强。

声波自声源向四周辐射，其波前面积随着传播的距离增加而不断扩大，声波的能量被逐渐分散开来，相应的通过单位面积的声能就越来越小。因为声源每秒发出的声能是一定的，所以声波的强度一般随距离的增加而衰减，当距声源距离分别增加2、3、4倍时，声波的能量将分别相应地减少为1/4、1/9、1/16。

声波在大气中传播，由于空气的黏滞性、热传导等影响，其能量不断地被空气吸收而转化为其他形式，比如空气分子间的摩擦可使部分声能转化为热能而消耗掉，从而达到声波衰减。由于空气吸收声能引起的声波衰减与声波频率、空气的温度、湿度有关，高频声振动得快，空气疏密相间的变化频繁，所以高频声比低频声衰减得快。

4.1.2.2 声波的反射、折射和绕射

当声波从一种介质传播到另一种介质时，在两种介质的分界面上，其传播方向就要发生变化，产生反射和折射现象。这种现象发生在两种介质的分界面上，如果同一种介质，由于介质本身的特性变化（如温度的变化等），声波的传播方向也会改变，但一般只存在折射而不存在反射情况。

我们用声线的概念来描述声波的反射和折射现象。初始向界面传播的波称为入射波。一部分在界面上产生反射，返回第一种介质的波称为反射波。另一部分透入第二种介质继续向前传播的波称为折射波。

声波的折射遵守折射定律，折射线、入射线和法线在同一平面内，并且不管入射角的大小如何，入射角的正弦和折射角的正弦之比等于介质中的声速之比。

声波的反射遵守反射定律，反射线、入射线和法线在同一平面内，反射线、入射线分别在法线的两侧，反射角与入射角的大小相等。

声波的反射还和声波的波长及障碍物的尺寸大小有关。如果障碍物的尺寸比声波的波长大得多时，声音遇到障碍物表面就会全部反射回去，在障碍物后面形成声影区。如果障碍物尺寸小于声波波长，则声波就可以绕过障碍物继续向前传播，称为声波的绕射。例如风机发出的噪声，当你看到它的时候，听到的声音很响，音调很高，当你绕过障碍物看不见风机时，听到的声音很弱，而且音调低沉。这说明高频声的波长短，容易被折挡或反射回去；而低频声的波长长，容易绕过障碍物。

4.1.3 噪声的危害

噪声对人的影响是一个复杂的问题，它不仅与噪声的性质有关，而且还与每个人的心理、生理状态以及社会生活等多方面的因素有关。噪声广泛地影响着人们的各种活动，比如影响睡眠和休息，妨碍交谈，干扰工作，使听力受到损害，甚至引起神经系统、心血管系统、消化系统等方面的疾病，实际上，噪声是影响面最广的一种环境污染。

（1）影响人的正常生活，使人们没有一个安静的工作和休息环境，引起烦躁不安，妨碍睡眠，干扰人们之间的交谈、通讯，同时也影响人们思考。

（2）引起听觉器官损伤。人初进入噪声环境中，常会感到烦躁、难受、耳鸣，甚至出现听觉器官的敏感性下降，听不清一般说话声，但这种情况持续时间并不长，几分钟就会恢复原状，这种现象称为听觉适应。如上述情况重复出现，且症状随接触次数增加及时

间延长而加重，就会逐渐出现听觉疲劳，进而发生听力丧失而成为噪声性耳聋。

噪声性耳聋主要表现在高频范围，一般是在4000Hz附近首先引起听力降低。随着在噪声环境下工作时间的延长，这种听力损失将会逐渐延伸到3000~6000Hz的范围。由于语言频率一般在500~1000Hz之间，因此人们在主观上还没有感到听力降低。当听力损失一旦影响到语言频率的范围时，人们就会感觉到听力困难，这时实际上已经到了中度噪声性耳聋阶段了。一般来说，听力损失在10dB之内，尚认为是正常的；听力损失在30dB以内，称为轻度噪声性耳聋；听力损失在60dB以上者，称为重度噪声性耳聋。当听力损失在80dB时，就是在耳边大喊大叫也听不到了。据调查，在高噪声车间里，噪声性耳聋的发病率有时可达50%~60%，甚至高达90%。目前大多数国家听力保护标准定为90dB（A）。但在此噪声标准下工作40年后，噪声性耳聋发病率仍在20%左右，故听力保护标准有日渐提高的趋势。

（3）对生理的影响。当人们突然暴露于极其强烈的噪声之下时，由于声压很大，常伴有冲击波，可引起耳膜破裂出血，两耳完全变聋，语言紊乱，神志不清，严重的会发展为脑震荡和休克，甚至死亡。

噪声是一种恶性刺激波。长期作用于中枢可使大脑皮层兴奋和抑制过程平衡失调，条件反射异常，脑血管张力遭到损害。这些变化在早期是可以复原的，时间过长，就可能形成顽固的兴奋灶，并累及植物神经系统，产生头痛、头晕、耳鸣、失眠或嗜睡和全身无力等神经衰弱症状；严重者，可以产生精神错乱。

噪声还可能引起高血压，导致心肌损害，并使冠心病和动脉硬化的发病率逐渐增高。噪声还能使人们的健康水平下降，抵抗力减弱，导致某些疾病的发病率增加。

（4）对心理的影响。噪声引起的心理影响主要是烦躁，使人激动、易怒、甚至失去理智。噪声也容易使人疲劳，因此往往会影响精力集中和工作效率，尤其是对一些非重复性的劳动，影响比较明显。

（5）对睡眠的干扰。适当的睡眠是保证人体健康的重要因素，但噪声会影响人的睡眠。有人认为，连续的噪声可以加快熟睡的回转，使人多梦，熟睡的时间短；突然的噪声可以使人惊醒。一般来说，40dB的连续噪声可使10%的人受到影响，70dB即可影响50%的人，而突然的噪声在40dB时，可使10%的人惊醒，到60dB时，就可使70%的人惊醒。

（6）对交谈、通讯、思考的干扰。在噪声的环境下，人对一个声音的听阈会因受噪声的影响而提高。这个被提高的听阈称为掩蔽阈。造成这一现象的噪声称为掩蔽噪声。噪声能掩蔽讲话的声音而影响正常交谈、通讯（如表4-1所示），也能掩蔽警报信号，影响安全。噪声还能对人的语言思维活动产生影响。

表4-1 噪声对谈话的干扰程度

噪声级/dB（A）	主观反映	保证正常谈话的距离/m	通讯质量
45	安静	10	很好
55	稍吵	3.5	好
65	吵	1.2	较困难
75	很吵	0.3	困难
85	大吵	0.1	不可能

（7）对工作状态的影响。噪声可使矿工的消化机能衰退，胃功能紊乱，消化不良，食欲不振，体质减弱。矿工在嘈杂环境里工作，心情烦躁，容易疲乏，反应迟钝，注意力不集中，影响工作进度和质量，也容易引起工伤事故。另外，由于噪声的掩蔽效应，会使矿工听不到事故的前兆和各种警戒信号，从而容易造成工伤事故。

（8）对物质结构的影响。英法合作研制的协和式飞机在试航过程中，航道下面的一些古老建筑物，如教堂等，因飞机轰鸣声的影响受到破坏，出现了裂缝。150dB以上的噪声，由于声波的振动，会使金属结构产生裂纹和断裂现象，如一块0.6mm的钢板，在168dB（A）的无规则噪声作用下，只要15min，就会断裂，这种现象叫声疲劳。航天器在起飞和进入大气层时（喷气飞机也如此），都处在强噪声环境中，在声频交变负载的反复作用下，会引起铆钉松动，有时还会引起蒙皮撕裂。随着航天器发动机推力的不断增加，噪声对航天器结构的影响也越来越大。

噪声的危害很大，我们必须对它予以严格的控制。为了保护人的听力和健康，保证生活和工作环境不受噪声干扰，这就需要制定一系列噪声标准。对于不同行业、不同时间、不同区域规定有不同的最大容许噪级标准。

20世纪50年代，美国出现了一件骇人听闻的事件：一架超音速飞机掠空而过，下面站着10个人，虽然他们紧捂着双耳，但结果飞机飞过去后，这10个人的生命也成了过去——都被超音速飞机的噪声击毙了。我国古代有一种刑罚，叫做钟下刑。受刑的人被扣在一口大钟里，行刑的人在外面用木槌用力敲钟，受刑人在钟里会痛苦难忍，甚至造成精神分裂或昏迷。这些都说明，在强烈噪声的环境下，人将受到严重的危害。

4.1.4　噪声的测定

为了研究和控制噪声，必须对噪声进行测定与分析，根据不同的测定目的和要求，可选择不同的测定方法。对于工矿企业噪声的现场测定，一般常用的仪器有声级计，频率分析仪，自动记录仪和优质磁带记录仪等。

4.1.4.1　声级计

声级计是噪声现场测量的一种基本测试仪器。它不仅可以单独用于声级测量，还可和相应的仪器配套，进行频谱分析、振动测量等。

声级计一般分为普通声级计和精密声级计两种。精密声级计又可分为两类，一类是用于测量稳态噪声的，一类是用于测量脉冲噪声的。

声级计工作原理是：声压信号通过传声器转换成电压信号，经过放大器放大，再通过计权网络，即可在表头显示出分贝值。

声级计常用的频率计权网络有三种，称为A、B、C声级。噪声测量时，如不用频率分析仪，只需读出声级计的A、B、C三挡读数，就可以粗略地估计该噪声的频率特性。声级计表头读数为有效值，分快、慢两挡。快挡适用于测量随时间起伏小的噪声，当噪声起伏较大时，则用慢挡读数，读出的噪声为一段时间内的平均值。

4.1.4.2　噪声测量方法

（1）进行测量时，应将传声器尽量接近声源的辐射面，这样可使噪声的直达声场足够大，而其他噪声源的干扰相对会较小。

（2）测量前，应首先检查声级计的电池电压是否满足要求，并用活塞发声器对声级计进行校正。

（3）测量噪声要避免风、雨、雪的干扰，若风力在3级以上时，要在声级计传声器上加防风罩；大风天气（风力在5级以上）应停止测量。

（4）手持仪器进行测量，应尽可能使仪器离开身体；传声器距离地面1.2～1.5m，离房屋或墙壁2～3m，以避免反射声的影响；

（5）在测量时，若本底噪声小于被测噪声10dB（A）以上，则本底噪声的影响可忽略不计。若其差值小于3dB（A）时，则所测的噪声值没有意义。若其差值在3～10dB（A）之间，可进行校正。

4.2 噪声的控制原理和方法

4.2.1 噪声的控制标准

目前，大多数国家将听力保护标准定为90dB（A）。虽然只有在80dB（A）的条件下才能保护所有人不致耳聋，但从技术和经济条件上考虑，很难实现这一标准。

我国颁布的《工业企业噪声卫生标准》规定：工业企业的生产车间和作业场所的工作地点的噪声标准为85dB（A），现有工业企业经过努力，暂时达不到标准时，可适当放宽，但不得超过90dB（A）。这是针对每天在噪声环境中工作8h而言的，如果每天接触噪声不到8h的工种，噪声标准可按表4-2适当放宽。根据国际标准化组织建议，按照等能量的理论，规定工作时间减半，容许噪声提高3dB（A）。

表4-2 我国《工业企业噪声卫生标准》

噪声级/dB（A）		工作时间/h
现有企业	新建、扩建、改建	
90	85	8
93	88	4
96	91	2
99	94	1

4.2.2 噪声控制的一般方法

构成声音有三个要素，分别是：声源、声音传播的途径和接收者。所以噪声控制也必须从形成声音的这三个环节着手，即从声源上降低噪声，在传播途径上控制噪声和给接收者佩戴防噪装置。

4.2.2.1 从声源上降低噪声

降低声源本身的噪声是治本的方法。比如用液压代替冲压，用斜齿轮代替直齿轮，用焊接代替铆接等。防止和降低由振动发出的噪声，可以用改变机组结构工艺过程的方法来解决。所谓改变工艺过程，即是用噪声小的设备代替噪声大的设备。

（1）改进机械设计以降低噪声。在设计和制造机械设备时，选用发声小的材料，选择发声小的结构形式或传动方式，均能取得降低噪声的效果。具体做法是：

1）选用发声小的材料制造机件，如用一般金属材料做成的机械零件，在振动力的作用下，机件表面会辐射较强的噪声。而采用内耗大的减振合金时，由于该合金晶体内部存在有一定的可动区，当它受力时，合金内摩擦将引起振动滞后损耗效应，使振动能转化为热能而散发。因而在同样作用力激发下，减振合金要比一般金属辐射噪声小得多。

2）改革设备结构降低噪声。如风机叶片的形式不同发出的噪声也不相同，若把风机叶片由直片型改成后弯型，可降低噪声10dB（A）左右。有些电动机设计的冷却风扇过大，导致噪声很大，若把冷却风扇从末端去掉2~3mm，则可降低噪声6~7dB（A）。

3）改变传动装置降低噪声。从控制噪声角度考虑，应尽量选用噪声小的传动方式，如把正齿轮传动装置改用斜齿轮或螺旋齿轮传动装置，用皮带传动代替正齿轮传动，或通过减小齿轮的线速度及传动比等均能降低噪声。

（2）改革工艺和操作方法降低噪声。这是从声源上采取措施降低噪声的另一种途径。比如，柴油打桩机在15m处噪声达100dB（A），而压力打桩机的噪声则只有50dB（A）。在矿山若把铆接改用焊接，把锻打改成摩擦压力或液压加工，均可降低噪声20~40dB（A）。

（3）提高加工精度和装配质量降低噪声。在机器运行时，由于机件间的撞击、摩擦，或由于动平衡不好，都会导致噪声增大。这时可采用提高机件加工精度和机器装配质量的方法降低噪声。例如，提高传动齿轮的加工精度，即可减小齿轮的啮合摩擦而降低噪声。

4.2.2.2　在噪声传播途径上降低噪声

如果由丁条件的限制，从声源上降低噪声难以实现时，就需要在噪声传播途径上采取措施加以控制。

（1）采用"闹静分开"的设计原则，缩小噪声干扰范围。具体做法是：将工业区、商业区和居民区分开布置，以使居民住宅远离吵闹的马路或工厂；在矿区内部，可把高噪声车间与中等噪声车间、办公室、宿舍区等分开布置，在车间内部，可把噪声大的机器与噪声小的机器分开布置。这样即可利用噪声在传播中的自然衰减作用，缩小噪声污染面。

（2）利用噪声源的指向性合理布置声源位置。在与声源距离相同的位置，因处在声源指向的不同方向上，接收到的噪声强度也会有所不同。因此，可使噪声源指向无人或对安静要求不高的方向，而对需要安静的场所，则应避开噪声强的方向，那样就会使噪声干扰减轻一些。但多数声源在低频辐射时指向性较差，随着频率的增加，指向性才逐渐增强。所以改变噪声传播方向只是降低高频噪声的一种措施。

（3）利用噪声源与需要安静的区域之间的自然地形，如有山丘、土坡、深堑、建筑物等地形、地物时，其也可用于衰减噪声。

（4）合理配置建筑物内部布置，减轻环境噪声的干扰。例如，将住宅的厨房、浴室、厕所和贮藏室等布置在朝向有噪声的一侧，而把卧室或书房布置在避开噪声的一侧，即采用"周边式"布置住宅，就能减轻或避免街道交通噪声对卧室和书房的干扰。反之，如果采用"行列式"布置住宅群，使住宅区所有房间都暴露在交通噪声中，就会增大噪声的干扰范围。

4.2.2.3　在噪声接受点进行个体防护

在许多场合下，采取个人防护是最有效，最经济的办法。个人防护用具有耳塞、耳罩、防声棉、头盔等。耳塞一般平均隔声可达 20dB（A）以上，性能良好的耳罩可达 30dB（A）。它们主要利用隔声原理来阻挡噪声传入人耳，以保护人的听力，并能防止由噪声引起的神经、心血管、消化等系统的病症。

4.2.3　吸声处理

4.2.3.1　吸声原理

吸声是指利用吸声材料或吸声结构来吸收声能以降低噪声。某种材料或结构具有吸收声能的能力，则这种材料或结构就称为吸声材料或吸声结构。

一般工矿车间和矿井硐室内的表面多是一些坚硬的、对声音反射很强的材料，如混凝土的天花板、光滑的墙面和水泥地面。当机器发出噪声时，对操作人员来说，除了听到由机器传来的直达声外，还可听到由房间或硐室内表面多次反射形成的反射声（又称混响声）。直达声和反射声的叠加，加强了室内噪声的强度。根据实验研究，同样的声源放在室内和室外自由场相比较，由于室内反射声的作用，可以使声压级提高几个分贝。

如果在室内天花板和墙壁或硐室内表面装饰吸声材料或吸声结构，在空间悬挂吸声体或装饰吸声屏，机器发出的噪声碰到吸声材料，部分声能就被吸收，从而使反射声能减弱。操作人员此时听到的只是从声源发出经过最短距离到达的直达声和被减弱的反射声，这种降低噪声的方法称为吸声处理。在工业厂房和矿井硐室中，吸声处理已得到广泛的应用。

值得注意的是：吸声处理的方法只能吸收反射声，对于直达声没有什么效果。所以只有当反射声占主导地位时才会有明显的吸声效果，而当直达声占主导地位时，这种吸声处理的效果就不再显著。

4.2.3.2　吸声材料及吸声结构

吸声材料和吸声结构的种类，主要有多孔材料、亥姆霍兹共振器、穿孔板吸声结构（包括微穿孔板吸声结构）、薄板共振吸声结构、柔顺材料等。这类材料和结构的吸声机理，是靠声波进入材料的孔隙中而发生作用的。

应当着重指出，吸声材料与隔声材料是完全不同的两个概念。常用的多孔吸声材料能够吸收大部分入射声能，但由于它的孔隙率很大，声音很容易透过去，因此，它的隔声性能是很差的。对隔声材料最重要的是密实性，而吸声材料往往是透气的，多孔的。多孔性的吸声材料对于高频声是非常有效的，但对低频声来说，吸声系数就低得多。

4.2.4　隔声处理

隔声是噪声控制工程中常用的一种重要技术措施，即用构件将噪声源和接收者分开，隔离空气噪声的传播，从而降低噪声污染程度。采用适当隔声设施，能降低噪声级20～50dB（A）。根据隔声原理，用隔声结构把噪声源封闭起来，使噪声局限在一个小的空间里，我们把这种隔声结构称为隔声罩；也可以把需要安静的场所用隔声结构封闭起来，使外面的噪声很少传进去，这称为隔声间；还可以在噪声源与受噪声干扰的位置之间，设立用隔声结构做成的屏障，隔挡噪声向接收位置传播，这称为隔声屏。隔声罩、隔声间和隔声屏是按隔声原理设计制成的三种噪声控制设备，在防噪工程中有广泛的应用。

目前，隔声罩是抑制机械噪声的较好办法，如柴油机、电动机，空压机、球磨机等可用隔声罩降低噪声。一般机器设备用的隔声罩由罩板、阻尼涂料和吸声层构成，罩板采用1～3mm厚的钢板，也可用面密度较大的木质纤维板。罩壳采用金属板时一定要涂以一定厚度的阻尼层，以提高金属板在共振区和吻合效应区的隔声量。为达到一定的隔声量，隔声罩必须内衬吸声材料。隔声罩在实际加工中，要注意其密封性，否则，稍有缝隙和孔洞就将影响隔声罩的隔声性能；隔声罩不能与设备任何部分有刚性相连，如机器设备没有隔振措施，则隔声罩必须与设备地基采取隔振措施，不然固体声的传递，会使隔声罩的实际效果下降。

隔声间有门、窗、墙时，其综合隔声量取决于隔声量较低的门和窗，要提高综合隔声量，只有改变门和窗的材料和结构，提高门和窗的隔声量，若提高墙的隔声量，其结果是花钱多收效不大只会造成浪费。对于隔声间结构上的孔洞缝隙必须进行密封处理，否则将使隔声效果大大降低，若需要开通风口散热时，必须安装消声器。

4.2.5　消声器

消声器是一种可使声能衰减但允许气流通过的装置。把消声器安装在空气动力设备气流通道上，可以降低该设备的噪声，如风机噪声、通风管道噪声和排气噪声等。

4.2.5.1　消声器的分类

根据消声器消声原理，大致可将其分为阻性和抗性两种基本类型。阻性消声器的消声原理是借助于铺衬在管道上的吸声材料的吸声作用，使沿管道传播的噪声随距离延长而衰减。抗性消声器则不直接吸收声能，而是依赖管道截面的突变（扩张或收缩）或旁接共振腔，使其管道传播中的声波在突变处向声源反射回去，从而达到消声的目的。

这两种类型的消声器各有优缺点，前者主要吸收中、高频噪声，后者吸收低、中频噪声。实用的消声器多为两者结合的阻抗复合消声器结构。近年来相关机构又探索和研制出一些新型宽频带消声器，如微穿孔板消声器等。

4.2.5.2　消声器设计的基本要求

设计一个性能优良的消声器，一般必须具备以下三个条件：

（1）具备良好的消声性能，即要求消声器在足够宽的频率范围内具有最佳消声效果，能够将噪声水平控制在规范之内。

（2）具有良好空气动力性能，要求消声器对气流阻力损失足够小，并确保不影响设备的工作效率和进气、排气的畅通。

（3）在机械性能上要求消声器体积小、结构简单、成本低，具有一定的刚度和较长的使用寿命，便于现场安装和无再生噪声等。

4.2.6 个人保护

个人的防护主要是采取限制工作时间和佩戴防护装置，常用的个人防护装置有耳塞、防声棉（蜡浸棉花）、耳罩、帽盔等。

（1）耳塞。它通常由软橡胶（氯丁橡胶）、软塑料（聚氯乙烯树脂）、泡沫塑料和硅橡胶之类的材料制成。外形主要有圆柱形、伞形等数种。根据人耳道的大小一般有大、中、小三个型号。

耳塞对中、高频噪声有较好的隔声效果，对低频声的隔声效果较差。佩戴合适的耳塞一般可降低中、高频噪声20～30dB。在尖叫刺耳的高频噪声环境中，其能取得令人满意的降噪效果，而对正常交谈影响不大。

耳塞具有价格便宜、经济耐用、体积小巧、便于携带等特点。但由于人耳道大小不一，若配合不理想，佩戴后常感不适，甚至引起耳胀和耳道疼痛。

（2）防声棉。防声棉是用直径1～3μm的超细玻璃棉经过化学方法软化处理后制成的。使用时撕下一小块用手卷成锥状，塞入耳内即可。防声棉的隔声比普通棉花效果好，且隔声值随着噪声频率的增大而提高，它对隔绝高频噪声更为有效。在强烈的高频噪声车间使用这种防声棉，不但对语言联系无妨碍，而且可使语言清晰度有所提高。

（3）耳罩。耳罩由外壳（用硬塑料、硬橡胶和金属板制成）、密封垫圈（多层软质泡沫塑料外包聚氯乙烯薄膜制成），弓架和内衬吸声材料构成。

耳罩平均隔声量一般为15～25dB，高频隔声量可达30dB，低频隔声量也有12dB。主要用来防护强烈的枪炮脉冲噪声，航空发动机、凿岩机、内燃机等动力机械产生的空气动力性噪声，以及各种风动工具、铆焊、冲压、冷作等机械噪声。

耳罩体积较大，佩戴不太方便，特别是高温工种和炎热季节，佩戴者常感闷热和不适。

（4）防声帽盔。防声帽盔主要有软式防噪声帽和硬式防声盔两种。软式防噪声帽主要由人造革帽和耳罩组成，能防止听觉损伤，对人的头部亦有防震，防外伤和防寒的作用。

硬式防声盔主要由外壳（玻璃钢制成）、内衬吸声材料和耳罩组成。可防止强噪声经过气导和颅骨传入内耳以及冲击波对听觉和头部的损伤。

防声盔较重，佩戴者常感不适，特别是高温作业和炎热天气，轻者感到闷热，易出汗，重者常引起头晕、头昏症状。

（5）防护衣。它由玻璃钢或铝板内衬柔软的多孔性吸声材料组成，常用来防止140dB以上高强度噪声对人体内脏器官的危害。

在防止工厂噪声方面，除前面提到的噪声控制技术外，还应考虑对建筑物采取一些措施。如在厂房顶装吸声材料，厂房的墙做成双层，在空腔内填入吸声材料，使其具有隔声性，并对门窗开口部位进行适当处理等。此外，对于从厂房发出的声音，还可以在一定距离采用减声措施或设置屏障（如配置绿化带），以减少噪声污染。

4.3　矿山噪声的治理

4.3.1　矿山噪声源分析

噪声是污染矿山环境的公害之一，而井下作业人员受其危害更大。在大型矿山开采时，会使用许多大型、高效和大功率设备，随之带来的噪声污染也越来越严重。目前解决矿山机械设备噪声污染已经成为环境保护和劳动保护的一项紧迫任务。根据对矿山噪声的实际测定和结果分析可知，矿山噪声的特点是：声源多，连续噪声多、声级高（矿山设备的噪声级都在95～110dB（A）之间，有的超过115dB（A）），噪声频谱特性呈高、中频。噪声级超过国家颁发的《工业企业噪声卫生标准》，严重危害职工身体健康。

在矿山企业中，噪声突出的危害是引起矿工听力降低和职业性耳聋。据统计，井下工龄10年以上的凿岩工80%听力衰退，其表现为语言听力障碍，20%为职业性耳聋。此外，噪声还引起神经系统、心血管系统和消化系统等多种疾病；并使井下工人劳动效率降低，警觉迟钝，不容易发现事故前征兆和隐患，增加了发生工伤事故的可能性。

4.3.2　井下噪声的特点、控制程序和处理原则

矿山噪声特别是井下作业点噪声与地面噪声是有差别的。其表现为井下工作面狭窄，反射面大，直达声在巷道表面多次反射而形成混响声场，使相同设备的井下噪声比地面高5～6dB（A）。

井下噪声的控制工作，首先要进行井下噪声级预测，测定声压级和频谱特性；根据预测结果和容许标准确定减噪量；选择合理控制措施，进行施工安装；最后再进行减噪效果的测定和评价。噪声控制程序可按图4-1进行。

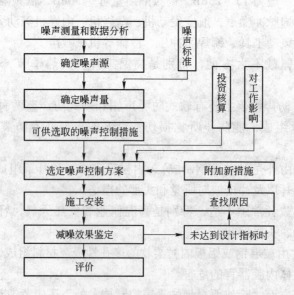

图4-1　噪声控制程序

由于井下存在多种噪声源，在降低井下噪声时必须遵循如下原则：

（1）在降低多种噪声源时，首先要降低其最大干扰的噪声源，这是获得显著效果的

唯一途径。

（2）最响噪声源已被降到比剩余噪声源低5dB（A）时，再进一步降该噪声源对总噪声量的降低不会产生明显的作用。

（3）如果噪声是由许多等响噪声源组成的，要使总噪声有明显降低，只有对其中全部噪声源进行降噪处理。

（4）尽管噪声级降低3dB（A）是很有限的，但是在感觉响度上却有明显的差别，因为噪声降低3dB（A）相当于声功率减少一半。

4.3.3 风动凿岩机噪声控制

风动凿岩机是井下采掘工作面应用最普遍、噪声级最高的移动设备。一般噪声级达115～130dB（A）之间，是目前井下最严重的噪声源。

风动凿岩机噪声源有：废气排出的空气动力性噪声；活塞对钎杆冲击噪声；凿岩机外壳和零件振动的机械噪声；钎杆和被凿岩石振动的反射噪声。风动凿岩机总噪声频谱较宽，属于具有低频、中频和高频成分的广谱声。

风动凿岩机在井下作业时，噪声从声源直接传到岩壁，又从岩壁反射到操作者的耳朵，几乎所有噪声能量都经过操作者站立的位置，整个巷道断面内噪声分布不变。

控制风动凿岩机噪声时，必须把声源、传播途径和接收者三部分视为一个系统，在控制时必须三者综合考虑。

4.3.3.1 降低排气噪声方法

风动凿岩机噪声的主要声源是排气噪声。要降低排气噪声，必须了解排气噪声形成的机理。废气经排气口以高速度进入相对静止的大气，在废气和大气混合区，排气速度引起了无规则的漩涡，漩涡以同样无规则的方式运动、扩散，从而出现许多频带不规则的噪声。另外，排出的气体本身又是凿岩机内部机械噪声的传播介质，上述过程产生的噪声概括称为"空气动力性噪声"。

排气的流速越大，排气管直径越细，则产生的噪声峰值频率越高，越趋于尖叫刺耳。至今人们还无法消除风动凿岩机的排气声源，但用限制排气速度和工作速度的办法来降低排气噪声是有可能的，即创造最好环流条件，减少气流排出时的压力波动，使缸体内部和大气间保持较小的压力差。上述方法可通过在风动凿岩机排气口安装消声装置实现。

目前常用的风动凿岩机消声装置可分为两类。

（1）凿岩机外置消声装置。它是在凿岩机的排气口上安装一段排气软管，将排出废气通向安装在气腿内部或距工人一定距离处的消声器。图4-2是一种典型机外排气消声装置示意图。这种消声器是用隔板分为两个不同小室的圆柱体。引射器压入隔板中，废气从凿岩机排气口沿软管经过连接管进入消声器的接收小室，被引射器吸入，并经过扩散器进入大室。从扩散器出口到消声器排气口，空气经过隔板上分布不对称的小孔，不断改变其运动方向，并通过降低接收小室的压力来补偿消声器气流的阻力。该消声器不仅能够降低低频噪声级16～30dB，而且能提高钻进速度约20%～25%，可以起到降噪、降尘和降低油雾以及改善工作面劳动条件的作用。

（2）凿岩机排气口消声装置。根据各类凿岩机的频谱特性和排气口形状以及工人操

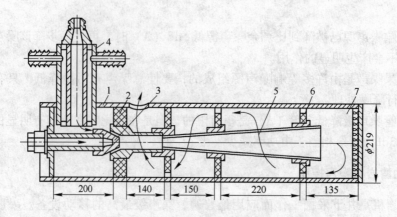

图 4 - 2　凿岩机外置消声装置
1—圆柱体；2—隔板；3—引射器；4—连接管；5—扩散器；6—带孔隔板；7—吸声材料

作方法来设计各种类型凿岩机排气口消声器。原理为：当废气进入消声器时，通过前端弯曲的过风道后直接作用在第一块处于振动中的折流板，再向中间流动，这样气流就按正弦曲线轨迹通过所有折流板，迂回折转、光滑流动，消除了排气直线运动，缓和了气流，降低排气速度。因折流板强烈振动，故在折流板处不会结冰。试验证明，该消声器可降低排气噪声 15dB（A），并可降低整机噪声 8～10dB（A），消声器内部不结冰，对凿岩机性能无影响。

4.3.3.2　降低机械噪声的方法

机械噪声是由机械部件振动、摩擦而产生，属于高频噪声。国外采用超高分子聚乙烯制包封套，可使凿岩机机械噪声由 115dB（A）降至 100dB（A）。另外还可使用一种吸收噪声的合金来做凿岩机外壳。该合金能吸收振动应力，故衰减噪声能力特别强。

除上述方法外，还可采用结实的非谐振材料，例如用尼龙，做棘轮机构和阀动机构的某些零件，使连接零件的相对运动变为尼龙和钢的运动，从而完全消除钢对钢的运动。同样，螺旋棒中四个棘爪和配气阀也都可换成尼龙件。另外还可在螺旋棒头与柄体配合面之间放进尼龙圆盘，上述措施均可进一步降低机械噪声。

4.3.3.3　降低岩壁反射噪声的方法

由于巷道空间有限，反射噪声形成混响场，从而会增加凿岩机噪声强度。国外曾试验在井下巷道岩面喷射高膨胀泡沫稳定层。该泡沫是一种烷基稳定泡沫，膨胀比为 25∶1，喷射后泡沫稳定层能牢固地粘在巷道壁面上，并保持一段时间而不会脱落。因该泡沫又软又多孔，故可有效地降低岩壁的反射噪声，其吸声效果随离开凿岩机距离的加大而增加，频率越高效果就越好。当泡沫层厚度为 51mm 时，可以使总的岩壁反射噪声大约降低40dB（A），从而较好地改善听觉环境。

4.3.4　凿岩台车的噪声控制

为提高采矿和掘进速度，目前国内外广泛地采用可安装多台凿岩机的凿岩台车。由于凿岩台车的噪声较大，所以应在凿岩台车上安装隔声防震操作室，其隔声结构采用多层复合结构。操作室外壁为1mm的铅板夹在两层15mm厚的聚氨酯泡沫塑料之间，泡沫塑料外侧覆盖1mm的钢板，操作室的内壁覆盖0.3mm的微孔铝板。操作室的前方装配两层不同厚度强化玻璃，整个操作室是由上述复合结构和玻璃窗等组成的组合隔声结构。操作室安装在台车双梁尾部，用螺栓连接，便于装卸。操作室底层装四个弹簧起减震作用，室内有双人座椅，室顶两侧架设探照灯，以使司机视野宽阔，能清楚地看到顶、底板炮眼。玻璃窗顶部有两个喷嘴，可向玻璃喷出液体清洁剂，一个动臂型刮水器用来使玻璃保持清洁，以防止沾污玻璃而影响视线。操作室内安装有滤气装置和负离子发生器，以净化进入操作室内的空气中的粉尘、油雾和其他有害杂质，并使负离子通过风口和风流均匀混合进入室内，提高操作室内负离子浓度，改善室内空气质量。

4.3.5 扇风机噪声控制

4.3.5.1 扇风机噪声源分析

扇风机噪声主要由空气动力性噪声、机械噪声和电磁噪声组成。

（1）空气动力性噪声。空气动力性噪声是由于扇风机叶片旋转驱动空气，使巨大能量冲击机壳产生各种反射、折射而形成的。它由下列两种噪声组成。

1）旋转噪声。它是由于旋转的叶片周期性打击空气质点，引起空气压力脉动而产生的噪声；

2）涡流噪声。它是由于风机叶片转动时，使周围空气产生涡流，这些涡流由于黏滞力的作用，又分裂成一系列的小涡流，使空气发生扰动形成压缩和稀疏过程而产生的噪声。

（2）机械噪声。机械噪声是由扇风机机壳、风门和其他零件的冲击、摩擦而形成的。

（3）电磁噪声。电磁噪声是由电动机驱动、运转而形成的。在这三部分噪声中，以空气动力性噪声危害最大，具有噪声频带宽、噪声级高、传播远等特点，并且比其他两个噪声源高20dB，因此是扇风机噪声控制的重点。

4.3.5.2 扇风机噪声控制方法

控制扇风机噪声的根本性措施是：改进风机的结构参数，提高风机的加工精度，从研制低噪声、高效率的新型风机入手，在设计新风机时通过下列措施降低噪声。

（1）采用流线型进气道并配置弹头形整流罩，整流罩直接固定于叶轮，以使气流均匀，减少阻力损失；

（2）装配流线型电动机；

（3）增大电机定子和风机叶轮之间的距离；

（4）增大风机转动装置和导流器之间的距离。

4.3.6 空压机噪声控制

空压机噪声是由进、出气口辐射的空气动力性噪声，机械运动部件产生机械性噪声和驱动机（电动机或柴油机）噪声组成。从空压机组噪声频谱可看出：声压级由低频到高频逐渐降低，呈现为低频强、频带宽、总声级高的特点。

空压机噪声控制方法有以下三种：

（1）进气口装消声器。

在空压机组中，以进气口辐射的空气动力性噪声为最强，解决这一部位噪声的方法是安装进气消声器。对一些进气口在空压机机房里的场合，可先将进气口由车间引出厂房外，然后再加消声器。这样消声器的效果会发挥得更好。

针对空压机进气噪声中低频声较突出的特点，消声器设计以抗性消声器为主。如图4-3所示，它由两节不同长度的扩张室组成，其消声原理为：当气流通过时，由于体积骤然膨胀，扩张室起到缓冲器作用，从而降低了气流脉动压力。同时，在管道不连续界面处因声阻抗不匹配而使声波产生反射，阻止了某些频率声波通过，从而起到了消声作用。该消声器各连通管不在同一轴线上，是为了延宽消声频率范围，提高消声效果。该消声器的消声值为15dB（A）。

（2）机组加装隔声罩。

空压机组隔声罩壁选用2.5mm厚的钢板，内壁涂刷5~7mm厚的沥青作阻尼层。根据操作的要求，隔声罩上留有一扇足够大的门并镶上双层观察玻璃窗。为了供空压机进气和冷却用风及散热排风，在隔声罩适当位置上安装消声器。为了检修和安装的要求，隔声罩应做成装卸式结构，如图4-4所示。经测定，加装隔声罩后，在空压机旁1m处的噪声级由116dB（A）降至90dB（A）。

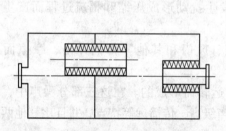

图4-3　4L-20/8型空压机进气消声器

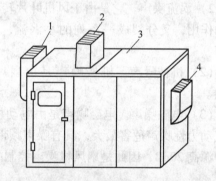

图4-4　空压机的隔声罩

1—进气消声器；2—排气消声器；

3—隔声罩；4—电机进气消声器

（3）空压机站噪声综合治理。

目前采矿企业内空压机站均有数台空压机运转，如对每台空压机都安装消声器，虽能取得一定的降噪效果，但整个厂房噪声水平并不能取得根本改善，故可采取如下措施：

1）建造隔声间。根据空压机站运行人员的工作性质要求，操作人员并不需要每班8小时都站在空压机旁，所以建造隔声间作为值班人员的停留场所，是控制噪声切实可行的措施。为便于值班人员操作，隔声间内应有各台机组的开、停车按钮和控制仪表。隔声间可使噪声降低到60~65dB（A）以下。

2）在空压机站内进行吸声处理。在顶棚或墙壁上悬挂吸声体，可降低噪声4~10dB（A）。

　　图 4-5 是某矿空压机站的平、剖面图。该站在设计时就考虑了噪声控制问题。例如：每台空压机都单独设置在有密闭门窗结构的机房内，保证单机检修时，工人可不受其他机器噪声的危害。空压机房的南侧建造通长的隔声控制间，面对每台空压机房的墙上均安有双层观察窗，操作工人通过观察窗可对各台机组运转情况进行监视。在隔声间内噪声级为 65dB（A）。

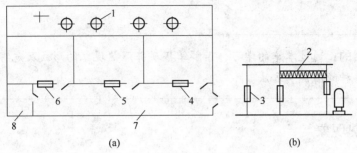

图 4-5　某矿空压机站平、剖面图

（a）平面图；（b）剖面图

1—贮气罐；2—吸声顶棚；3~6—观察窗；7—控制室；8—送风机房

复习思考题

4-1　噪声的危害有哪些？

4-2　噪声的一般控制方法有哪些？

4-3　如何从声源上控制噪声？

4-4　井下噪声有哪些特点？

4-5　控制井下噪声需遵循哪些原则？

4-6　如何控制风动凿岩机噪声？

5 矿 井 湿 热

教学目的：通过本章的学习，了解掌握矿井湿热现象的形成及危害；重点掌握矿井内各种降温调节方法。

5.1 矿井湿热现象

5.1.1 热现象的形成

影响热现象形成的因素主要有：

(1) 地面空气温度的影响。地面空气温度的高低，直接影响着矿内空气温度的变化。我国地处北纬亚热带到寒温带，地面气温变化幅度很大，因而地面气温的影响也不一样。北方矿井，冬季地面气温很低，如东北的临江铜矿、小西林铅锌矿等，冬季地表气温为零下30℃左右，个别矿山达零下38℃，冷空气进入矿井后，往往导致进风井筒出现冰冻，进风段空气过冷，从而影响提升、运输和劳动条件。所以，这种情况一般需要对矿井进风流进行预热。南方矿井，夏季地表气温很高，一般都在35℃左右，甚至高达40℃。热空气进入矿井，会使井下温度升高，尤其是浅矿井和进风段较短的矿井，由于热空气与井巷岩壁热交换不充分，工作面附近会出现高气温，从而恶化劳动条件。在这种情况下，需要对矿井进风流进行预冷。但随着开采深度的增加，由于进风流与井巷岩壁内岩体有较充分的热交换，地面气温的影响便相对较小。

(2) 空气压缩升温的影响。当空气沿井筒下行时，由于气压增大而受压缩，便会释放热量，使气温升高；相反当空气上行时就会因膨胀而降温。

(3) 岩石温度的影响。地球内部蕴藏着巨大的热量，而且愈深热能就愈大。地表以下的岩石温度是变化的，可分为三个带来说明其变化情况：

1) 变温带。这一带的岩（地）温随地表季节温度变化而变化，冬天岩石向空气放热而降温，地温亦低，夏天则相反。

2) 恒温带。这一带的地温不受地表气温的影响而基本保持不变，其温度比当地年平均气温略高1~2℃，其深度距地表约20~30m。

3) 增温带，在恒温带以下，岩石温度随深度增加而升高，温度升高大小与当地的地热增深率成正比。地热增深率是指岩石温度每升高1℃时所增加的垂直深度，其数值大小与当地的岩石成分、水文地质条件、山川地势等因素有关。因而各地的地热增深率各不相同。

(4) 矿岩氧化放热的影响。在矿内某些矿岩中，主要指硫化矿石（如黄铁矿、磁黄铁矿等），容易和周围介质中的氧结合，从而放出大量的热。如黄铁矿在10~15℃，即开始氧化，其反应过程为：

$$2FeS_2 + 7O_2 + 2H_2O =\!=\!=\!= 2FeSO_4 + 2H_2SO_4 + 2.586 \times 10^6 J$$

黄铁矿在氧化时，若有水存在，则生成硫酸，使水成酸性，促进氧化加快；若无水时，则生成二氧化硫和无水硫酸铁。

另外，在开采过程中产生的粉尘，由于其与空气接触面积大，故能助长氧化并放出热量。若采用加大通风量，不但难以排除氧化放出的热量，反而会使氧化加剧。因此，国内外一些硫化矿床开采的矿山，井下温度很高，如前苏联乌拉尔铜矿采区内的空气温度达58~60℃，我国某铜矿回采工作面空气温度达32~40℃，最高达45~60℃。

（5）矿内热水放热的影响。地处温泉地带的矿井，某些地点地下循环水的温度会很高，甚至超过当地岩温，从而成为热水型矿井。这种情况下，从裂隙出来的热水会向空气大量散热使气温升高而形成热害。

（6）其他热源。矿内机电设备的运转、电力照明、爆破、人体放热等，都会产生一定的热量而散发到空中，进而使矿内的温度升高。

5.1.2 湿现象的形成

影响湿现象形成的因素主要有：

（1）矿内水分蒸发。矿内水分蒸发时，可从空气中吸收热量而使气温降低，同时使矿井内部形成了湿现象。水分蒸发的难易程度，取决于当地空气的相对湿度和气温。空气相对湿度愈大，水分蒸发愈困难，这时人体依靠出汗来散发体热就比较困难。如果空气的相对湿度达到饱和状态，即相对湿度达100%，水分蒸发就会完全停止。

（2）井巷通风强度。井巷通风强度对矿内的湿度有着显著的影响。当井巷的通风强度大时，矿井的湿度低；当井巷的通风强度小时，矿井的湿度大。同时井巷通风强度也会影响到矿井的温度。实际表明，借加大通风量来降低气温，在其他条件不变时，这种降温效果与进风原始气温关系很大，而且风速增大也有一定限度，当风速超过这个限度时，井下气温便不再显著下降。

5.2 矿井湿热的危害与防治

5.2.1 矿井湿热的危害

人在矿内热环境中作业，其一系列生理功能都会发生变化，主要表现在体温调节、水盐代谢、循环系统，消化系统和泌尿系统等方面。这些变化在一定程度内是适应性反应，但超过限度则可产生不良的影响。

（1）体温调节。人在矿内热环境中作业，由于产热、受热总量大于散热量，人体热平衡受到破坏，多余的热量在体内蓄积起来。当体内蓄热量超过机体所能承受的限度时，体温调节出现紊乱，表现为体温升高。根据测定，当环境温度在35℃以下时，体温高于正常范围者很少；气温超过35℃，特别是超过38℃时，体温超过38℃的人数比例显著增多。

另外，皮肤温度也可以反映出热环境对人的作用，据研究表明，皮肤温度随气温升高而增加，当皮肤温度接近人体内脏温度时体表甚至可能完全失去散热作用，从而使人的体温迅速升高，对人体造成伤害。

（2）水盐代谢。人在热环境中作业时，汗腺活动增加，大量分泌汗液，其分泌量与劳动强度成正比。据测定，矿井工人每班每人失水量高达 3.85kg，平均为 2.1kg。汗液是低渗溶液，水分占 99.2%～99.7%，其余大部分为氯化钠。大量出汗必然会损失大量盐分，如不及时补充水分、盐分，人体将严重脱水、缺盐，从而引起水盐平衡失调；大量水盐损失，使尿液浓缩，肾脏负担加重；另外还可导致循环衰竭和热痉挛及热衰竭。热痉挛会使肢体和腹壁肌肉等经常活动的肌肉痉挛并伴有收缩痛；热衰竭也称热昏厥或热虚脱，会使人头晕、头痛、心悸、恶心、呕吐、大汗、皮肤湿冷、体温不高、血压下降、面色苍白、继而晕厥，但通常昏厥片刻即清醒，一般不会引起循环衰竭。由此可见，人体虽然可以靠蒸发散热调节维持人体热平衡，但它是以机体付出代价才保持平衡的，而且这种平衡状态只能维持一定时间，一旦汗腺疲劳，出汗停止，即会发生中暑，对人身造成伤害。

（3）循环系统。循环系统在体热分布和体温调节方面起着重要作用。在矿内热环境作业，皮肤血管高度扩张，流经体表的循环血量成倍地增加，因而能把大量的热带到体表，以便散发出去。为了完成这种调节，增加的血液输出量必须达正常时的 2 倍以上。这样，就使心脏负担加重，心肌收缩的频率和强度增加，每搏输出量和每分钟输出量均增加。如心血管系统经常处于紧张状态，久之可使心肌发生生理性肥大，也可转为病理状态。此外，热环境对心血管系统的影响，还反映在血压方面。据报告，长期在热环境中工作的工人血压较高，高血压患者也比较多。

（4）消化系统。人在热环境中，由于体内血液重新分配，引起消化系统相对贫血，出现抑制反应，胃的排空时间延长，收缩波型变小，收缩曲线不规则。同时，由于大量出汗带走盐分以及大量饮水致使消化液分泌减弱，胃液酸度下降。这些因素均可引起食欲减退，消化不良，增加胃肠道疾患。

（5）神经系统。在矿内热环境中，人的中枢神经系统出现抑制，大脑皮层兴奋过程减弱，条件反射潜伏期延长，出现注意力不易集中以及嗜睡、供给协调时间较长等现象，并可使肌肉工作能力降低。肌体产热量因肌肉活动减少而降低，具有保护性质。但从另一方面来看，由于注意力不集中，肌肉工作能力降低，会使作业动作的准确性与协调性及反应速度降低，易发生工伤事故。

（6）泌尿系统。人在热环境中排出大量水分，导致肾脏排出水分大大减少，尿液浓缩，肾脏负担加重，会出现肾功能不全等。

5.2.2　矿井湿热的防治

矿井湿热防治的目的在于将井下各作业地点的空气温度、湿度和风速调配得当，创造一个良好的劳动环境，从而保证矿工的身体健康并为不断地提高劳动生产率创造条件。但是在什么样的环境下，采取什么改善措施可以使经济效益更好，一直是人们所关心和研究的问题。

改善矿内的环境，一般可采用降温、预热、防冻等措施。由于我国幅员辽阔，南北气候相差悬殊，各地区的矿山反映出的问题也不同，所以要根据实际情况，因地制宜地针对湿害热害的特点，选择技术上可行、经济上合理的技术措施。

5.2.2.1　非冷冻机械的降温调节方法

（1）建立合理的开拓系统和通风系统。加强通风降温，首先必须建立合理的通风系统。这就要求在确定开拓系统并进行采准布置设计时，应使进风风流沿途吸热量尽量少，比如将进风风路开凿在传热系数较小的岩石中，避开各种地下热源，布置上尽量缩短进风风路等。全矿通风系统选择应考虑降温效果这一因素。经验表明，多井筒混合式和对角式通风系统比中央式通风系统好。合理划分通风区域，利用废旧井巷和大直径地面钻孔直接向工作面供风，有时也能发挥降温作用。对于掘进工作面局部通风，必要时可采用绝热风筒压入式局部通风。

（2）适当加大通风量。矿井热源，一类是放热量基本上不受风量的影响，如机电设备发热，因此，加大通风量可使气温降低；另一类是放热量随通风量增加而有所增加，因而采用增大通风量应有一定限度，况且风速过大对除尘不利，经济上也不合算。

（3）利用调热井巷降温。为了降低进风流的温度，可利用进风井巷附近的废旧巷道，或者在进风井附近开凿若干与其平行的仅至恒温带的小井，并以水平短巷连通，形成多井并联进风风道，以便有较大面积的井巷壁面与地表进风流接触，进行比较充分的热交换，来降低空气温度。但开凿专用小井的办法，费用较高，所以一般采用的较少，而采用废旧井巷作为冷却风流的调热井巷，可收到简单易行，经济可靠的效果。

（4）其他方法降温。过去我国有些矿井曾在进风井筒中喷水进行降温，因方法本身的缺点而未推广，但南方一些矿山炎热时在进风平硐口搭凉棚的办法，至今仍在采用。此外，为防止矿内机电设备散热，可在机电硐室设置独立的通风风流，过后直接导入回风道；对散热量大的设备设置局部冷却装置；对压气管道用绝热材料包扎。对开采自燃性矿岩的矿井，应采取积极措施防止自燃和自热，并及时封闭隔离自燃区域。对于热水型矿井，应采取措施防止热水散发热量到进风流中，例如超前疏干热水，利用隔热管道将热水排走以及对排放热水的水沟加盖等。

5.2.2.2　采用冷冻机械设备的降温方法

A　冷冻机工作原理

冷冻机构造及其工作原理，如图5－1所示。冷冻机装置由制冷机、空气冷却系统和冷却循环水系统三大部分组成。其中制冷机是由压缩机、冷凝器和蒸发器构成，空气冷却系统由空气冷却器、泵和输送冷媒的循环管路构成，其中部分管道盘旋在蒸发器内，冷却循环水系统由泵和循环水管构成，其中部分水管盘旋在冷凝器内。其制冷原理是：利用某种临界温度高、临界压力不大的气体（制冷剂）受压液化放热，而降低压强时又可汽化

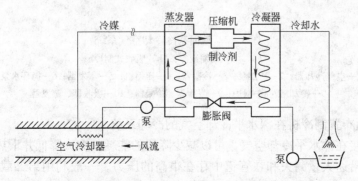

图5－1　冷冻机制冷工作原理图

吸热，使周围物质冷却。制冷机的工作过程是：循环使用的气态制冷剂（如氨、二氧化碳等）进入压缩机被压缩，使其温度和压力升高，进入冷凝器后，被其中盘旋冷却水管的冷水所冷却，使制冷剂温度降低而液化；再经过膨胀阀进入蒸发器时，制冷剂压力显著降低，同时吸收蒸发器内盘管中冷媒的大量热，制冷剂完全汽化，汽化后的制冷剂可再进入压缩机循环使用；从蒸发器内盘管中流出的冷媒由于被吸去了大量热量而温度降低，降低后的冷媒从蒸发器中流出，经过泵沿管道流至空气冷却器内，冷媒吸热使其周围气温降低达到降温调节目的；升高了温度的冷媒沿管路再重新流入蒸发器内的盘管中，继续使用。常用的冷媒是水或盐水。

B　矿井制冷降温的布置方案

a　空气冷却设备布置在地面的冷却系统

采用这种冷却系统，可以使矿井采掘工作面获得足够的降温效果，但这时必须大幅度降低地面入风温度（不能低于零度，以防井筒结冻），否则必须大量增加风量，从而增加开采费用。图 5-2 为地面空气冷却系统示意图。其中，制冷在压缩机制冷机组中进行，盐水在蒸发器与空气冷却器之间循环，制冷剂在冷凝器中用冷却水冷凝，冷却水回水进入冷却塔冷却。

对于风量大而巷道长度小的矿井，可采用吸收式制冷装置，如图 5-2（b）所示。这种装置可以利用矿井锅炉的蒸汽或热水（100~120℃），也可利用廉价的二次能源作动力。

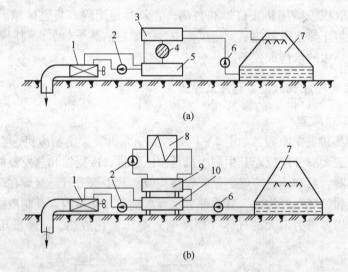

(a)

(b)

图 5-2　地面制冷冷却空气系统

(a) 蒸汽压缩制冷；(b) 吸收式制冷

1—空气冷却器；2—冷媒泵；3—冷凝器；4—压缩机；5—蒸发器；6—循环水泵；

7—冷却塔；8—锅炉；9—发生器、冷凝器；10—吸收器、蒸发器

b　在地面布置制冷机在深水平冷却空气的冷却系统

该系统直接在深水平冷却空气，可以减少降温的能耗，大大降低井下热害的状况。为了避免制冷剂沿途大量漏失和在管道中存在很高的压力，一般利用第二载冷剂（盐水），经过低压换热器把冷量送到井下。循环泵将在蒸发器中冷却过的盐水送到高压换热器内，

再把加热后的盐水沿回水管道送回蒸发器，水泵仅在盐水的循环中消耗能量。第二载冷剂（盐水或水）在低压下循环于换热器与空气冷却器之间，如图5-3所示。

　　该系统较前述系统更为合理，但其缺点是需要高压设备和庞大的循环系统，费用较高，需采用盐水作载冷剂对管道有腐蚀作用。

　　c　在深水平布置制冷机在地面排除冷凝热的冷却系统

　　制冷机布置在深水平可以减少沿途管道的冷损，因而可以提高制冷剂的蒸发温度，并可利用水来代替盐水作载冷剂。但是，必须供应冷却冷凝器的冷却水，冷却水回水往往要在地面喷雾水池中或冷却塔中冷却。这种冷却系统如图5-4所示。

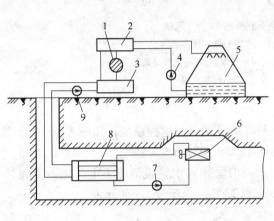

图5-3　地面制冷井下冷却空气系统
1—压缩机；2—冷凝器；3—蒸发器；4—循环水泵；
5—冷却塔；6—空气冷却器；7—二次冷媒泵；
8—中间换热器；9—一次冷媒泵

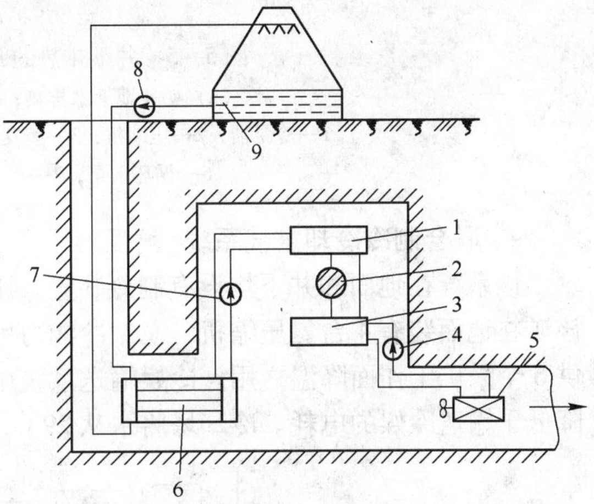

图5-4　地面排热的井下制冷冷却空气系统
1—冷凝器；2—压缩机；3—蒸发器；4—冷媒泵；
5—空气冷却器；6—中间换热器；7—冷凝泵；
8—循环水泵；9—冷却塔

　　在这种系统中，载冷剂从置于深水平的制冷机的蒸发器送到空气冷却器，空气在这里被冷却和干燥。载冷剂在蒸发器与空气冷却器之间通过泵实现循环。制冷机的冷凝器由地面经过中间换热器供给冷却水进行冷却。由于冷却水在沿途升温，使制冷剂的冷凝温度提高，也使冷凝器在冷却系统复杂化，从而使压缩机的传动功率增加。但这种系统可以用低压管道将冷却水送到井下，并可以把制冷机布置在井下的任何地点。

　　d　在深水平排除冷凝热的冷却系统

　　在深水平利用矿井水冷却冷凝器的系统如图5-5（a）所示。当井下有大量清洁水源时，应该采用这种系统，当没有大量清洁水源时，必须利用回风流来排除制冷机的冷凝热。

　　在深水平布置制冷机并用水冷却器排除冷凝热的系统，如图5-5（b）所示。在这个系统中，空气冷却器布置在运输平巷内，用以冷却工作面的进风。冷凝器利用冷却水冷却，而冷却水回水则送回在回风水平的水冷却器中，利用回风流进行冷却。在水冷却器中，回水在回风流中因雾化、蒸发和散热而降温。利用布置在冷凝器和水冷却器之间的循环水泵实现冷却水的循环。当回水直接与回风流接触时可能被污染，这时必须在过滤器中将水进行局部净化，以便使系统中循环水的含尘量不超过容许浓度。

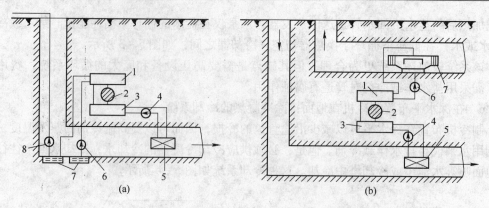

图 5-5 井下排热的井下制冷冷却空气系统

(a) 矿井地下水排热；(b) 水冷却器回风排热

1—冷凝器；2—压缩机；3—蒸发器；4—冷媒泵；5—空气冷却器；

6—循环水泵；7—井下水仓；8—排水水泵

e 联合制冷冷却空气系统

该系统在地面和井下均设有制冷装置。比利时某矿就采用这种系统，如图 5-6 所示。该矿在地面装有 4 台氨压缩机，总制冷能力可达 $8736 \times 10^6 \mathrm{J/h}$，冷风能力达 $1800 \mathrm{m^3/min}$，供 6 个采矿工作面降温之用。冷媒输送系统中采用伯里顿式水轮机消能发电，化害为利。降低了输送冷媒的电耗。冷却塔将水从 29℃ 冷却到 13℃，冷却量为 $350 \mathrm{m^3/h}$。

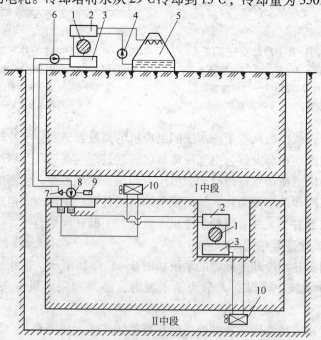

图 5-6 联合制冷冷却空气系统

1—压缩机；2—冷凝器；3—蒸发器；4—循环水泵；

5—冷却塔；6，8—冷媒泵；7—水轮机；

9—电动机；10—空气冷却器

上述五种系统各有利弊，选用任何形式应根据矿山具体情况，经详细技术经济分析比较后确定。

复习思考题

5-1 矿井湿现象是怎样形成的?

5-2 矿井热现象是怎样形成的?

5-3 矿井湿热现象有哪些危害?

5-4 如何防治矿井湿热现象?

6 矿山水污染及其防治

教学目的：通过本章的学习，了解矿山水体污染、矿山废水的形成及污染特点；掌握矿山废水排放标准和水质监测方法；重点掌握矿山废水的防治原则和治理方法。

6.1 矿山水体污染

水是人类生活、动植物生长和工农业生产不可缺少的物质，是地球上最丰富的自然资源。随着近代工业生产的迅速发展，工矿企业生产过程中大量用水，排出的工业废水也日益增多；城市人口集中，产生的生活污水量迅猛增加；许多工业废水和生活污水未经处理直接排入水体，必然引起水体的严重污染，从而造成各种危害。水中有毒物质（氰、铬、汞、镉、酚等）会被人体和生物吸收而使机体受毒；大量有机物和无机物（如硫化物、亚硫酸盐等还原性物质）排入水体后，使水中溶解氧显著下降，甚至完全缺氧，从而影响鱼类生活；含有某些无机物的废水排入水体，会使水中硬度或盐量增高，若用此类废水灌溉农田，将使土壤盐碱化。

在环境污染中，以水体污染发现最早，影响也最大、最广泛。据不完全统计，全世界每年约有 $4.5 \times 10^{11} \mathrm{m}^3$ 废水排入水体；我国每年排入水体的废水量约为 $3.03 \times 10^{10} \mathrm{m}^3$，其中每立方米的污水又可污染十几立方米的天然水，水污染不仅使人畜受害，而且还导致土壤和植物遭到破坏，农、牧、渔业大幅度减产。由于水体污染而造成的经济损失，每年达 377 亿元以上。随着采矿工业的不断发展，开采、选矿、矿物运输、防尘及防火等诸多生产及辅助工艺均需要使用大量的水，若对这些工艺所排出的大量废水不进行处理，就会给自然水体造成严重污染，使水资源遭到严重破坏。

水体又称水域，是江河、湖海、冰川、海洋、水库、地下水的总称。水体不仅包括水本身，而且包括水中的悬浮物、溶解物、底泥和水中的水生生物等。值得注意的是，应将水和水体区别看待，例如，重金属污染物由于沉淀、吸附或螯合等作用，容易从水中转移到底泥内，而水中重金属含量通常不高，但从水体来看，其已受到了严重污染。

矿山水体污染包括水、底泥及水生生物的污染，即含有各种污染物的采矿工业废水和生活污水排入水体后，改变了水体的正常组成，超过了水体的自净能力，从而使水体恶化，达到破坏水体原有用途的程度。

矿山生产中的许多生产工艺过程都需要水，其中以采矿、选矿用水最多，并会在采、选过程中对水造成严重污染，从而形成矿山废水。

6.2 水体污染与水体自净

6.2.1 水体污染

水体污染是指排入水体的污染物在数量上超过了该物质在水体中的本底含量和水体的

自净能力即水体的环境容量，破坏了水中固有的生态系统，破坏了水体的功能及其在人类生活和生产中的作用，降低了水体的使用价值和功能的现象。水体污染的最主要的原因是工业废水的大量排放。

为了反映水体被污染的程度，需要用水质指标来表示，表征水污染的水质指标主要有下列几项：

（1）悬浮物，或称悬游物，用 SS 表示。它是工业废水和生活污水中呈固体状的不溶解物质，是水体污染基本指标之一。

（2）有机物。工业废水和生活污水中有机物浓度也是一个重要的水质指标。由于有机物的组成比较复杂，要想分别测定各种有机物的含量是比较困难的，一般采用下面几个综合指标来表示有机物的相对浓度。

1）生物化学需要氧量，简称生化需氧量，用 BOD 表示。BOD 表示水中有机物经微生物分解所需的氧量。

2）化学需氧量，用 COD 表示。COD 表示用化学氧化工业水和生活污水中有机污染物所需要的氧量。COD 越高，表示污水中有机物越多。

3）总需氧量，用 TOD 表示。由于在化学需氧量测定的条件下，重铬酸钾不能使吡啶、苯等某些有机物氧化，故对很多有机物来说所测得的 COD 一般仅为理论值的 95% 左右，因此近年来发展了这种总需氧量的测定法。

4）总有机碳，用 TOC 表示。测量方法为将水样在高温下燃烧，有机碳即氧化成 CO_2，然后测量所产生的 CO_2 的量，就可算出工业废水和生活污水中有机碳的数量。总有机碳也可用仪器测定，测定速度快。

（3）pH 值。工业废水和生活污水的 pH 值处理及综合利用，对水生生物的生长繁殖，对排水管道的使用寿命等都有很大的影响，所以被列为检验工业废水和生活污水水质的重要指标之一。生活污水的 pH 值为 7.2 ~ 7.6，工业废水的 pH 值随着生产工艺的不同而相差很大。

（4）细菌污染指标。1mL 污水中的细菌数以千万计，其中大部分是寄生在已丧失生活机能的机体上，这些细菌是无害的；另一部分细菌，如霍乱菌、伤寒、痢疾菌等，则寄生在有生活机能的机体上，它们对人、畜是有害的。对污水进行细菌分析是一项很复杂的工作，在水处理工程中，一般用细菌总数和大肠菌群两种指标表示水体被细菌污染的程度。

（5）有毒有害物质指标。我国已制定"地面水中有害物质的最高容许浓度"的标准，其中列出了 53 种有毒物质，如汞、铬、铅、砷、铜、锌、氰化物、氟化物、硫酸盐、氯化物、硝酸盐等。

除上述几项外，还有温度、颜色、放射性物质浓度等，也是反映水体污染情况的指标。

水体污染是当前世界上突出的环境问题之一，不少国家的河流、湖泊、海湾和地下水都出现了污染，甚至发展为严重污染。造成水体污染的原因是水体（包括降水、地面水及地下水）受到人类或自然因素的影响，使水的感官性状、物理化学性能、化学成分、生物组成及底质状况产生了恶化。

目前，关于水体污染的定义有三种：一是与水的自净作用相联系，即认为水体污染是指排入水体的污染物超过了水的自净能力，从而使水质恶化的现象；二是指进入水体的外来物质含量超过了该物质在水体本底中的含量；三是指外来物质进入水体的数量达到了破坏水体原有用途的程度。在上述定义中，第三种相对较为适用，因为它把水体污染与人类的生活和生产活动联系了起来，将水体污染与水的用途紧密结合在了一起。水体污染的发生和过程取决于污染物、污染源及承受水体三个方面的特征及其相互作用和关系。

1994 年 7 月，淮河上游的河南省境内突降暴雨，颍上水库水位急骤上涨，超过防洪警戒线，因此开闸泄洪而将积蓄于上游一个冬春的 $2 \times 10^8 m^3$ 水放了下来。水经之处河水泛浊，河面上泡沫密布，顿时鱼虾丧失。下游一些地方居民饮用了虽经自来水厂处理，但未能达到饮用标准的河水后，出现恶心、腹泻、呕吐等症状。经取样检验证实上游来水水质恶化，沿河各自来水厂被迫停止供水达 54 天之久，百万淮河民众饮水告急，不少地方花高价远途取水饮用，有些地方出现居民抢购矿泉水的场面，这就是震惊中外的"淮河水污染事件"。

2000 年 1 月 30 日，罗马尼亚境内一处金矿污水沉淀池，因积水暴涨发生漫坝，10 多万升含有大量氰化物、铜和铅等重金属的污水冲泄到多瑙河支流蒂萨河，并顺流南下，迅速汇入多瑙河向下游扩散，造成河鱼大量死亡，河水不能饮用。匈牙利、南斯拉夫等国深受其害，国民经济和人民生活都遭受一定的影响，严重破坏了多瑙河流域的生态环境，并引发了国际诉讼。

2005 年 11 月 13 日，中石油吉林石化公司双苯厂发生爆炸。爆炸事故发生后，监测发现苯类污染物流入第二松花江，造成严重水质污染。

6.2.2 水体污染的种类

自然界中的水体污染，从不同的角度可以划分为不同的污染类别。

（1）从污染成因上划分，可以分为自然污染和人为污染。自然污染是指由于特殊的地质或自然条件，使一些化学元素大量富集，或天然植物腐烂中产生的某些有毒物质或生物病原体进入水体，从而污染了水质。人为污染则是指由于人类活动（包括生产性的和生活性的）引起地表水水体污染。

（2）从污染源划分，可分为点污染源和面污染源。环境污染物的来源称为污染源。点污染是指污染物质从集中的地点（如工业废水及生活污水的排放口）排入水体。它的特点是排污经常，其变化规律服从工业生产废水和城市生活污水的排放规律，它的量可以直接测定或者定量化，其影响可以直接评价。而面污染则是指污染物质来源于集水面积的地面上（或地下），如农田施用化肥和农药，灌排后常含有农药和化肥的成分；城市、矿山在雨季因雨水冲刷地面污物形成的地面径流等。面源污染的排放是以扩散方式进行的，时断时续，并与气象因素有关。

（3）从污染的性质划分，水体污染可分为物理性污染、化学性污染和生物性污染。物理性污染是指水的浑浊度、温度和水的颜色发生改变，水面的漂浮油膜、泡沫以及水中含有的放射性物质增加等；化学性污染包括有机化合物的污染和无机化合物的污染，如水中溶解氧减少，溶解盐类增加，水的硬度变大，酸碱度发生变化或水中含有某种有毒化学物质等；生物性污染是指水体中进入了细菌和污水微生物等。

事实上，水体不只受到一种类型的污染，而是同时受到多种性质的污染，并且各种污染互相影响，不断地发生着分解、化合或生物沉淀作用。

6.2.3 水体的自净

进入水体的污染物，通过物理、化学和生物等方面的作用，其浓度逐渐降低，经过一段时间后，水体将恢复到受污染前的状态，这一现象就称为水体的自净作用。狭义的自净则是指水体中的微生物氧化分解有机污染物而使水净化的作用。

水体的自净能力是有限度的，影响水体自净的因素也很多。主要有：河流、湖泊、海洋等水体的地形和水文条件；水中微生物的种类和数量；水温和富氧状况；污染物的性质和浓度等。水体自净的机制，可以分为以下几类：

（1）物理净化（物理过程）。它是指污染物由于稀释、扩散、沉淀和混合等作用，而使污染物质在水体中浓度降低的过程。其中，稀释作用是一项重要的物理净化过程。

（2）化学和物理化学净化。它是指污染物质由于氧化、还原、分解、化合及吸附、凝聚等作用，而引起的水体中污染物质浓度降低的过程。

（3）生物化学净化。由于水中微生物对有机物的氧化、分解作用，而引起的污染物质浓度降低的过程。

上述各种净化过程是同时发生、相互影响并相互交织进行的。一般来说，物理和生物化学过程在水体自净过程中占主要地位。

通过上述分析可知，污染水体的物质极其复杂，来源广泛，而且各类污染物质之间又相互牵连、相互影响。它们对水质的影响是多方面的。根据现有的技术水平难以分别测定出各类污染物的含量，因此在实际工作中常采用需氧污染物的概念及其综合指标，来评价水体中有机污染物的含量。

6.3 矿山废水污染的特点

水在某种使用过程中，若丧失了使用价值而被废弃外排，则这种水就被称为废水。导致水丧失使用价值的基本原因，是水中出现了污染物质。这些污染物质绝大部分是由使用环境中转移到废水中来的。但也有极少数的废水是受外部因素，如热能、辐射等影响，而由水本身转化来的。

在矿山范围内，从采掘生产地点、选矿厂、尾矿坝、排土场以及生活区等地点排出的废水，统称为矿山废水。由于矿山废水排放量大，持续性强，而且其中含有大量的重金属离子、酸和碱、固体悬浮物、选矿时应用的各种药剂，在个别矿山废水中甚至还含有放射性物质等，因此，矿山废水在外排过程中对环境的污染是特别严重的，其污染特点主要表现在以下几个方面：

（1）矿山废水的排放量大，且持续时间长。

一般情况下，矿山废水的排放量是相当大的，而且其持续时间也较长。在矿山各生产工艺中，选矿厂废水的排放量尤其惊人，例如：浮选法处理1t原矿石，废水排放量一般在3.5~4.5t左右；浮选-磁选法处理1t原矿石，废水排放量为6~9t；若采用浮选-重选法处理1t原铜矿石，其废水排放量可达27~30t。美国的西雅里塔铜钼矿，采用浮选法日处理原矿石0.85Mt，若不考虑回水利用，则每天尾矿废水的排放量在3.4×10^5t左右。

地下开采，尤其是水力采煤、水砂充填采矿，废水的排放量较大。据统计，若不考虑回水利用时，每产 1t 矿石，废水排放量约为 $1m^3$ 左右。在一些矿山关闭后，还会有大量废水继续污染矿区环境。

（2）矿山废水污染范围大，影响地区广。

矿山废水排放地分散，影响范围广，不易控制治理，所引起的污染，不仅限于矿区本身，还容易造成附近地域、河流等水系的污染。例如，日本足尾铜矿，由于矿山废水流出矿区，排入渡良濑川，又遇发生洪水泛滥，导致矿山的废水广为扩散，茨城、栖木、群马、崎玉四县数万公顷的农田遭受危害，废水流经之处，田园荒芜、鱼类窒息，沿岸数十万人民流离失所，无家可归。再比如美国，仅由于选矿的尾矿池和废石堆所产生的化学及物理废水污染，已致使 14881km 以上的河流水质恶化；在美国的阿肯色、加利福尼亚几个州内，主要河流都受到了金属矿山废水的污染，水中所含有毒元素砷、铅、铜等都超过了容许标准浓度。

（3）矿山废水成分复杂，浓度极不稳定。

矿山废水中悬浮物含量高，成分比较复杂，有害物质种类多，浓度极不稳定。选矿厂的废水中含有多种化学物质，这是由于选矿时使用了大量的各种表面活性剂及品种繁多的其他化学药剂而造成的。选矿药剂中，有些化学药剂属于剧毒物质（如氰化物），有的化学药剂虽然毒性不大，但当用量较大时，也会造成环境污染。如大量使用各类捕收剂、起泡剂等表面活性物质，会使废水中生化需氧量（BOD）、化学需氧量（COD）迅速增高，使废水出现异臭；大量使用硫化钠会使硫离子浓度增高；大量使用石灰等强碱性调整剂，会使矿山废水的 pH 值超过排放标准。

总之，选矿时添加化学药剂的品种和数量不同，废水中的化学成分、浓度大小及危害程度亦有所不同。

6.4 矿山废水的形成

在矿山开采的过程中，会产生大量矿山废水，如矿坑水、矿山工业用水、废石场淋滤水、选矿厂废水及尾矿坝废水等，其中矿坑水、矿山工业用水（包括选矿水等）是矿山废水的主要来源。

6.4.1 矿坑水

矿坑水主要由下列水源组成，即：地下水及老窿水涌入坑道；采矿生产工艺形成的废水；地表降水通过裂隙、地表土壤及松散岩层或其他与井巷相连的通道流入井下或露天矿场。

矿井涌水量主要取决于矿区地质、水文地质特征、地表水系的分布、采矿方法以及气候条件等因素。

矿坑水的性质和成分与矿床的种类、矿区地质构造、水文地质等因素密切相关。此外，地下水的性质对矿坑水的性质及成分亦有影响，但是，矿坑水在成分和性质上比地下水复杂得多，不能把矿坑水和地下水混为一谈。

地下水是矿坑水的一个主要来源。地下水的基本特点是：悬浮杂质含量较少，比较透明清晰，有机物和细菌含量较少，受地面的污染较小，但溶解盐含量高、硬度和矿化度较大。

地下水水质特征随其距地表深度变化而不同。近地表区水中多含氧化物介质，水交换活跃，故多出现淡水、碳酸盐类水。再往深处转为碳酸盐－硫酸盐类和硫酸盐－碳酸盐类的水。中深段（距地表 500 ~ 600m）的地下水水交换缓慢，且接触的多为还原介质，水具有较大的矿化度。再往深部为水停滞区，此处的地下水是含有很浓的氯化物盐类的水。

沿井巷流动的地下水和采矿用水所形成的矿坑水，都溶解和掺入了各种可溶物质的分子或离子，以及混入了各种固体微粒、油类、脂肪及微生物等，从而使水的成分发生显著变化。此外，地下水亦可能含有某种有害气体（如氡等），它们从水中逸出，还会造成空气环境的污染。

矿坑水中常见的离子有：Cl^-、SO_4^{2-}、HCO_3^-、Na^+、K^+、Ca^{2+}、Mg^{2+} 等数种；微量元素有：钛、砷、镍、铍、镉、铁、铜、钼、银、锡、碲、锰、铋等。可见，矿坑水是含有多种污染物质的废水，对于不同类型的矿山，其被污染的程度和污染物种类也是不同的。

矿坑水污染可分为：矿物污染、有机物污染及细菌污染，在某些矿山中还存在放射性物质污染和热污染。矿物污染物有沙泥颗粒、矿物杂质、粉尘、溶解盐、酸和碱等。有机污染物有煤炭颗粒、油脂、生物代谢产物、木材及其他物质氧化分解产物等。矿坑水不溶性杂质主要为大于 $100\mu m$ 的粗颗粒，以及粒径为 $0.1 ~ 100\mu m$ 和 $0.001 ~ 0.1\mu m$ 的固体悬浮物和胶体悬浮物。矿井水的细菌污染主要是霉菌、肠菌等微生物污染。

矿坑水的总硬度多在 30 以上，故矿坑水多为最硬水，未经软化是不能用作工业用水的。通常，矿坑水的 pH 值在 7 ~ 8 之间，属弱碱性，但是含硫的金属矿山的矿坑水中，SO_4^{2-} 较多，故大都是酸性水。

6.4.2 矿山酸性水的来源

在金属矿山，矿石或围岩中常含有硫化矿物，它们可氧化、分解并溶解在矿坑水中，从而使之成酸性。尤其在地下开采的坑道里，大量渗入的地下水和良好的通风条件，为硫化矿的氧化、分解创造了极为有利的条件。

无论是地下开采还是露天开采的矿山，其酸性水形成的机制如下：

（1）在干燥环境下，硫化物与氧起反应生成硫酸盐和二氧化硫：

$$FeS_2 + 3O_2 === FeSO_4 + SO_2$$

在潮湿环境中，硫化物与氧和水起反应生成硫酸盐和硫酸：

$$2FeS_2 + 2H_2O + 7O_2 === 2FeSO_4 + 2H_2SO_4$$

（2）硫酸亚铁在硫酸和氧的作用下生成硫酸铁，在此过程中细菌是触媒剂，它可大大加速这个过程：

$$4FeSO_4 + 2H_2SO_4 + O_2 === 2Fe_2(SO_4)_3 + 2H_2O$$

（3）生成的硫酸铁溶液与水中的 OH^- 离子结合生成氢氧化铁沉淀：

$$Fe_2(SO_4)_3 + 6H_2O === 2Fe(OH)_3\downarrow + 3H_2SO_4$$

因为硫酸铁可与硫化铁反应，故能进一步促进氧化，并加速硫酸的形成：

$$Fe_2(SO_4)_3 + FeS_2 === 3FeSO_4 + 2S$$

$$S + 3O + H_2O === H_2SO_4$$

除上述过程外，还有一些生成酸的其他反应同时进行。一般在下列条件下会形成酸性水：

（1）矿岩中含有黄铁矿；

（2）矿岩中没有足够数量中和酸的碳酸盐或其他碱性物质；

（3）黄铁矿被随意排弃在非专用的水池中。

矿山酸性水除了来自含有硫化矿物的矿山外，废石堆和尾矿池亦可产生酸性渗流水。

（1）废石场淋滤水。废石是矿山开采及选矿生产过程中形成的数量巨大的产物，尤其是在露天矿，废石排放量更大。例如：美国的西雅里塔露天矿，仅在基建过程中剥离的废石和泥土量就达 1.2×10^{10} t；我国湖北某露天矿，自 1958 年开采以来，废石的排放量就达 1.0×10^9 t 以上。这些含有一定矿石成分的废石在大量堆积的情况下，其所含有的硫化矿物就会在与水或水蒸气接触过程中，不断氧化分解，甚至还形成浓度较高的硫酸盐，从而不断形成酸性水。同时废石堆表面层的废石物料不断地风化，又陆续暴露出新的硫化铁矿物，当发生的氧化反应较充分时，可产生浓度很高的酸性溶液（即高浓度的硫酸盐）。当降水或降雪融化时，便会大量外泄，造成附近地区的环境污染。

从废石堆泄出的每 1L 废水中所含硫酸铁、硫酸亚铁可高达几千 μL，由于酸性大和有毒盐类高度集中，故在废石堆上进行种植十分困难。废水的外泄使地表水质恶化，河流中大量鱼类死亡，生物群毁灭，从而造成严重的环境问题。

（2）尾矿池产生的酸性渗流水。尾矿酸性渗流水是矿山酸性水又一来源。在处理尾矿工艺中，最为棘手和涉及面最广的问题即为尾矿池中渗出的酸性水的处理问题。尾矿池中渗出的污水，不仅含有酸性物质，而且还含有有害的重金属离子、溶解的盐类及未溶解的微小悬浮颗粒物。

将尾矿倾卸于湖泊中而造成的污染也是十分严重的。如 1960 年美国雷色弗采矿公司的银湾铁燧石选矿厂，每天倾卸 67kt 尾矿到萨伯雷湖中。这些尾矿如果就地堆放，就需在沟槽中占用长 93km、宽 48km、深 0.27km 的体积。在 20 世纪 70 年代初期，当地居民就指控该厂对水的污染，经检验发现尾矿中有石棉的纤维。1974 年 4 月，该厂拟定一份"关闭土地管理法"，将 $20km^2$ 的土地开辟为储留尾矿区，并投入 2.5 亿美元的费用防治污染，这是美国历史上的一次改善环境的投资。

（3）采矿场产生的酸性污水。采矿场产生酸性污水的起因与废石场、尾矿池的相似，主要是采矿场由于地表径流与矿物和废石中含硫物质、重金属元素等发生物理或化学作用产生酸性污水。

另外，在矿山未开采前赋存于地下（或有露头）的矿体，由于自然的淋蚀作用，本身也存在对环境的污染。例如，我国永平铜矿是多金属元素共生的硫化矿床，矿体埋藏较浅，并在许多地方直接露出地表，形成分布广泛的硫化矿床氧化带——铁帽。矿物主要由黄铜矿和黄铁矿组成。矿区已有近 2000 年开采历史，矿区内老窿密布，而且石灰岩内岩溶现象非常发育。酸性水主要来源于矿体露头及强烈矿化带的围岩被溶化、淋蚀的地下水。其特点是酸度高、金属离子含量多、流量大。在未开采前以泉水和老窿水形式流出，开采后从坑道直接排出，成为永平地区最严重的污染源。矿区酸性污水流量平均约为 4000t/d，其中采场为 3000t/d，废石场为 1000t/d。酸性污水严重污染了矿区附近的交集河。该矿酸性污水进入交集河口以下约 5km 的河段上，河水完全变为金属离子含量高的酸性水，河中鱼虾绝迹，水草不生，成为一条典型的"死河"。在交集河河口以下直到信江上的河口镇近25km的河道上，河水中Cu离子和pH值都超过了国家规定的标准。酸性水还严重地污染了矿区周围的农田土壤，并对当地居民的身心健康造成了不良影响。

6.4.3 采选矿工业中废水的形成

矿山生产中的许多生产工艺过程都需要用水，其中以采矿、选矿用水量多，采选生产在下列用水过程中会使水受污染，并形成矿山废水。

（1）采矿、破碎、选矿厂用水。通常这类废水中含有矿石、金属微粒或各种选矿药剂，这类废水水量大，污染严重。如浮选厂每吨原矿耗水量一般为3.5~4.5t；浮选-磁选厂每吨原矿一般耗水量为6~9t。

（2）水力采矿用水。水力开采砂矿或瓷土时水中含有有用矿物的微粒，并混入细微泥沙，其中有用矿物可以回收，但泥浆必须经处理后才能排放。

（3）冷却用水。矿山的压气、发电设备都需用水冷却，除个别情况会造成水的热污染外，一般冷却水不会受到污染。而且，多数冷却水都能循环使用，无需排放。

（4）水力输送用水。在短距离水力输送时，一般都是循环使用，废水排放量很少；而长距离输送时，若使用循环水，则管路长，阻力大。故应根据废水排放量来考虑它可能引起的污染问题。

（5）其他用水。这类废水包括凿岩防尘用水以及洗涤（洗涤车辆等）和生活用水等，含有固体悬浮物、油脂、有机物等污染物质。

矿山诸多生产工艺中都需要用水，而且使用后的水都会受到不同程度的污染而变成废水。图6-1为金属矿山用水流程图。由图6-1可看出，矿山废水污染的主要途径包括：

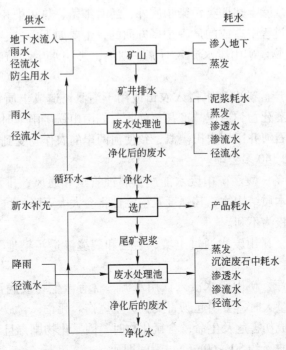

图6-1 金属矿山用水流程图

（1）矿井排水。矿山地下采掘工作会使地表降水及蓄水层的水大量涌入井下，尤其是水力采煤、水砂充填采矿，更会使矿井排水量增加。由于采矿业产生的废水中含有大量的矿物微粒和油垢、残留的炸药等有机污染物，故在排放过程中会造成地表和地下水源的严重污染。

（2）渗透污染。矿山废水或选矿废水排入尾矿池后，通过土壤及岩石层的裂隙渗透而进入含水层，造成地下水资源的污染。同时，矿山废水还会渗过防水墙，造成地表水的污染。

（3）渗流污染。含硫化物废石堆直接暴露在空气中，不断进行氧化分解生成硫酸盐类物质，尤其是当降雨侵入废石堆后，在废石堆中形成的酸性水就会大量渗流出来，污染地表水体。

（4）径流污染。采矿工作会破坏地表或山头植被，剥离表土，因而造成水蚀和水土流失现象的发生；降雨或雪融后的水流，搬运大量泥沙，不但堵塞河流渠道，而且会造成农田的污染。

综上所述，采矿过程中水污染的途径是多方面的，其污染所造成的后果也是相当严重的。

6.5　矿山废水中的主要污染物及其危害

矿山废水中主要污染物质可分为四类，即无机无毒物质，无机有毒物质、有机无毒物质和有机有毒物质。无机无毒物质主要是酸、碱及一般无机盐类和氮、磷等植物营养物；无机有毒物质包括各种重金属（汞、镉、铝、铬等）和氰化物、氟化物等；有机无毒物质是指水体中比较容易分解的有机化合物，如碳水化合物。脂肪、蛋白质等；有机有毒物质主要是醛、氯苯、硝基苯、酚等芳香烃和多环芳烃以及各种人工合成的具有积累性的稳定化合物，如有机农药等。除上述四类污染物质外，还有细菌、热污染和放射性污染物质等。

矿山废水在排放过程中造成的危害是多方面的，主要如下：

（1）危害水生生物。矿山废水流入河流、湖泊，影响水生动植物的生长，造成鱼虾死亡甚至绝迹。

（2）危害农业生产。矿山废水侵入农田或用于灌溉，造成土质钙化，破坏土层松散状态，可使农作物枯萎死亡，造成减产甚至绝收。如南山铁矿雨季时从废石堆渗滤出来的酸性水，大量排入采石河并用于农田灌溉，致使河两岸的农作物受到严重危害，形成绝产田70多公顷，减产田140多公顷。

（3）腐蚀矿山设备。酸性矿山废水能严重腐蚀管道和通风、排水设备。经酸性水长期浸蚀过的混凝土或木质结构物，其强度及稳定性将会大大下降。坑木发生水解后，其燃点降低，对硫化矿山极为不利。

（4）污染地下水。矿山废水通过土壤、岩层和裂缝渗透污染地下水，恶化水质而不能饮用。

（5）危害人体健康。矿山废水浸入饮用水源，含有微生物或病毒时，会引起疾病或传染病的蔓延；含酸量大时，会引起肠胃炎，甚至烧伤、死亡；含放射性的废水通过水照射和内照射对人体造成伤害危及生命；含氰化物时，因氰化物剧毒且毒效奇快，若人的口腔黏膜粘触少量氢氰酸（约 50～60mL），瞬间即死。

6.6　排放标准和水质监测

6.6.1　排放标准

江、河、湖泊等地表水和地下水是人们生活饮用水和工业用水的主要来源，亦是农业灌溉、畜牧、渔业、水产养殖等生产用水的水源，同时也涉及交通航运、旅游等各方面。所有这些用水部门都对水质提出了一定要求，并相应具体规定了污水排入自然水体的排放标准。

6.6.1.1　地面水环境质量标准

该标准适用于江、河、湖泊、水库等具有使用功能的地面水水域。根据地面水域使用目的和保护目标将其划分为五类：

Ⅰ类　主要适用于源头水、国家自然保护区。

Ⅱ类　主要适用于集中式生活饮用水水源地一级保护区、珍贵鱼类保护区、鱼虾产卵场等。

Ⅲ类　主要适用于集中式生活饮用水水源地二级保护区、一般鱼类保护区及游泳区。

Ⅳ类　主要适用于一般工业用水区及人体非直接接触的娱乐用水区。

Ⅴ类　主要适用于农业用水区及一般景观要求水域。

6.6.1.2　污水综合排放标准

该标准适用于排放污水和废水的一切企事业单位。工业废水中有害物质量最高允许排放浓度，分两类：

（1）第一类污染物。此类污染物指能在环境或动物、植物体内蓄积，可对人体健康产生长远不良影响者。含有这类有害物质的污水，不分行业和污水排放方式，也不分受纳水体的功能类别，一律在车间或车间处理设施排出口取样，其最高允许排放浓度必须符合表6-1规定。

表6-1　第一类污染物最高允许排放标准

序　号	污染物	最高允许排放浓度
1	总汞	0.05mg/L
2	烷基汞	不得检出
3	总镉	0.1mg/L
4	总铬	1.5mg/L
5	六价铬	0.5mg/L
6	总砷	0.5mg/L
7	总铅	1mg/L
8	总镍	1mg/L
9	苯并（a）芘	0.00003mg/L
10	总铍	0.005mg/L
11	总银	0.5mg/L
12	总 α 放射性	1Bq/L
13	总 β 放射性	10Bq/L

（2）第二类污染物。该类污染物长远影响小于第一类污染物，在排污单位出口取样，其最高允许排放浓度必须符合表 6 - 2 的规定。

表 6 - 2　第二类污染物最高允许排放标准　　　　　　　　（mg/L）

标准分级污染物	1997 年 12 月 31 日前建设的单位			1998 年 1 月 1 日后建设的单位		
	一级标准	二级标准	三级标准	一级标准	二级标准	三级标准
pH 值	6 ~ 9	6 ~ 9	6 ~ 9	6 ~ 9	6 ~ 9	6 ~ 9
色度（稀释倍数）	50	80	—	50	80	—
悬浮物（SS）	100	300	—	70	300	—
生化需氧量（BOD_5）	30	60	300	20	30	300
化学需氧量（COD）	100	150	500	100	150	500
石油类	10	10	30	5	10	20
动植物类	20	20	100	10	15	100
挥发酚	0.5	0.5	2	0.5	0.5	2
总氰化合物	0.5	0.5	1	0.5	0.5	1
硫化物	1	1	2	1	1	1
氨氮	15	25	—	15	25	—
氟化物	10	10	20	10	10	20
磷酸盐（以 P 计）	0.5	1	—	0.5	1	—
甲醛	1	2	5	1	2	5
苯胺类	1	2	5	1	2	5
硝基苯类	2	3	5	2	3	5
阴离子表面活性剂	5	10	20	5	10	20
总铜	0.5	1	20	0.5	1	2
总锌	2	5	5	2	5	5
总锰	2	2	5	2	2	5
元素磷	0.1	0.3	0.3	0.1	0.1	0.3

6.6.2　水质监测

在矿山生产用水和废水处理中，必须经常进行水质监测和水质分析。

水质测定的基本步骤如下：

（1）采集水样。水样采集应尽量符合水质分析的目的要求，并且要有代表性。

首先需确定合理取样地点。矿山生产可能影响水质的地点都应取样检测；为了检测对水质影响的程度，需设监测点。图 6 - 2 为矿山水质监测点布置示意图。

水样的量应根据分析项目而定。一般的物理、化学分析项目每次需水量为 50 ~ 100mL，水样总量一般可为 2L；测量微量成分的项目有时需浓缩预处理，此时所需水量应增加。

取水样最好选用专用水样瓶，表层水水样采集器用聚乙烯水桶；深水水样采集器如图

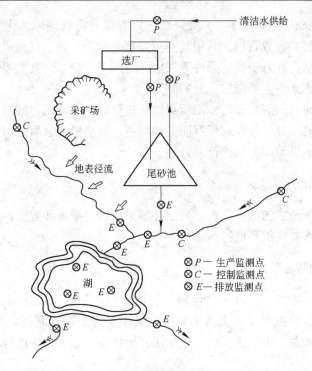

图6-2 矿山水质监测点布置示意图

6-3所示，其中图6-3（a）所示是容器式水样采集器，用于浅层水样采集；图6-3（b）所示是泵式采集器，用于任何深度水的水样采集。采集瓶事先应洗涤干净，取样前需用水样的水洗涤2~3次，以免混入杂质。

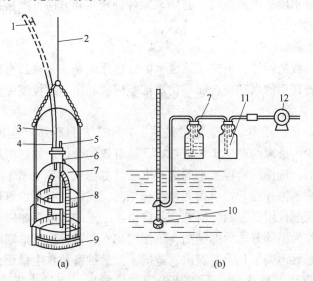

图6-3 深水水样采集器

（a）容器式水样采集器；（b）泵式水样采集器

1—夹子；2—绳子；3—乳胶管；4—空气出口；5—水入口；6—塞子；7—取样瓶；
8—铁架；9—铅块；10—垂锤；11—水滴除去瓶；12—抽气泵

（2）水质分析的内容和项目。水质分析的内容可分为物理的、化学的、微生物的分析。水质分析的项目共有数百种。其中具有重要意义的近百种，日常进行分析的项目应根据目的要求、水质状况和分析测定条件等决定。不同工业废水，其主要分析项目也是不同的，但都应首先考虑水中主要杂质成分的测定。

采样和分析的时间间隔愈短时，则所得结果越可靠。水样的存放时间，可根据分析项目而定。如果水质的混浊度较高或带有明显的颜色，就会影响水质分析的进行，故可采用离心、过滤、浓缩、沉淀等方法进行预处理。

6.7　矿山废水的防治

由于矿山废水所造成的危害巨大，所以必须采取各种措施和方法，严格控制废水的产生和排放，减少废水对周围环境的污染。

6.7.1　矿山废水的防治原则

矿山废水的防治原则，应遵循"预防、利用、治理"的步骤进行，即首先应考虑工艺改革和技术革新，使废水少产生或不产生；其次是开展综合利用，化害为利，变废为宝；再次应采用物理法、化学法、物理化学法、生物法等基本方法进行治理，达标后再进行排放。

6.7.2　矿山废水的治理方法

6.7.2.1　矿山废水污染的控制

为了解决矿山废水所造成的危害，必须采取各种措施和方法，严格控制废水排放，减少废水对周围环境的污染。

A　控制废水的基本原则

由于矿山废水排放的特性，决定了该废水的处理原则是：采取最有效、最简便和最经济的处理方法，使处理后的水和重金属等物质都能回收利用。故控制废水应做到以下几点基本要求：

（1）改革工艺、抓源治本。污染物质是从一定的工艺过程中产生出来的，因此，改革工艺以杜绝或减少污染源的产生，是最根本、最有效的途径。如选矿厂生产，可采用无毒药剂代替有毒药剂；选择污染程度小的选矿方法（如磁选、重选等），可以大大减少选矿废水中的污染物质。国外已开始应用无氰浮选工艺，我国也有不少单位正在开展氰化物及重铬酸盐等剧毒药剂代用品方面的研究，并取得了一定的实效。如广东某铅锌矿，过去一直是采用氰化钠作为铅锌分选的抑制剂，致使尾矿水和铅锌精矿浓缩溢流水含氰量大大超过排放标准，曾先后污染了几千亩农田，造成了大量牲畜及水生物死亡；现改成无毒浮选工艺，采用硫酸锌代替氰化钠，不仅减少了污染危害，而且也提高了选矿厂的经济效益。

（2）循环用水、一水多用。采用循环供水系统，即使废水在一定的生产过程中多次重复利用或采用接续用水系统，既能减少废水的排放量，减少环境污染，又能减少新水的补充，节省水资源，解决日益紧张的供水问题。如矿山电厂、压气站用水和选矿厂废水循环利用等，特别是选矿厂废水的循环利用，还可回收废水中残存的药剂及有用的矿物，既能节省用药量，又能提高矿物的回收率。如河北某铜矿，每天排放废水达两万余吨，过去直接排入渤海，引起近海水资源的污染，后来该矿进行了选矿工艺改革，加高了尾矿坝，开凿了1000多米地下隧道，架设了几百米的污泥管道，使尾矿溢流水利用高差自流到选矿厂循环利用，使水的回收率达到90%以上，基本上实现废水闭路循环使用。

（3）化害为利、变废为宝。工业废水的污染物质，大都是生产过程中进入水中的有用元素、成品、半成品及其他能源物质。排放这些物质既污染环境，又造成了很大的浪费。因此，应尽量回收废水中的有用物质，变废为宝、化害为利，是废水处理中优先考虑的问题。据估计，全国有色企业每天排放"三废"中的剧毒物质，如汞、镉、砷就达两万多吨，若能正确地回收与处理这些废弃物，将有一举多得的好处。

B 控制矿山废水的措施

采取"防"、"治"、"管"相结合的方法，严格控制废水的形成和排放，是控制和减少水污染的积极措施。

（1）选择适当的矿床开采方法。地下采矿时，选择使顶板及上部岩层少产生裂隙或不产生裂隙的采矿方法，是防止地表水通过裂隙进入矿井而形成废水的有效措施。露天开采时，应尽量避免采用陡峭边坡的开采方法，以减轻边坡遭水蚀及冲刷现象；及时覆盖黄铁矿的废石，以防止氧化；下边坡应留矿壁以防止地面水流入采场；可能情况下应回填采空区，以免积水；合理布置采矿场排水沟，如图6-4所示。

（2）控制水蚀及渗透。地下水、老窿水、地表水及大气降雨渗入废石堆后，流出的将是严重污染了的水。因此，堵截给水、降低废石堆的透水性，

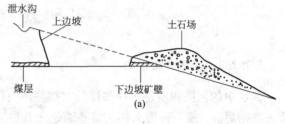

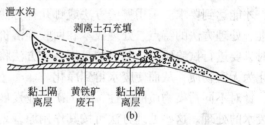

图6-4 防止采区积水示意图
(a) 保留矿壁；(b) 采毕充填空场

是防止和减少水渗透的有效措施。高速水流经废石堆时会出现水蚀现象，使水受污染。将废石堆整平、压实、进行植被绿化以控制地表水流，是防止废石堆水蚀的有效方法，如图6-5所示。

此外，利用某种化学物质喷洒硫化矿废石堆表面，使之与空气和水隔绝也是控制水污染的有效措施。

（3）控制废水量。在干燥地区亦可建造池浅而面积大的废水池蒸发废水，这对排水量大的矿山是减少废水处理量的合理办法。

（4）矿区平整及其植被。平整遭受破坏的土地，可以收到掩盖污染源，减少水土流失，防止滑坡及消除积水的效果。植被可以稳定土石，降低地表水流速度，因而能在一定程度上减少水土流失、水蚀及渗透，让废水流经某些种植物的地面后排入河流，也能使矿山废水得到一定的净化。

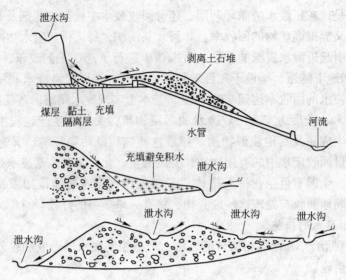

图 6-5　露天采场埋设水管排水及径流控制

6.7.2.2　废水处理方法

废水中的污染物质是多种多样的，往往不可能用一种处理单元就能够把所有的污染物质去除殆尽。一般一种废水往往需要通过由几种方法和几个处理单元组成的处理系统处理后，才能达到要求。采用哪些方法或哪几种方法联合使用需根据废水的水质和水量、排放标准、处理方法的特点、处理成本和回收经济价值等，通过调查、分析、比较后决定，必要时，要进行试验研究。其目的是用各种方法将废水中所含的污染物质分离出来，或将其转化为无害物质，从而使废水得到净化。

针对不同污染物质的特性，各工矿企业发展了各种不同的废水处理方法，特别是对工业废水的处理。这些处理方法可按其作用原理划分为四大类：

A　物理法

物理法是利用物理作用分离废水中呈悬浮状态的污染物质，在处理过程中不改变污染物的化学性质，属物理法的有沉淀、浮选、离心、过滤、磁力、蒸发、结晶等。

（1）沉淀分离。沉淀分离是利用重力作用使密度大于 1 的粗粒悬浮物质沉降分离出来，又称自然沉淀分离。向废水投入化学聚凝剂，使胶体和粒径与其接近的悬浮固体聚凝沉降，称混凝沉淀分离。

（2）浮选分离。对相对密度小于 1 或接近 1 的悬浮物质难以用沉淀分离处理，可采用浮选方法分离。如利用密度差进行上浮的自然浮选分离（去除浮油）；简单充入空气进行泡沫分离（去除表面活性剂）；加入药剂（浮选剂）并充入空气进行气浮分离（去除乳化油、金属离子等）。

（3）离心分离。高速旋转的物体能产生离心力，含悬浮物废水在高速旋转时，由于悬浮颗粒（或乳化油）的质量不同，因而所受离心力大小也不同，质量大的被甩到外围，质量小的则留在内圈，通过不同出口分别引导出来，从而回收废水中悬浮物（或乳化油）。

（4）过滤分离。过滤分离是让废水通过一层带孔眼的过滤装置或介质，尺寸大于孔眼尺寸的悬浮颗粒被截留，使用一定时间后，将截留物反洗除去。废水处理所用的介质有：格栅、滤网、石英砂、筛网纤维织物、微孔管、煤屑等。

（5）磁力分离。磁力分离是利用磁场力的作用截留废水中的不溶性污染物质。磁性污染物可直接通过磁场去除，非磁性污染物需投加磁粉接种后，才能通过磁场予以去除。一般用于去除废水中的悬浮物及沉淀法难以分离的细小悬浮物和胶体，如色度、油、BOD、重金属离子、藻类、细菌、病毒等。

（6）蒸发分离。借加热作用使废水溶剂汽化和污染物质浓缩。多用于酸碱度液的浓缩回收及放射性废水处理。

（7）结晶分离。结晶分离是从过饱和溶液中结晶析出具有结晶性能的固体污染物，从而达到分离的目的。如从硫酸废液中回收硫酸亚铁、从含氰废水中回收黄血盐钠、从染料废液中回收硫代硫酸钠（大苏打）。利用结晶析出污染物有不移除溶剂和移除部分溶剂两种，不移除溶剂结晶法利用冷却降温产生过饱和溶液，故适用于溶解度随温度降低而显著降低的物质结晶。而移除部分溶剂是溶液的过饱和需借一部分溶剂在沸点时的蒸发或低于沸点时的汽化而获得，故适用于溶解度随温度降低而变化不大的物质结晶。

B 化学法

化学法是利用化学反应，去除污染物质或改变污染物质的方法。主要有中和法、混凝法、氧化还原法和电解法。

（1）中和法。对低浓度的酸、碱废水，在没有经济有效的回收利用价值时，应利用酸或碱中和以调整废水的 pH 值达中性排放。

酸、碱废水的中和处理方法有：酸、碱废水互相中和、投药中和、过滤中和以及用烟道气中和。酸性废水中和剂有石灰、电石渣、石灰石、苛性钠等；碱性废水中和剂有硫酸、盐酸、硝酸以及烟道气（含 CO_2、SO_2 等）。

（2）混凝法。于废水中投入电解质作混凝剂，水解后在废水中形成胶团，产生电中和而凝聚成絮状颗粒，在沉降过程中，废水中的细小分散固体颗粒亦被吸附，形成絮状颗粒一起沉降。该方法常用于毛纺厂洗毛、煤气洗涤、印染和石油化工的有机废水等的处理。

（3）氧化还原法。该方法是利用溶解于废水中的有毒物质在化学反应中能被氧化或还原的性质，将它们从废水中分离出来或转变为无毒（或微毒）物质，从而达到处理目的。

氧化包括：空气氧化，即利用空气氧化废水中有机物质和还原性物质，如炼油厂的含硫废水；氯氧化，即利用氯（如漂白粉、次氯酸钠和液氯等）来消毒和处理废水中一些有机物和还原性质的有害物质，如酚类、醇类以及洗涤剂、油、氰化物等；臭氧氧化，臭氧是氧的同素异构体，是强氧化剂，在水处理中对除臭，脱色，杀菌，除酚、氰、铁、锰和降低 COD、BOD 等都具有显著的效果。

还原时，常用还原剂有 SO_2、H_2S、$NaHSO_3$、$FeSO_4$ 等。金属还原是用金属粉或金属屑将废水中的重金属离子还原成低价金属离子或金属。如用铜屑过滤汞（Hg^{2+}）废水，可得金属汞（Hg）。

（4）电解法。电解是借助于电流进行化学反应的过程。废水在通以直流电时，废水中电解质的阴离子移向阳极，并在阳极失去电子而被氧化，阳离子移向阴极，并在阴极得到电子而被还原。利用电解法可以去除废水中氰、酚、重金属离子、悬浮物等，还可进行脱色处理。

　　C　物理化学法

　　物理化学法是利用物理化学作用去除废水中的污染物质。主要有吸附法、离子交换法、膜分离法、萃取法、气提法和吹脱法等。

　　(1) 吸附法。它利用多孔性固体吸附剂（活性炭、沸石、硅藻土、焦炭、木炭及木屑等），使废水中的溶质吸附在固体表面上，达到分离的目的。吸附分离技术已广泛使用在含金属离子废水、含酚废水、城市污水及炼油、农药、石油、化工等工业废水的深度处理。

　　(2) 离子交换法。该方法是利用离子交换剂等当量地交换离子的作用，处理、回收废水中的离子。多用于处理含重金属离子及放射性元素的废水。

　　离子交换剂有无机离子交换剂和有机离子交换剂（离子交换树脂）两类。无机离子交换剂有天然沸石、合成沸石、磺化煤等。离子交换树脂由空间网状结构的母体和附在其上的活性基团组成。活性基团的活动离子可和废水中的污染物离子进行等当量的交换。

　　(3) 膜分离（电渗析）法。它是在离子交换法基础上发展起来的一项新分离技术，但与离子交换法不同之处在于它是采用离子交换膜，而不是离子交换树脂。工业废水中含有金属盐，无机酸、碱及有机电解质，这些物质的阴、阳离子在（电渗析器中）直流电场的作用下，阳离子透过阳膜向阴极移动，阴离子透过阴膜向阳极移动（其推动力为电动势），从而达到废液浓缩，清（淡）水回用。

　　(4) 萃取法。利用溶质在水中和溶剂中溶解度的不同，使废水中的溶质转溶入另一与水不互溶的溶剂中，然后使溶剂与废水分层分离。若使溶质与溶剂分离，即可从溶剂中回收溶质，并使溶剂得以再生。在萃取过程中所用的溶剂称为萃取剂。

　　(5) 气提法。该方法是利用蒸汽蒸馏去除废水中的挥发性物质（如挥发酚、单元酚、苯酚、甲酚、甲醛、苯胺等）。主要设备为汽提塔、填料塔、泡罩塔、筛板塔及浮阀塔等。

　　(6) 吹脱法。将空气通入废水中，改变有毒有害气体（硫化氢、氰化氢、二氧化碳、二硫化碳、丙烯腈）溶解于水中所建立的气液平衡关系，使这些挥发物质由液相转为气相，然后予以收集或者扩散到大气中去。吹脱法主要设备有鼓泡池及吹脱塔。

　　D　生物法（生物化学法）

　　生物法主要是通过微生物的代谢作用，使废水中呈溶液、胶体以及微细悬浮状态的有机污染物转化为稳定无害物质。

　　生物法是废水处理中应用最久、最广和比较经济有效的一种方法。主要有活性污泥法、生物膜法、生物塘及土地处理系统等。

　　(1) 活性污泥法。在充分曝气供氧的条件下，废水与絮凝状的生物污泥（即活性污泥）接触，以去除废水中的有机物或某些特定的无机物。主要构筑物为曝气池及二次沉淀池。

　　(2) 生物膜法。它是利用附着在固体表面上的微生物膜，与废水进行固、液相间的物质交换，并在膜内进行生物氧化达到去除废水中有害物质的目的。根据废水与生物膜的接触形式不同，可分为生物滤池、生物转盘、接触氧化法等。

（3）生物塘法。生物塘法又称氧化塘法，也叫稳定塘法，是一种利用水塘中的微生物和藻类对污水和有机废水进行生物处理的方法。生物塘分为好氧塘、兼氧塘、厌氧塘、曝气生物塘等。

（4）土地处理系统。它是利用土地以及其中的微生物和植物根系对污染物的净化能力来处理污水或废水，同时利用其中的水分和肥分促进农作物、牧草或树木生长的工程设施。

土地处理系统应包括污水的预处理设施、贮水湖、灌溉系统和地下排水系统等部分组成，在土地处理系统中，大都使用生物氧化塘或曝气湖进行二级预处理，贮水湖则是用于非灌溉期的污水贮存，以免污染承接的水体。

工业废水处理厂（站）的处理流程一般根据污水的性质而定，而有机性工业废水的处理方法与城市污水的处理方法基本相同。

城市污水处理厂分为一级处理污水厂、二级处理污水厂和三级处理污水厂三种。

一级处理污水厂一般采用格栅、沉沙和沉淀等物理处理（又称机械处理）方法，能去除污水中的部分有机物（BOD35%）和较重悬浮固体（60%），可去除80%～90%的寄生虫卵。一级处理后加氯消毒，如果处理后的污水有足够的水量来稀释，而且没有使水体中溶解氧降低到危险的程度，这种处理就达到标准了。

当一级处理达不到排放要求的，往往应考虑采用二级处理。二级处理常用生物处理方法，主要处理对象是污水中的胶体状和溶解性有机物。通过二级处理，一般能去除90%左右可生物降解的氮、磷等植物营养素。

三级处理，又称深度处理，主要处理对象是氮、磷等营养物质，能有效地控制水体的富营养化。它不仅能净化除去植物营养成分，而且还能提高对BOD和悬浮固体的去除率。

6.7.2.3 矿山废水的无害化

我国是水资源贫乏的国家，人均水资源仅为世界平均水平的四分之一，水资源短缺已经成为我国经济社会发展的主要制约因素之一。而在矿山开采过程中又会产生大量的矿山废水，其中包括矿坑水、露天采场废水、选矿厂废水、尾矿库和废石场的淋滤水，这些水不仅白白浪费，而且更重要的是，它们的排放严重地污染了地表水和地下水，危害环境，因此矿山废水通过处理无害排放，予以利用，意义重大。

我国绝大部分有色矿山、部分铁矿山和贵金属矿山为原生硫化物矿床或含硫化物矿床，这些矿床无论露采还是坑采，都会产生大量的硫化物或含硫化物的废石，堆存在废石场的这些废石在氧和水的作用下，风化、淋溶而产生大量酸性废水。可以说，有色金属矿山以及含硫化物的贵金属矿山和铁矿山，已成为对水体和生态环境污染最严重的行业之一。例如，浙江遂昌金矿1954年曾作为黄铁矿矿床开采，1976年转为金矿，在几十年的开采过程中，弃置在山坡上的数百万吨贫硫铁矿、含硫废石产生的酸性淋滤水长期污染环境，致使矿区周围寸草不生。这些酸性水连同矿井下流出的"黄水"（硫黄水）形成一条"黄龙"，直奔瓯江的支流松阴溪河，造成河中鱼死、虾亡、草木枯萎，人畜不能直接饮用。

多年来，我国矿山酸性废水处理工作取得了一定的成绩。例如，广东云浮硫铁矿，从

1983～1993 年共投资 935 万元，建立了 4 个酸性水处理站，采用石灰中和法处理酸性废水，日处理量为 6000m³，处理水达到国家三级排放标准。我国最大的有色露采矿山德兴铜矿，用中和法和硫化法处理酸性废水的研究成果已在二期工程废水处理中得到了应用，并准备用尾矿碱度直接中和矿山酸性废水，以实现三期工程的酸性废水处理。1997 年 11 月，在日本金属矿业事业团的支持下，江西武山铜矿建起我国第一座利用铁细菌氧化技术处理有色多金属矿山酸性废水的实验工厂。试验表明，Fe^{2+} 的氧化率达到 98% 左右。浙江遂昌金矿为了保护环境，1983 年投资 127 万元建立酸性污水处理车间和尾矿沉淀净化库，从而锁住了上百年任意肆虐百姓的"黄龙"，但是由于处理能力有限，每当汛期总因水量大超过治理能力，而导致部分超标的废水流入下游。为此，1995 年浙江省环保局将"浙江省遂昌金矿含硫废石渣场治理研究"列入科研计划，经过 3 年努力，在查明污染机理之后，提出"排水隔气"的治理对策，通过渣场平整、截排地表径流，选择覆盖物封闭，最后覆土植被，达到永久性排水隔气的目的。浙江长广集团六矿采用两级综合法处理煤矿含铁酸性矿井水，使水质达到污水综合排放标准中的一级标准，从而实现达标排放。

　　总之，矿山废水污染治理是一项系统工程，不同矿山的水体污染也大相径庭，需要有针对性地进行综合治理。为了人类社会的生存与可持续发展，这项工程任重而道远。

复习思考题

6-1　表征水体污染的指标有哪些？

6-2　矿山废水是怎样形成的，矿山废水污染有哪些特点？

6-3　矿山废水污染有哪些危害？

6-4　如何防治矿山废水？

6-5　矿山废水有哪些处理方法？

7 地面固体物污染及其防治

教学目的：通过本章的学习，了解矿山地面固体堆积物概念及种类，矿山固体污染物的危害，矿山固体堆积物的治理措施及其资源化；掌握矿山土地复垦及绿化方法；重点掌握矿山土地复垦技术及生态恢复。

7.1 矿山固体物污染与治理

7.1.1 概述

所谓矿山固体污染源，是指矿山采、选、冶等生产过程中或生产结束后堆积于地面及井下的矿石、精矿粉、废石、煤矸石、废渣、冶金渣、尾矿等固体堆积物。它们数量大、成分复杂、回收困难，对大气、水体均有污染。

无论是采矿（露天开采、地下开采）还是选矿过程，都会产生大量的固体污染物。在采矿过程中，要剥离和采出大量的覆盖岩层、岩石及达不到开采品位的贫矿石，随着开采深度的增加和矿石品位的不断降低，表土剥离和废石、废渣量将逐年增加。一般而言，对露天开采，每采 1t 矿石约产生 5~10t 废石。矿石采出后，大多数都要经过选矿工艺，最终在得到高品位的精矿的同时，也产生了大量的尾矿。特别是随着选矿技术水平的提高，矿石可采品位的相应降低，尾矿量激增，对尾矿的处理问题更突出。据统计，生产 1t 铁约要产生几十吨废石和尾矿，0.6~0.7t 高炉渣；生产 1t 铜约产生 400t 的废石和废渣；生产 1t 氧化铝约排出 0.3~2t 的赤泥。冶金工业每生产 1t 粗钢都会产生约 130kg 钢渣；全世界每年排放约 1.5 亿吨钢渣。

由此可见，矿山在生产过程中产生数量巨大的废石和尾矿，这些固体堆积物，特别是一些废弃矿山的堆积物，经过风吹雨淋，天长日久，在空气、水的综合作用下，将发生一系列物理、化学、生化变化，从而对大气、土壤、水体造成严重的污染，甚至产生严重的灾害。

因此，无论是从环境保护的角度或者是从保护矿山资源方面来看，对矿山固体堆积物必须给予足够的重视，并寻求技术上可行，经济上合理的防治和利用措施，因为某些堆积物（如废石、矿渣、尾矿）的再利用，不但可以减少对环境的污染，而且可以综合利用和回收某些有用成分，创造经济价值。

7.1.2 固体堆积物

矿山采矿、选矿和冶炼生产过程中可能产生污染危害的固体堆积物种类如下：

（1）基建及生产时期剥离的覆盖层和岩石；

（2）地面及井下开采过程中产生的废石、煤矸石等所堆积而成的地面废石场；

（3）露天或井下采出的矿石所形成的地面矿石堆；

（4）露天或井下采场爆下的矿石；

（5）地面贮矿仓，井下矿石破碎硐室及装载硐室所存的矿石；

（6）尾矿、水砂、废石充填料堆积场地及充填采矿石；

（7）露天及井下装载、运输、卸矿过程中撒下的矿石、精矿粉；

（8）精矿粉堆积场及重选无法回收的固体排放物；

（9）尾矿堆积场（坝）；

（10）金属冶炼过程中各种冶金炉（反射炉、电炉、鼓风炉、烟化炉）等产生的炉渣；

（11）湿法冶炼生产中产生的浸出渣、中和净化渣及其残留物；

（12）火法冶炼中竖罐或横罐蒸馏的残渣，以及破损的罐片；

（13）电解产生的阳极泥；

（14）矿山各种干式或湿式收尘设备所收集的粉尘及浓缩物；

（15）矿山废水处理后的沉渣及其他固体沉淀物；

（16）矿山生活及工业垃圾。

7.1.3　矿山固体污染物的危害及治理措施

7.1.3.1　矿山固体污染物的危害

A　占用土地、覆盖森林、破坏植被

随着矿床的开发、坑道的延伸及低品位矿床的开采，堆积于地面的废石、冶金渣、废渣、尾矿等固体污染物将越来越多，占地面积越来越大。我国目前历年堆存的煤矸石约在10亿吨以上，侵占农田约6700公顷，钢铁渣约两亿吨，占地一千多公顷。固体污染物占据如此多的地表面积，其后果是不仅大量侵占了农业耕地，直接影响农业生产，而且覆盖大片的森林，大批绿色植物被埋掉，从而破坏了优美的自然环境，严重者将导致生态平衡的破坏。

B　污染土壤，危及人体健康

矿山固体堆积物含有各种有毒物质，特别是其中的金属元素（如铅、锌、镉、砷、汞等）及放射元素。堆积于露天的固体污染物，由于长期堆放，经风吹雨淋而发生氧化、分解、溶滤等生化作用，使其中有毒有害元素进入土壤。它们被稻谷、蔬菜、果树等农作物的根部吸收、富集，并通过食物链系统进入人体，从而危及人体健康。如广东某露天矿，过去每年排放约一百多万吨尾矿和三百多万立方米的泥浆水至矿区附近农田和河流中，从而导致大量农田沙化，河流淤塞，河水污染。

固体污染物对土壤的破坏还表现为对土壤的毒化，使土壤中的微生物大量死亡，致使土壤变成“死土”，丧失了土壤的腐解能力，严重时甚至会使肥沃的土地变成不毛之地，造成田园荒芜。

C　堵塞水体、污染水质

堆放在矿山废石场、矿石堆、精矿粉场地及尾矿场（坝）等处的固体污染物是造成矿山水体污染酸化，使水体含大量金属和重金属离子的主要的一次及二次污染源。所谓一次污染，就是对于大气降水直接与固体堆积物接触，发生氧化、水解、溶滤等作用而使水质受到污染。而二次污染在这里是指受污染的矿山水，当经过废石堆、矿石堆及尾矿场之后，再次受到污染。

此外，由于矿山废石及尾矿量逐年增加，堆积场地越来越大，特别是处于山区的矿山，固体污染物堆积场（坝），往往造成河道、小溪、水沟等水体的堵塞，甚至造成洪水泛滥的恶果。

D 粉尘飞扬、污染空气

固体污染物长期堆存，在雨中冲刷、渗漏及大气作用下，经过微生物分解及内部化学反应，还会产生大量的有害气体（SO_2、H_2S、放射性气体）和风化粉尘。特别是在干旱季节和风季里，尾砂飞扬是矿区粉尘的主要污染源。据河南数个矿山粉尘浓度实测统计，矿山工业广场及生活区空气粉尘浓度超标 10~40 倍，对矿区的大气造成严重污染。

E 其他危害

尾砂流失，尾矿坝坝基坍塌及陷落，会造成大范围的污染和危及人身安全，并导致金属流失、资源浪费、经济损失。

7.1.3.2 治理措施

所谓对矿山固体堆积物的治理，主要是指对废石、煤矸石、冶炼废渣及尾矿的治理。对废石、废渣及尾矿的治理可以从两个方面来考虑，首先是就地消化，即尽可能地合理利用，化害为利；其次是采取防护措施，尽可能减少它们对环境的污染。

A 综合利用，就地消化

（1）作建筑材料。如利用煤矸石作水泥混合材料，用煤矸石代替黏土配料煅烧水泥熟料，或做空心砖和加气砌块以及制成煤矸石陶粒、人工轻质骨料等。

高炉渣的利用率在西欧、美、英、日等国已达 100%，我国有 2/3 以上高炉新渣制成水渣作水泥原料。有的矿区利用高炉水渣和钢渣与水泥、石灰、石膏等混合，生产无熟料水泥或经过轮碾制成砂浆，直接拌成混凝土以及制成砖瓦。山东铝厂利用赤泥（以钙、硅、铁为主的碱性氧化物）作水泥生产配料或将赤泥与水泥熟料，石膏等共同磨制，生产赤泥硫酸盐水泥等。

（2）回收有用金属及其他物质。如从粉煤灰中回收铜、锗、钪等金属以及从赤泥中回收碱和铝、铁、钛、镓、钒等金属的研究工作已取得良好效果。利用微生物的催化作用即所谓的细菌浸出法来回收废石中的有用矿物，特别是回收铜，在国外已广泛应用。抚顺煤矿从煤矸石中提取出镓、钛并利用煤矸石生产水玻璃和金红石钛白。国内外矿山广泛开展从煤矸石中回收低值燃料和硫铁矿。随着冶炼、选矿科学技术的发展，将矿渣、冶金渣通过重新冶炼、选别，进一步提取原有金属或其他金属以及利用尾砂制取多种化工原料等综合利用工作的路子也将越走越宽广。

（3）修建道路及工业和民用建筑场地。将无污染或含有微量有害元素的废石、废渣，经物理加工制成各种路面的石料用于建筑工业。如将钢渣加工成的钢渣碎石具有强度高、耐磨、耐腐蚀、不滑移，结合紧密等优点，是道路基层、结构层及铁路道砟的优良材料，并广泛用于沥青混凝土的路面骨料。高炉渣、矿渣都是良好的道路材料和地基材料。此外，国外还利用熔融高炉渣修建高速公路和桥梁。

（4）作露天采场空区及井下回采空间充填料。对于露天浅采矿场，开采终了时可用废石进行充填、平整，以使露天采场凹地得以复原。地下矿山当采用水砂充填、胶结充填或碎石充填法时，不但可以大大降低井下采掘过程中废石的提升量和地表废石场的堆积量，而且可以减少尾矿的排放量和尾矿坝的容量。有的矿山井下废石可全部就地消化用于充填，或使尾矿坝占地少，大部分尾砂用于井下充填。

（5）改良土壤、做农田肥料。如用煤矸石制成基肥，可补充缺乏硼硅酸和氧化镁等物质的土壤，提高农作物产量。又如，在黏土中掺入粉煤灰可起到疏松土壤的作用；将粉煤灰掺入沙土地可起到保水、防渗、补充、调节土壤养分的作用；对于盐碱地可起到中和盐碱改良土壤的作用；此外粉煤灰尚具有提高地温，防冻抗旱功能。

（6）其他。除以上综合利用途径外，尚有将铜渣、锌渣、镍渣及煤矸石作为生产铸石的原料；将矿渣用作玻璃、陶瓷、搪瓷等制品的原料；把赤泥用于炼铁球的黏结剂、炼钢助熔剂以及作气体吸收剂、净水剂、活化剂、橡胶填料、颜料、催化剂的填料等。

B　在废石堆及尾矿坝上覆土造田或种植其他植物

这一工作在国内外早已开展，并取得了成功的经验。在我国，根据鞍山黑色金属矿山设计院对国内 12 个矿山的调查及其他矿山的经验表明：在废石堆上覆土造田和在尾矿坝上采用掺土肥料相结合的造田不但是可能的，而且是较为成功的。

C　在堆积物上喷涂保护层

固体堆积物由于各种原因一时无法处理时，可在其上喷涂保护层，抗风放水，以尽可能地隔绝其与水和空气的接触，防止氧化和流失而造成二次污染。对覆盖剂的要求是，不仅要使堆积物的表面形成一层硬壳，还要经得起大风吹、烈日晒、暴雨淋的试验，同时还要用量少，原料充足，价格便宜以及无二次污染。目前，国内外覆盖剂种类繁多，如：水泥、石灰、硅酸盐、黏合剂、乳胶、木质碳酸盐、硅酸钾盐、硅酸钠、弹性聚合物、磺酸盐等。

7.1.3.3　固体废弃物的资源化

矿山尾矿、废石等固体废弃物治理的关键问题是综合利用。如果对其予以经济有效地综合利用，其数量就会减少，通过最终充填、掩埋处置，其危害就能消除。矿山固体废弃物的资源化是其综合利用的基础和条件。

A　尾矿

我国铁矿尾矿一般含铁在 6% ~ 13%，个别高达 20% 以上，平均含量为 11%。全国积存的 26 亿吨铁矿尾矿含有铁金属 2.86 亿吨。若以每年排放 1.5 亿吨尾矿、尾矿含全铁 11% 计，如果仅回收铁含量为 61% 的铁精矿，产率以 2% ~ 3% 计，全国每年就可从新产生的尾矿中回收 3 百万 ~ 4 百万吨铁精矿，相当于投资建设一个大型采选联合企业。除了铁以外，有些矿山的铁矿尾矿还含有铜、钴、硫等有用元素，其都可予以回收利用。有色金属矿山的尾矿含有的有用组分多，工业价值巨大。按已知的含量计算，我国 5 个主要有色企业和矿山积存的尾矿，含铜 15.74 万吨、锡 24.75 万吨、镍 13.8 万吨、锌 28 万吨、铁 262 万吨、硫 535.75 万吨、金 3.325 吨、银 108 吨。尾矿所含金属的潜在价值约 286 亿元，所含非金属矿的价值尚未计算在内。

中国稀土储量居世界第一，尤其是内蒙古境内的白云鄂博铁矿，其拥有的稀土储量占世界稀土总储量的80%以上。该矿目前主要回收铁，稀土回收每年不足3万吨，因开采铁矿每年所产生的200万吨混合尾矿中，稀土氧化物的含量可达5%~6%，一年排出的尾矿就构成了一个中型的富稀土矿床。我国稀土矿山主要废渣状况如表7-1所示。

表7-1 我国稀土矿山主要废渣状况

废渣名称	废渣量/万吨·年$^{-1}$	废渣含稀土/%	废渣含脉石	废渣来源
混合尾矿	约200	5~6	萤石、重晶石等	白云鄂博铁－稀土矿
尾矿	约4.0	1~2	重晶石、石英等	冕宁稀土矿山选厂
淋浸尾矿	约2.04	约0.03	高岭土、长石等	南方离子型稀土矿
尾矿	约1.8	约0.98	长石、石英等	南山海独居石砂矿
尾矿	约3.3	约6.5	萤石、长石等	微山稀土矿选厂

B 废石

矿山开采过程中产生了大量废石，实际上这些废石也是具有巨大价值的二次资源。以德兴铜矿为例，如果以0.25%的边界品位计算，该铜矿含铜废石总量有8.9亿吨，含铜量达到95.15万吨。因用传统的选冶工艺难以回收其中的铜，故开采过程中它们都被作为废石送往废石场。为了充分利用资源，德兴铜矿近年来开展了废石堆浸工程，并建了一个年产铜2000t的试验工厂。按规划，该工厂5年后年产铜增至5000t，10年后年产增至9000t，每吨铜可变成本为7000元，即使把固定费用计入成本，平均也只有1.3万元，而1998年市场铜价是每吨1.6万元以上，由此可见经济效益明显。如果达产，成本将进一步降低，经济效益会更为显著。

废石是很好的建材原料。如浙江漓铁集团公司（原漓渚铁矿）将井下开采的废石及选矿过程中产生的大块废石及顽石经加工后作为建材产品出售，年销售量在10万吨左右，产值60万元以上。尾矿中的粗砂经分级后，每年提取$(6~7)×10^4$t作为建材产品，年销售产值也在60万元以上。

7.2 矿山土地复垦及绿化

7.2.1 概述

矿山的开发，必然要使矿区的自然环境遭到破坏，由于露天开采与地下开采相比具有很大的优势，因此露天开采的比重越来越大。露天开采的结果是，破坏了地面地形、地物的本来面貌，特别是对森林、草地等植被的破坏，使水土流失，甚至引起气候的变化。开采不但截断了地下水源，使有毒的金属离子暴露出来，而且在地表堆积着大量的废石、废渣、尾矿及形成了大片采空区凹地，特别是废弃的露天矿场，几乎是一片荒凉。另一方面由于地下开采，井下形成了许多采空区和空洞，特别是利用允许地表陷落的崩落法的矿山，将会给地表带来错位和沉陷等问题。

据初步统计，目前全国由于各种人为因素造成破坏废弃的土地约1333万公顷（2亿亩），约占我国耕地总面积的10%。其中因开采矿产资源而破坏的土地达400万公顷（6000万亩）。据国家环保局联合中科院和测绘局以及青海省等12个省区科研部门，利用遥感解译和现有资料数据分析相结合的方法调查，截至 1999 年，西部地区（不含贵州和西藏）因矿产资源开发而破坏的土地面积累计达 181 万公顷（2750 万亩），预计今后每年仅国有煤矿开采破坏土地就约以 4.7 万公顷（70 万亩）的速度增加。

据国土资源部门估计，这些被破坏的土地 70% 是耕地或其他农用地，土地质量好，土壤肥沃，多数为基本农田。如能进行认真的矿山环境治理和土地复垦，施行"因地制宜，综合整治，宜耕则耕，宜林则林，宜渔则渔，宜草则草"的政策，其价值将是巨大的。这 400 万公顷（6000 万亩）被毁土地，如全部恢复为耕地，以年亩产粮食 500kg 计算，每年可新增加粮食 300 亿千克；如果恢复为其他农用地，发展林、果、草、水产和畜禽养殖等，每亩产值按 1500 元计算，可新增产值 900 亿元；如果将被毁的 400 万公顷土地的 1/3 复垦为建设用地，按每年建设占用耕地 13.3 万公顷（200 万亩）计算，可满足我国 10 年建设不占用新耕地；如将这些建设用地进行有偿出让，每亩按 10 万元计算，国家财政可收取出让金 2000 亿元。

由此可见，我国矿山环境治理和土地复垦潜力很大，会带来可观的经济效益、社会效益和生态环境效益。而目前，我国实际复垦利用的面积尚不到废弃地总量的 10%，今后的治理和复垦还依然任重而道远。

必须指出，迄今我国尚未就矿山挖损、压占、破坏、塌陷的土地情况进行全面调查。据已经完成的河北、山东、山西、甘肃四省的调查，矿山征用土地面积为 305222 公顷，其中损毁、压占以及塌陷土地面积为 133448 公顷，占征地面积的 44%。从这些已经调查的情况来论证前述对全国的评估，看来是可信的。

总之，矿床的开采必然会对地表产生破坏，并随着矿山资源的不断开采受破坏的面积也必将越来越大。因此，如何将废弃的矿山和正在开采的矿山进行土地恢复工作，为工业、农业、林业及其他行业提供可利用的土地，改善自然环境状态，避免矿山对环境的污染，已成为世界各国普遍关注的问题。

7.2.2　土地复垦

7.2.2.1　土地复垦

土地复垦在 20 世纪 50 年代末被称为"造地复田"。当时为了克服自然灾害带来的吃粮困难，矿山职工自发地在排土场、尾矿场上垫土种植蔬菜和粮食。在"以粮为纲"的年代，土地复垦的概念一般是指将废弃的土地重新开垦为农田种植农作物。随着时代的发展，土地复垦的内涵在扩展，即土地复垦后的用途不再仅仅是种植农作物，其也可以植树造林，进行水产养殖，或是作为建设用地。1988 年国务院颁布的《土地复垦规定》将土地复垦定义为"对在生产建设中因挖损、塌陷、压占等造成破坏的土地，采取整治措施，使其恢复到可供利用状态的活动"。

据有关资料介绍，国外土地复垦率一般为 70% ~ 80%，而在我国的一些地区土地复垦率还不到 1%，采取土地复垦的企业多为大型国企，例如 2012 年投产的中铁资源集团的黑龙江伊春鹿鸣矿业有限公司，年产 1500 万吨的露天钼矿，每年用于土地复垦的资金达 1 亿元。因此，对于中国这个土地资源相对贫乏的国家，加强土地复垦工作，对于有效缓解人地矛盾，改善被破坏区的生态环境，促进社会安定团结，具有十分重要的意义。

土地复垦的范围大体包括以下六种情况：

（1）由于露天采矿、取土、挖砂、采石等生产建设活动直接对地表造成破坏的土地；

（2）由于地下开采等生产活动中引起地表下沉塌陷的土地；

（3）工矿企业的排土场、尾矿场、电厂储灰场、钢厂灰渣、城市垃圾等压占的土地；

（4）工业排污造成对土壤污染的污染池；

（5）废弃的水利工程，因改线等原因废弃的各种道路（包括铁路、公路）路基、建筑搬迁等毁坏而遗弃的土地；

（6）其他荒芜废弃地。

破坏和废弃土地恢复利用的具体用途，根据《土地复垦规定》，按照经济合理的原则和自然条件、土地破坏状态来确定，宜农则农、宜林则林、宜渔则渔、宜建则建，尽量将破坏的土地恢复利用。

《土地复垦规定》由国务院于 1989 年 1 月 1 日起施行，共 26 条。主要内容有：

（1）土地复垦的原则。土地复垦实行"谁破坏，谁复垦"的原则。用地单位和个人承担土地复垦义务，土地复垦费用可以列入基本建设投资或生产成本。同时，土地复垦还采取"谁复垦，谁受益"的政策，复垦土地者可以优先取得土地使用权。没有条件复垦或者复垦不符合要求的，应当缴纳土地复垦费。复垦的土地应当优先用于农业。

（2）土地复垦的规划与实施。土地复垦规划是土地利用总体规划的组成部分，由各有关行业管理部门负责制定和实施。它的基本任务是，根据经济合理的原则、自然条件、土地破坏状况，确定复垦的方法、措施以及复垦后土地的用途。土地复垦后的用途，应在制定复垦规划时予以确定。在实施复垦时，应当充分利用邻近企业的废弃物充填挖损区、塌陷区和地下采空区。国家关于土地复垦的法规规定：对利用废弃物进行土地复垦和在指定的土地复垦区倾倒废弃物的，拥有废弃物的一方和拥有土地复垦区的一方均不得向对方收取费用。但是，利用废弃物作为土地复垦充填物的，不能给土地和环境造成新的污染。土地复垦标准由土地管理部门会同有关行业管理部门确定。一般有三类不同的复垦标准：接近破坏前的自然适宜性和土地生产力水平；通过复垦改造为具有新适宜性的另一种土地资源；恢复植被、保护其环境功能。复垦后的土地，要经由县级以上地方人民政府土地管理部门会同有关行业部门进行验收，达到复垦标准的，才可以交付使用。

（3）土地复垦后的土地权益和收益分配的规定。

1）企业在生产建设过程中所破坏的集体所有的土地，不能恢复原用途或者复垦后需要用于国家建设的，由国家征用；经复垦不能恢复原用途，但原集体经济愿意保留的，可以不实行国家征用；经复垦可以恢复原用途，但国家建设不需要的，不实行国家征用。

2）企业在生产建设过程中所破坏的国有土地或者国家征用的土地，由企业自有资金或者贷款进行复垦的，复垦后归企业使用；企业采用承包或集资方式复垦的，复垦后的土地使用权和收益分配，依照承包合同或者集资协议约定的期限和条件确定；因国家生产建设需要提前收回的，企业应对承包合同或者集资协议的另一方当事人支付适当的补偿费。根据规划设计企业不需要使用的土地或者未经当地土地行政主管部门同意，复垦后连续两年以上不使用的土地，则由当地县级以上人民政府统筹安排使用。

3）生产建设过程中破坏的国家征用土地，经复垦后如土地权属依法变更的，必须依照国家有关规定办理过户登记手续。

7.2.2.2　矿区土地复垦技术

矿区废弃地是指在采矿过程中所破坏的、不经一定处理无法使用的土地。矿区废弃地一般分为四类：

（1）由剥离的表土、开采的废石及低品位矿石堆积形成的废石堆弃地。该类废石堆弃地空隙大，持水性差，废弃物粒径大，难以在短期内自行粉碎风化。

（2）矿石采完后留下的采空区和塌陷区形成的采矿废弃地，往往形成深坑，常年积水或形成湿地。

（3）开采出的矿石经选矿后产生的尾矿堆积形成的尾矿废弃地。尾矿常含有一些有价值组分，是潜在的矿产资源，但同时往往含有有毒元素，如重金属和氰化物等。

（4）采矿作业面、机械设施、矿区辅助建筑物和道路交通等先占用后废弃的土地。

土地复垦和生态修复是解决矿山环境保护和综合治理的最有效途径。它主要是针对采矿引起的土地功能退化、生态结构缺损、功能失调等问题，通过工程、生物及其他综合措施来恢复和提高生态系统的功能，逐步实现矿区的可持续发展。矿区的土地复垦和生态修复应与采矿活动同步进行，根据矿山不同开采时期的技术特点和自然环境等因素，及时作出相应的复垦或生态修复方案，尽量避免或减少对环境的破坏，实现采矿与生态修复的一体化。

矿区土壤的表土常常会流失或遭到破坏。土壤物理性修复与恢复的关键是覆盖、培育与维持表土，改善土壤结构，建立植被覆盖，有效控制土壤侵蚀。粉碎、压实、剥离、分级、排放等技术被用于改进矿区退化土地的物理特性，实际操作还包括梯田种植、排流水道和稳定塘设置、覆盖物或有机肥施用等。植物残体（如稻草或大麦草）可作为覆盖物将土表层与极端气候变化隔开，增加土壤的持水量和减少地表径流对土壤造成的侵蚀。由于重金属污染大多集中于地表数厘米或较浅层，故挖去污染层，用无污染客土覆盖于原污染层位置可以解决重金属污染问题，但此法需耗费大量劳动力，并需有丰富的客土资源。

矿山尾矿及废弃矿中均缺少植被生长所必需的有机质和氮、磷、钾等物质。如果将修复后的土地用于农业生产，首先需要恢复土壤肥力，提高土壤生产力。有机废弃物如污水污泥、垃圾或熟堆肥可作为土壤添加剂，并在某种程度上充当一种缓慢释放的营养源，同时可通过螯合有毒金属而降低其毒性，有机肥对多种污染物在土壤中的固定有明显影响。

7.2.2.3　废石堆的复地

（1）减少废石堆占地。将废石充填于露天采空区或井下采空区，以减少或消除废石堆的占地。

（2）将废石堆重整坡度。即降低废石堆的高度和减小边坡角，开辟出的场地可作为工业用地、运动场等。

（3）再种植。在已平整或复原的废石堆上，覆盖表土，然后根据废石的性质、成分及气候条件选择种植适合生长的植物。

7.2.2.4　尾矿坝的复地

据统计，我国工业生产排放的固体废物每年约 3 亿多吨，其中选矿尾矿约占 1 亿吨左右，尾矿的排放不但占用土地，污染水体，产生粉尘，而且其所含有毒重金属元素向土壤渗透，对农、林、牧、副、渔业均产生危害。同时，由于坝基或坝底的安全防护不周而可能出现坍塌事故。

尾矿坝的复地，主要是采取固结和稳定尾砂的办法，常用的办法有：

（1）用废石、泥土或粗粒物料覆盖，这是目前国内外常用的方法。如美国欧埃钼矿，利用矿山剥离的废石覆盖尾矿坝。我国东北、西南、广东等地矿山也采用泥土和废石混合或分层覆盖的办法。覆盖法对于减少尾矿流失，加固尾矿坝，防止风吹雨淋，减轻水蚀作用等方面具有良好效果，同时为在其上再种植打下基础。

（2）在尾砂表面喷洒化学药物，形成固化层。如用水泥、石灰、硅酸盐类、弹性聚合性物、树脂、添加剂、水膨胀性聚合物、橡胶聚合物等液状物质喷洒于尾砂表面上，形成薄膜，起到防风、防水、防渗透的作用。

（3）覆土造田或覆土造林。该法不但具有覆盖法的优点，而且能恢复生态，改变矿山景观，并取得良好的经济效益。

7.2.2.5 露天开采采空区的复地

在露天开采过程中，会毁掉有价值的表土和底土，截断地下水流，还可能暴露出可以淋滤出有毒离子的矿层。由于这些因素，再加上岩石陡峭，有时形成不稳定的边坡等，使得二次利用的可能性在许多情况下都是十分有限的。

根据露天采场的深度及是否有足够的废石充填量，可将采空区的复地分四类。

A　无覆盖层的浅采矿场（深度30m）

此类采场又可分为被水淹没（永久性的或间断性的）的采空区和干涸的采空区两种。

对于被水淹没的采空区，可以采用的复地方法有：

（1）当有足够充填料以及该充填料对环境不会产生不良影响时，可将采空区充填，充填之后，可作为修建房屋、运动场、工厂之用，也可以在其上种植。

（2）当采空区无渗漏现象，且无有毒离子的溶解，则可将其用于养鱼、建水库、开辟成为水上公园、水上运动场以及作为工厂冷却水的水源。

对于干涸的采空区，可以采用循环复田法。倘若保留了表土，就可以很快地在工作面之后铺土，重新用于农业生产，如果有足够的充填材料那么就可以逐步地进行回填和实现复地。回填后的场地用途是多方面的，可以用于工业、农业、林业或开辟为文化娱乐、体育运动场所，以及机场、居民区等。

B　覆盖层厚的浅采矿场

这类采矿场的特点是剥采比大，因而在考虑覆盖层的碎胀因素时，覆盖量基本上能够补偿采掘的矿物量，因而复地甚至全部复地是可能的。在这种情况下复地须完全与生产相结合，通常包括下列各阶段：

（1）在开采前用铲运机剥离表土和底土，同时要避免中间堆存而是直接运往回填区铺散土壤。

（2）剥去矿层的覆盖，将覆盖物倒运至采空区。

（3）采掘有价值的矿物。

（4）重新整治因倒运覆盖物和布撒表土及底土而形成的丘和谷。

复田后的土地，在短时期内的生产效果通常不如采矿之前那样好。但是经过若干年精心的护养，这种状况会逐步得到改进。

C　无覆盖层的深采矿场

该采矿场的特点是无覆盖层或覆盖层极薄，故几乎不可能采用大量回填的方法来进行工作。

对于这种情况的处理，一种方案是干涸的采空区可作为军事用途如射击场或用于游乐业；而已被水淹没的采空区则可作为水库。

另一个方案是将矿山作为自然保留地，或是保持有趣的地质露头。这是因为长期废弃的矿山往往可为适于在岩石环境下生长的罕见植物创造良好条件，在英国已经有几个这样的矿山被安排为自然保留地。

还有一个方案，就是限制矿山采掘深度，但加大侧面范围，这将为该地的开发或农业提供大量的蓄水空间。

D　覆盖层厚的深采矿场

这种采场主要是有色金属矿和露天煤矿，由于覆盖层厚，故可能提供大量的废石和覆盖土以及尾矿。其复地措施一般是采用回填，回填后可用于工业、农业、林业或其他途径。但由于毒性及渗漏问题而限制了其作为贮存饮用水的可能性。

7.2.2.6　地下开采采空区的重复利用问题

地下开采会形成许多采空区及井巷空间。它的重复利用有两种途径。

（1）充填采空区。对采空区的充填不仅可以减轻地面的沉陷现象，而且可以大大减少地面废石及尾矿的堆存量。

（2）在采空区或井巷稳定的条件下，将其用于军火库、火药库、仓库、防空工程、低温贮存库、蘑菇养殖场以及某些工程等。

地下空间利用的基本条件：

（1）矿井必须安全稳定，无漏水问题，而且通常必须大体上是平的；

（2）矿层尺寸、间隔和方向适于所要求的应用。

（3）在可能之处，为使汽车或火车直接进入，入口通道应在地平标高上。很陡的井巷或竖井入口，应用颇受限制。

（4）将地下空间另作新用以及随后所需的一切费用，必须少于相应地表以上设施的费用。

（5）矿山的位置必须适当。

7.2.2.7　矿业废弃地的生态恢复与重建

矿产资源是人类生存和社会发展的物质基础，是社会财富的重要源泉。矿产资源的开发与利用，在对经济的发展起到巨大推动作用的同时，也对全球的生态环境产生了重大影响。矿产资源的开发利用不可避免地要占用和破坏大量的土地并产生环境污染，由此会造成原有环境景观的严重破坏并引发一系列难以避免的环境问题，并影响到矿区人民的生产及生活环境。因此，恢复和重建业已退化的生态系统、维持人类生存环境的稳定和持续发展是现代生态学研究的重要课题。

A 矿业废弃地的类型及其特点

由于受采矿活动的剧烈扰动，矿业废弃地具有众多危害环境的极端理化性质，其主要特征有：

（1）表土层破坏导致缺乏植物能够自然生根和伸展的介质、水分、营养物质，而毒性物质含量过高；

（2）极端贫瘠，N、P、K 及有机质含量极低，或是养分很不平衡；

（3）存在限制植物生长的物质，如重金属含量过高、极端 pH 值或盐碱化等；

（4）基质水分含量低，干旱现象普遍。

B 矿业废弃地对生态环境的影响

矿产资源的大量开采对生态环境的影响是多方面的，如从对土地资源的占用和破坏、地表景观的改变到对环境的污染和对生物的影响等，尤其是重金属含量过高，破坏性更大。同时，这种环境污染过程又具有隐蔽性、长期性和不可逆性，因此常给周边地区的生态环境造成重大的影响。

（1）占用和破坏大量的土地资源。据了解，我国矿山数量从 2005 年的 12.67 万座减少到 2010 年的 11.25 万座。在矿山总数大幅下降的同时，2010 年，全国固体矿山产量达到 90 亿吨，比 2005 年增加 38 亿吨。这些矿山企业在开采矿区过程中对土地的破坏是惊人的，据 2010 年 11 月 22 日《人民日报》报道，我国因采矿破坏的土地面积达 400 万公顷，其中因采矿业造成的地面塌陷灾害损坏耕地约 8.67 万公顷，严重影响了矿区经济发展、环境状况以及我国土地资源的供给状况，进一步加剧了我国人多地少的矛盾。此外全国露天采矿场每年剥离岩土约 $(2.2 \sim 2.6) \times 10^8 t$，破坏土地面积约占矿山破坏土地面积的 27% 左右。露天开采不仅侵占大面积良田，而且在很大程度上破坏了原来稳定的土壤和植被，导致严重的水土流失。

（2）对地表景观的改变。露天开采必须砍伐植物和剥离表土，因而地表植被往往荡然无存，取而代之的是大片的裸地；地下开采常导致地表沉陷、裂缝，影响土地耕作和植被正常生长，从而引发地貌和景观生态的改变。尽管两种采矿方式对土地的破坏途径、程度和方式不同，但都不可避免地造成地表景观的改变，导致数倍于开采范围的区域生态和自然景观被破坏。据统计，我国因采矿直接破坏的森林面积累计达 106 万公顷，破坏草地面积达 26.3 万公顷。

（3）污染环境，危害人体健康。矿业废弃物中含有大量的酸性、碱性、毒性或重金属成分，这些物质通过径流和大气扩散，污染水、大气、土壤及生物环境，其影响的区域远远超过了矿区的范围。

重金属污染是矿业废弃地普遍存在且最为严重的问题，这些重金属在风吹、水蚀作用下能迅速向四周扩散并在土壤中积累，当积累达到一定量后就会对土壤 - 植物系统产生毒害，不仅导致土壤退化，农作物产量和品质降低，而且还将通过径流和淋洗作用污染地表和地下水，使水文环境恶化，并可通过直接接触、食物链等途径危及人类的生命和健康。

（4）破坏生物群落的生态平衡和生物多样性。探矿、采矿引起的地表与地下的扰动可以对生物群落造成极大的危害，且许多是不可逆的。裸露的矿业废弃地继续加剧着这种破坏，造成废弃地周围甚至更大范围内生物多样性的减少和生态平衡的失调。如刁江曾是河池市有名的渔乡，有鱼类 20 多种，但由于上游的大厂、车河等选矿废水的污染，导致鱼虾几乎绝迹。

（5）地面塌陷，诱发多种地质灾害。采矿业对地质结构的强烈扰动，对于无论是正在开采的矿山或已废弃的矿山，都有产生地面塌陷和诱发地质灾害的危险。广东凡口铅锌矿地表开裂影响区近 $5km^2$，建筑受损面积 $7 \times 10^4 m^2$，农田受损面积 $0.7km^2$，河流中断，矿坑涌水加剧。大同煤矿因采空区顶部冒落产生地震几十次，最大震级为里氏 3.4 级。

因此，矿区生态环境的修复治理是我国一项十分紧迫的任务，它是关系到矿区的生态安全和采矿业能否持续发展的关键。

C　国内外矿业废弃地生态恢复的现状

a　国内矿业废弃地生态恢复现状

我国矿业废弃地的生态恢复工作始于 20 世纪 50 年代末，但是直到 80 年代这项工作基本上还是处于零星、分散、小规模和低水平的状况。1988 年我国颁布了《土地复垦规定》，从此使我国采矿废弃地的生态恢复工作步入了法制化轨道，其恢复的速度和质量均有了较大的提高。据统计，1990～1995 年，全国累计恢复各类废弃土地约 53.3 万公顷，其中 1526 家大、中型矿山恢复矿区废弃地约为 4.67 万公顷，占全国累计矿区废弃地面积的 1.62%。但是对 389 座乡镇矿区的调查表明，乡镇小型矿区对土地破坏十分严重，生态恢复率几乎为零。从总体上看，我国各类矿山废弃地的生态恢复工作并不乐观。

b　国外矿业废弃地生态恢复现状

国外的矿业废弃地生态恢复技术研究和实施工程起步较早，特别是在欧、美等一些发达国家，其基础研究起点可追溯到 19 世纪末期，大规模的生态恢复工程在 20 世纪中期普遍展开，并在施工技术、土壤改造、政策法规、现场管理等领域取得了大量成果和成功的经验，且各有特色。

美国的矿业生态恢复起步于 20 世纪 30 年代，1977 年颁布了《露天采矿管理与恢复（复垦）法》。除此之外，各州均出台了许多土地复垦相关法规，使土地复垦工作走上了正规的法制轨道。在完善管理制度的同时，政府部门又采用严格的执法手段，其主要措施是执行采矿许可证制和复垦保证金制，并采用各种政策募集复垦基金。

澳大利亚的矿区恢复已经取得长足进展和令人瞩目的成绩，被认为是世界上先进而成功地处理扰动土地的国家。在当地，土地复垦、生态恢复已纳入开采工艺，由政府出资进行。

德国是世界上重要的采煤国家，年产煤达 2 亿吨，以露采为主。德国政府对煤矿废弃地的复垦、生态恢复十分重视，早在 20 世纪 20 年代就开始对露天煤矿矿区废弃地进行复垦。到 1996 年全国煤矿采矿破坏土地 $1534km^2$，已经完成复垦、生态恢复的面积有 $823km^2$，恢复率达 53.5%。

D　矿业废弃地生态恢复与重建方法

a　基质改良

矿业废弃地中一般缺乏 N、P、K 等营养元素，但这些难以由自然过程所恢复，或者需要很长时间，所以必须通过人为方式恢复。土壤作为植物生长的介质，其理化性质和营养状况是生态恢复与重建成功与否的关键。

（1）表土转换。在开发之前，先把表层 30cm 及亚层 30～60cm 的土壤剥离并保存封藏，以便工程结束后再把它们放回原处，因为这样虽然植被已破坏，但土壤基本保持原样，土壤的营养条件及种子库基本保证了原有植物种群迅速定居建植，无需更多的投入。目前西欧大多数国家都要求凡露天开采的工程都要采用该技术，而我国仅有少数矿山采用此技术。

（2）化学改良。化学改良主要是指化学肥料、EDTA（乙二胺四乙酸）、酸碱调节物质及某些离子的应用。矿区废弃地的土壤营养缺乏，结构不良，缺乏 N、P、K 等大量元素，解决这类问题的主要办法是添加肥料或利用豆科植物的固氮能力来提高土壤肥力。矿山废弃地施肥可以补充作物所需的养分，但是速效的肥料极易被淋溶，因此在施用时应采取少量多施的办法，或选用长效肥料效果更好。利用固氮植物改良废弃地是经济与生态效益俱佳的方法，它可以提高氮肥的利用率，但需要采取一些辅助措施，如施加磷肥、调节过酸或过碱等对废弃地基质做改良，人工补种一些豆科植物以扩大其种群优势等。

（3）施加有机物质。利用有机物质进行废弃地改良有重要意义，它符合以废治废的原则，具有很好的环境和经济效益，且其改良效果优于化学肥料。污水污泥、生活垃圾、泥炭及动物粪便都被广泛地用于矿业废弃地植被重建时的基质改良：1）它们富含养分，可以改善基质的营养状况，且养分释放缓慢，可供植物长期利用；2）所含的大量有机物质可以螯合部分重金属离子，缓解其毒性，同时改善基质的物理结构，提高基质的持水保肥能力；3）作物秸秆也被用作废弃地的覆盖物，可以改善地表温度，维持湿度，有利于种子萌发及幼苗生长；秸秆还能改善基质的物理结构，增加基质养分，促进养分转化。

b 植被恢复

矿区的表土和植被往往被破坏的面目全非，以致整体的生态系统受到损害。植被恢复除了本身起着构建退化生态系统的初始植物群落的作用外，还能促进土壤的结构与肥力以及土壤微生物与动物的恢复，从而促进整个生态系统的结构与功能的恢复与重建。从植物生长所需条件分析，植被恢复最关键的是植物种类选择和土壤条件。

（1）植物种类的选择。在矿业废弃地植被恢复与重建的初始阶段，植物种类的选择至关重要，要因时因地选择适宜的植物种。根据矿业废弃地极端的环境条件，植物种类选择时应遵循如下原则：

1）选择生长快、适应性强、抗逆性好、成活率高的植物；

2）优先选择具有改良土壤能力的固氮植物；

3）尽量选择当地优良的乡土和先锋树种，也可以引进外来速生树种；

4）选择树种时不仅要考虑经济价值，更主要是考虑树种的多功能效益，主要包括抗旱、耐湿、抗污染、抗风沙、耐瘠薄、抗病虫害以及具有较高的经济价值。尤其那些在矿业废弃地上自然定居的植物，因为其能适应极端条件，具有很强的忍耐性和可塑性，故应该作为优先考虑的植物。

（2）土壤条件。土壤作为植物生长的介质，其理化性质和营养状况是生态恢复与重建成功与否的关键。目前，在该领域研究较多的主要问题有：

1）土壤物理条件的改善。Bradshaw 的研究表明，当土壤相对密度超过 1.8 时，就会限制植物根系的生长。土壤物理条件改善的目标是提高土壤孔隙度、降低土壤相对密度、改善土壤结构，其常用手段是犁地、施肥、掺混锯末及粉煤灰等。

2）土壤营养状况的改善。贫瘠土壤可通过种植速生草本植物，加快腐殖质层的形成来提高土壤肥力。酸性土壤可通过施用石灰和磷矿粉来改良酸性；碱性土壤则可通过合理施肥和使用化学调节剂来调节酸碱性。

3）土壤中有毒物质的清除。Baath 的研究表明，废弃地如果存在不利的 pH 值条件、高浓度盐或高浓度毒性重金属离子，那么，即使在废弃地添加各种主要养分（N、P、K）也不能促进植物生长。

E　措施

（1）加强立法，成立专门的管理机构，负责全国矿区生态环境修复治理的法规制定、治理实施、规划审批、监督检查等工作；

（2）严格实行开采许可证制度并制定严格的修复治理标准；

（3）矿山生态恢复应与矿山开发同时进行，应在开发前期就制定出详细的生态规划方案和具体技术措施，将早期的恢复措施结合到开发工艺过程中去，并进行环境经济分析，实现开发与恢复同时进行；

（4）因地制宜地进行生态恢复，并坚持可持续发展的原则，达到生态、经济和社会效益的协调统一。

我国是人多地少的国家，当前高速发展的社会化进程对土地资源提出了更高的要求，因此如何做好矿业废弃地的恢复与重建工作有着重要的现实意义，关系到我国生态经济的可持续发展。对此，要根据矿山废弃地的特点，有针对性地采取有效措施进行不同目标的恢复工作，在依靠科学技术的同时，加强执法、完善制度，使我国矿区废弃地的生态功能得到恢复，从而发挥其应有的作用。

7.2.2.8　矿山废弃土地复垦技术的进展

矿山废弃地往往含有多种污染物，如高含量的重金属、极端的 pH 值和有害的选矿材料等。这些污染物通过大气和水体等途径广为扩散，污染矿山及周边地区，导致生态系统受到破坏；未经处理的废石和尾矿堆，因其结构不稳定，也会导致严重的水土流失，并可能引发地质灾害等。

我国是一个矿产资源大国，随着国民经济的快速发展，矿产资源开发的速度越来越快，矿山废弃地的数量也越来越多。尽管我国自 20 世纪 80 年代初期就已开始进行了矿山土地复垦方面的工作，可是在经济、技术、政策上仍明显落后于欧、美等发达国家，因此矿山废弃地的生态恢复作为保护耕地资源的重要手段之一，应在我国可持续发展战略中占有一席之地。

A　国内外对矿山废弃地复垦的研究现状

欧、美等国家对土地复垦技术的基础研究开展较早，从而促进了对土壤改造、政策法规及现场管理等方面的研究和水平的提高，积累了大量的成功经验，形成了庞大的技术产业。国外普遍采用的技术方案可归纳为直接恢复法和快速转换法，或是两者的结合。土地复垦后的利用模式则可以多种多样，通常是视采矿废弃地自身的特点、位置而定。可供选择的利用模式有林、农、牧、保护区、娱乐、工商业用地、房地产及垃圾填埋等多种形式。国外在此领域取得的成就如下：

（1）开创了应用生态学的新领域——恢复生态学，并在此基础上建立了多种矿山土地复垦模式和自维持生态系统；

（2）经复垦后的矿山废弃地有了新的使用价值，改善了人类社会的生存环境并创造了全新的生态系统；

（3）在环境恶化的区域，矿山废弃地面积有所减少，生态环境质量得到改善；

（4）发展了一支由专业化程度较高、具有较高理论和实践水平的科研和工程技术人员组成的队伍，为进一步开展工作奠定了坚实的基础。

我国矿山废弃地生态恢复工作起步于20世纪70年代末80年代初，由于当时的政策和技术方面的原因，该时期的废弃地生态恢复工作在总体上处于零星、分散、小规模、低水平的状态。改革开放20多年以来，我国土地复垦经历了从自发性零星复垦到自觉性有计划复垦、从单一型复垦到多形式复垦、从无组织到有组织、从无法可依到有法可依的巨大变化。尤其是1988年国务院颁布的《土地复垦规定》实施以后，采矿塌陷地、矸石山、露天采矿场、排土场、尾矿场和砖瓦窑取土坑等各类破坏土地的复垦工作受到了全社会的高度重视，也取得了较大的进展，复垦方法从"一挖二平三改造"的简单工程处理发展到基塘复垦、疏排降非充填复垦、矸石和粉煤灰等充填复垦、生态工程和生物复垦等多种形式、多种途径、多种方法相结合的复垦技术体系。近几年，我国对于废弃地的复垦技术不仅逐渐向生态恢复转变，还对修复后的土壤肥力以及各项指标进行了研究，从而使我国的废弃地复垦工作逐渐迈上了系统化、整体化和高效化相结合的生态发展阶段。

B　矿区废弃地的生态恢复技术

土地复垦技术主要有疏干法、挖深垫浅复垦法、充填复垦法、直接利用法和生态工程复垦法。

（1）疏干法。疏干法适用于有少量塌陷地的缓坡地段。它要求开挖大量排水渠，将塌陷区的积水排干，再加以必要的修整，使塌陷区不再积水，从而得以恢复利用。

（2）挖深垫浅复垦法。当沉陷区潜水位较高、积水深浅不一时，可以将塌陷区内深度较大的区域挖成水塘，用于养殖。再将挖出的土填垫到较浅的塌陷区域内，使其恢复成为农业用地，达到水产养殖和农业种植并举的目的。这种复垦技术成本低、投资少、效率高，可以获得较高的经济效益。

（3）充填复垦法。充填复垦是一种常用的复垦方法，是将无污染或虽污染但可以有效防治的充填物充填塌陷地。充填复垦既使沉陷矿区得以复垦，又解决了矿山固体废弃物处理的问题，具有较高的经济效益。

（4）直接利用法。直接利用法是针对大面积的塌陷地，特别是大面积积水、积水较深、稳定塌陷地以及暂难复垦的塌陷地而采用的复垦方法。该方法可根据塌陷地现状，因地制宜地直接加以利用。如在塌陷地网箱养鱼、养鸭、种植耐湿作物或将塌陷地改造成景点等。

（5）生态工程复垦法。生态工程复垦法目前已成为矿区复垦关注的焦点，它是将土地复垦工程技术与生态工程技术结合起来，综合运用生物学、生态学、经济学、环境科学、农业科学、系统工程的理论，以及生态系统物种共生和物质循环再生等原理，并结合系统工程对破坏土地所设计的多层次利用的工艺技术。生态工程复垦法已在全国多个矿区推广，具有较大的社会综合效益和发展前景。

7.2.2.9　我国矿山固体废物综合治理

我国矿山废石和尾矿的排放量十分巨大，它不仅影响到不能充分利用矿产资源，而且还会危害环境，最明显的是对土地的破坏。废石的堆积和尾矿坝的构筑不仅侵占大面积农田和土地，而且严重污染水源和土壤；若堆放的废石尾矿管理不善，还有可能发生重大事故，如废石堆自燃、尾矿坝滑坡等。因此，高度认识矿山固体废物的危害和面临的严峻形势，进一步加强对矿山固体废物的管理，开展对矿山固体废物综合治理及应用研究，具有十分重要的意义。

A　矿山固体废物的危害

据统计，全球采掘工业每年排出的工业固体废物总量达数百亿吨，在我国，黑色金属矿山每年排出的废石尾矿约 6.2 亿吨，有色金属矿山每年排出的废石尾矿达 1.15 亿吨，煤矸石约 1.3 亿吨。这些废石、尾矿的大量排放，严重破坏了该区域自然生态环境，不仅侵占大量土地，破坏自然景观，而且其成分十分复杂，含有多种有害成分甚至放射性物质，可污染矿区和周围环境，从而构成严重的社会公害。

矿山废石和尾矿通常是通过水、气和土壤对周围环境进行影响，其主要污染途径有以下方面：

（1）通过空气污染。废石堆中的硫化矿物与空气接触，可强烈氧化释放出 SO_2、CO_2、H_2S、NO 等有害气体，而粒径极细（小于 $10\mu m$）的尾矿干燥后会随风飘扬形成飘尘，污染大气和环境。

（2）通过水污染。废石或尾矿风化中可形成溶于水的化合物或重金属离子，经地表水或地下水而严重污染周围水系及土壤，危害人体健康，影响农作物、森林、禽畜和鱼类的生长和繁殖。如大部分矿山废弃物中含有硫铁矿，其风化或以化学作用形成酸性废水，会严重危害森林、农田、人类和动物的生长。

（3）通过土壤污染。矿山废石和尾矿露天堆放，其中的有害成分经过风化、雨淋及地表径流的侵蚀渗入土壤，使土壤被有害物质、放射性物质等污染，造成土壤酸化、盐渍化，导致结构改变，破坏土壤中微生物的生长，影响作物根系生长。

（4）通过废石、尾矿堆放的污染。废石堆放不稳定易引起岩堆移动和泥石流等灾害，而且尾矿堆放侵占土地，破坏自然景观，尤其是任意排放和坝址的不合理布置，对环境危害极大。

B　矿山固体废物的治理及应用

鉴于废石、尾矿随意露天堆放会对周围环境产生严重危害，一般矿山对废石、尾矿均采取了一定的处理措施，而且随着社会的发展和人们环保意识的提高，对矿山固体废物的治理也越来越重视。2001 年 11 月 5～7 日，固体废物污染控制及其资源化国际会议在长沙中南大学召开，来自美国、加拿大、日本、韩国等与会国内外专家和学者都对矿山固体废物的治理及应用表示出了极大的关注。

对于矿山固体废弃物问题来说，科技创新是解决问题的重要的内在动力。如何提高我国现有的采选矿技术，减少采剥比，提高采矿效率，采用先进、合理的矿山资源综合利用技术，减少固体废弃物的产生，从源头上解决矿山废弃物问题，这项工作应该提到矿产资源勘查、矿山设计和矿产开发规划等先期工作中去。

（1）作为"二次资源"回收再生。随着国民经济发展，社会对矿产资源的需求规模日益扩大，回收再生利用矿山采、选、冶过程中产生的大量废石、尾矿等补充矿产资源成为大规模开采矿产资源中的一个重要方面。无论黑色或有色金属矿山都可考虑对过去的废石和尾矿再次采、选以回收其中的有价值金属及有用组分。我国一些生产历史悠久的老矿山，由于当时技术等方面的条件限制，致使废石、尾矿不仅数量大，而且其中有价值金属等可重新利用的资源极为丰富。如云锡公司的锡尾矿，锡平均品位在 0.13% ~ 0.17%，并伴有铅、锌、铁、铜、砷等多种成分，形成一个新的以锡为主的多金属矿床。

随着矿山技术的发展，废石、尾矿回收再生新工艺和新方法的出现，一方面使废石、尾矿回收再生对矿品位的要求逐渐降低，如在最近50年中选铜技术对矿品位的要求已由2% 降低至 0.2%；另一方面，也使得废石、尾矿的回收再生率相对提高，如近来美国从铜、铅、锌、锡、黄铁的尾矿提取率最高可达 Cu 36% ~37%, Pb 28% ~89%, Sn 20% ~30%, Au 51% ~94%。

（2）作为原材料进行废石、尾矿的综合利用。由于废石、尾矿中含有多种金属化合物和矿物成分，近年来对废石、尾矿综合利用研究发展迅速，相继成立了许多专门研究机构，对废石、尾矿的综合开发和利用取得了许多新的研究成果，其主要利用途径有：

1）农肥；

2）建材，如水泥、玻璃、陶瓷、保温材料、隔热材料，隔音材料等；

3）铸石、铸造砂原料；

4）宝石、彩石、颜料；

5）复地或充填材料；

6）耐火材料等。

（3）造地复田。这种处理途径是利用先进的技术对因废石、尾矿堆积而破坏或占用的土地及耕地进行新植被，以稳定岩土、减少水土流失，减轻废水污染。利用尾矿库造地复田，植被绿化，美国从20世纪30年代就开始了这项工作，此后二三十年内共复垦废石场约53.3万公顷（800万亩），复垦率达40%。在我国一些有色金属矿山中这些工作也多已实施，如：中条山有色金属公司篦子沟铜矿两个服役期满的尾矿库，已采用复土植被的方法造田27.3公顷（410亩），其上种植的粮食、水果都获得了丰收；金川采用"覆盖、蓄水、恢复植被、引水建立人工植被"方案，对大型尾矿库进行环境治理，填补了我国在该地质条件下尾矿治理的空白，取得了明显的经济效益和社会效益。

7.2.3 矿区环境绿化

植物是制造氧气的工厂，它不但具有美化环境、保持水土、调节气候的作用，而且具有净化污水、净化空气、减弱噪声、吸滞沙尘和监测污染的功能，对环境保护起着重要的作用。因此，如何在矿山的生产过程中保护森林和植物资源，扩大植被面积，绿化矿山环境便成为矿山环境保护的重要内容。

7.2.3.1 植物在环境保护中的作用

A 净化空气中的有害有毒气体

（1）吸收二氧化碳，放出氧气。植物依靠叶绿素，利用光能把空气中的二氧化碳和水合成为贮存着能量的有机物（主要是淀粉），并且放出氧气。因此它是二氧化碳的消耗者，又是氧气加工厂。据统计，地球上60%以上的氧气来源于植物的光合作用。

（2）吸收二氧化硫（SO_2）。植物由于叶子的面积大，所以对 SO_2 有较强的吸收能力，一般为所占土地吸收能力的 8 倍以上，如 1 公顷柳杉林每年可吸收 720kg SO_2。通常，由于植物吸收了 SO_2，所以在 SO_2 污染区植物叶含硫量比正常的叶子含硫量高出 5~10 倍。植物吸收 SO_2 以后，便形成亚硫酸及亚硫酸盐，然后又以一定的速度将亚硫酸氧化成硫酸盐。只要大气中 SO_2 浓度不超过一定的限度，则植物叶片不会受害，并能不断地吸收大气中的 SO_2，所以植物是大气的天然"净化器"。植物吸收 SO_2 的能力和速度与大气中 SO_2 的浓度，污染的时间，环境条件和温度、湿度等以及植物的种类有关。

（3）吸收氟化氢（HF）。正常植物叶片含氟量在 25×10^{-6}（干重）以下，在氟污染区，植物吸收氟化氢而使含氟量大大提高，有时高达几倍或几十倍。测定表明，HF 通过40m 宽的刺槐林后，其浓度可降低 50% 左右。各种植物都有不同程度的吸氟能力。植物吸收、积累污染物的能力是很强的，有的植物能使氟化氢富集 20 万倍。

（4）吸收氯气和氨气。各种植物都有不同程度的吸氯能力。若按每公顷阔叶林干叶量为 2.5t 计算，则生长在污染源 400~500m 处的树木每公顷吸氯量为：刺槐 42kg，银桦35kg，蓝桉 32.5kg。另外，几乎所有植物都能吸收氨气。生长在含有氨气的空气中的植物，能直接吸收空气中的氨，以满足本身所需要的总氨量的 10%~20%。

B　吸滞粉尘及放射性物质

植物，特别是树木，对粉尘有明显的阻挡、过滤和吸附作用。树木的枝冠能降低风速，使灰尘下降；叶子表面不平，还分泌黏性的油脂和汁浆，能吸附空气中的尘埃。在绿化的街道上，树下距地面 1.5m 高处的空气，含尘量较未绿化地段低 56.7%。不同植物对粉尘阻挡率也不一样，一般落叶阔叶林比常绿阔叶树滞尘能力要强，森林吸滞量最大。

此外，树木可以阻隔放射性物质和辐射的传播，起到过滤和吸收的作用。据研究，阔叶林比常绿针叶林的净化能力和净化速度要大得多。国外试验表明，在有放射性污染的厂矿周围，设置一定结构的绿化树林带，在一定程度内可以预防和减少放射性污染的危害。例如，杜鹃花科中的一种乔木，在中子 - 伽马射线混合辐射剂量超过 15000rad 时（1rad等于 1kg 物质吸收 0.01J 能量），仍能正常生长，这说明绿色植物抗辐射能力是很强的。

C　净化污水

据统计，从无林山坡流下来的水中，其溶解物质含量为 $11.9t/km^2$。而从有林山坡流下的水中，其溶解物质含量为 $6.4t/km^2$。径流通过 30~40m 宽的林带，能使其中 NH_3 含量降低到原来的 1/2~1/1.5，细菌数量减少 1/2。从种有芦苇的水池排出的水中，其悬浮物要减少 30%，氨减少 66%，总硬度减少 33%。

D　减弱噪声

绿化植物，特别是树木，对减弱噪声具有良好的作用。据介绍，穿过 12m 宽的悬铃木树冠，从公路上传到路旁住宅的交通噪声可减少 3~5dB；20m 宽的多层行道树可降低噪声 8~10dB；45m 宽的悬铃木幼树可降低噪声 15dB；4.4m 宽枝叶浓密的绿篱墙（由柞木、海桐各一行组成）可降低噪声 6dB。

据国外测定，40m 的林带可降低噪声 10~15dB；30m 的林带可降低噪声 6~8dB。

E　调节气候

树木庞大的根系不断地从土壤中吸收水分，然后通过枝叶将水分蒸腾到空气中去。因此，绿地的湿度比非绿地大，相对湿度达 10%~20%。

在夏季高温季节里,绿地内的气温比非绿地低3~5℃,而较建筑地区低10℃左右。

绿化树木能降低风速,防止大风袭击。秋季能降低风速70%~80%,夏季能降低风速50%以上。

树林能调节气候,增加雨量,有林区的雨量比无林区的雨量平均多7.4%,最多高达26.6%,最低也要多3.8%。

F 监测污染

绿色植物既可监测大气污染,也可监测水质污染。

(1)大气污染。可根据植物受害症状、程度、敏感性、体内污染物质含量及树木年轮等来了解污染情况。例如SO_2可使植物叶脉褪色或产生坏死斑点;氟化氢常使植物叶片由边缘开始枯萎坏死;氯气使叶子黄化;臭氧使叶子表面产生黄褐色细密斑点。

(2)水质污染。许多水生植物对水质污染十分敏感,如凤眼莲对砷很敏感,当水中砷含量仅为1mg/L时,它的外部形态即出现受害症状。

7.2.3.2 植物的选择及绿化的原则

A 植物的选择

根据矿山地形地貌、气候条件、土质状况、大气状况、水土污染物的性质来源及绿化所要达到的不同目的,正确选择树种。如:在矿区生活区可选择树形美观、有观赏价值的乔木或灌木,同时可栽培一些抗性弱和敏感性强的监测植物;在污染物浓度高的厂区生产车间附近,则要选择有较强抗性、较好净化空气能力的树种;在道路两旁则选用树形高大美观、枝叶繁茂、耐修剪、易管理、生长迅速、成活率高并有一定吸污能力的树种。所选树种应以能适应当地气候、土壤条件的乡土植物为主。表7-2列出主要的防尘和抗有害气体的绿化植物以供选择。

表7-2 防尘和抗有害气体的绿化植物

防污染种类		绿 化 树 种
防 尘		构树、桑树、广玉兰、刺槐、蓝桉、银桦、黄葛榕、槐树、朴树、木槿、梧桐、泡桐、悬铃木、女贞、臭椿、乌桕、桧柏、栋树、夹竹桃、丝棉木、紫薇、沙枣、榆树、侧柏
二氧化硫	抗性强	夹竹桃、日本女贞、厚皮香、海桐、大叶黄杨、广玉兰、山茶、女贞、珊瑚树、栀子、棕榈、冬青、梧桐、青冈栎、栓皮槭、银杏、刺槐、垂柳、悬铃木、构树、瓜子黄杨、蚊母、华北卫矛、凤尾兰、白蜡、沙枣、加拿大白杨、皂荚、臭椿
	抗性较强	樟树、枫树、桃、苹果、酸樱桃、李树、杨树、槐树、合欢、麻栎、丝棉木、山楂、桧柏、白皮松、华山松、云杉、朴树、桑树、玉兰、木槿、泡桐、梓树、罗汉松、栋树、乌桕、榆树、桂花、枣、侧柏
氯气	抗性强	丝棉木、女贞、棕榈、白蜡、构树、沙枣、侧柏、枣、地锦、大叶黄杨、瓜子黄杨、夹竹桃、广玉兰、海桐、蚊母、龙柏、青冈栎、山茶、木槿、凤尾兰、乌桕、玉米、茄子、六月木、冬青、辣椒、大豆等
	抗性较强	珊瑚树、梧桐、小叶女贞、泡桐、板栗、臭榕、麻栎、玉兰、朴树、樟树、合欢、罗汉松、榆树、臭荚、刺槐、槐树、银杏、华北卫矛、桧柏、云杉、黄檀、蓝桉、蒲葵、蝴蝶果、黄葛榕、银桦、桂花、栋树、杜鹃、菜豆、黄瓜、葡萄等

防污染种类		绿 化 树 种
氟化氢	抗性强	刺槐、瓜子黄杨、蚊母、桧柏、合欢、棕榈、构树、山茶、青冈栎、蒲葵、华北豆子、白蜡、沙树、云杉、侧柏、豆叶缲锦、接骨木、月季、紫茉莉、常春藤等
	抗性较强	槐树、梧桐、丝棉木、大叶黄杨、山楂、海桐、凤尾兰、杉松、珊瑚树、女贞、臭椿、皂荚、朴树、桑树、龙柏、樟树、玉兰、榆树、泡桐、石榴、垂柳、罗汉松、乌桕、白蜡、广玉兰、悬铃木、苹果、大麦、樱桃、柑橘、高粱、向日葵、核桃等
氯化氢		瓜子黄杨、大叶黄杨、构树、凤尾兰、无花果、紫藤、臭椿、华北卫矛、榆树、沙枣、槐树、刺槐、丝棉木、柽柳
二氧化氮		桑树、泡桐、石榴、无花果
硫化氢		构树、桑树、无花果、瓜子黄杨、海桐、泡桐、龙柏、女贞、桃、苹果等
二硫化碳		构树、夹竹桃等
臭　氧		樟树、银杏、柳杉、日本扁柏、海桐、夹竹桃、栎树、刺槐、冬青、日本女贞、悬铃木、连翘、日本黑松樱桃、梨等

B　生产区绿化的原则

生产区绿化包括车间、工业场地及生产区道路的绿化，主要有以下几种情况：

（1）对散发有毒有害气体的车间附近（如冶炼、电镀、高炉车间等），为使污染物尽快扩散、稀释，在其周围不宜种植成片、过密、过高的林木，而应尽可能多种草皮等低矮植物，并避免选用果实、油脂等经济作物。

（2）对散发粉尘的车间（如选矿破碎筛分车间、电炉车间等），周围宜栽植适应性强、枝叶茂密，叶面粗糙，叶片挺拔，风吹不易抖动的落叶乔木和灌木。

（3）在有噪声车间的周围（如扇风机房、机修车间、空压机房等），宜选用树冠矮，分枝低，枝叶茂密的乔、灌木，高低搭配，形成隔声林带。

（4）要求安静、洁净的车间周围（如分析室、化验室、变电所、稀贵金属车间、车间办公室等），应尽可能搞好绿化。在日晒方向多栽植高大遮阳乔木以使炎热季节的室温不致过高。在上风向种植高低不同的乔、灌木，起阻滞灰尘的作用。室外场地可多铺草皮，以减少扬尘。其余均可栽植常绿阔叶树，但不宜栽有飞絮和有风时发出响声的树种。

（5）在高温车间附近，由于温度高，工人生产时精神紧张，体力消耗大，容易疲劳，所以要求室外绿化布置恬静、幽雅，不致给人以闭塞沉闷之感。因此应选用通风良好、高大浓荫的树种。

（6）要求自然光线充足的车间，其附近不宜栽植高大、浓荫的乔木，宜种植小灌木、草皮、花卉等。

（7）经常散发可燃气体的厂房或库房等处，宜栽植含水分多，根系深，萌蘖力和再生力强的植物，不要选择易燃的树木。在油库区的围堤内不许栽任何植物。

（8）容易对植物产生机械或人为损伤的场地，如煤焦堆场、材料堆场、室外操作场等，应留出足够的间距。可选用再生及萌蘖力强、树皮粗糙、纤维多、韧性强、管理粗放的树种。

（9）场地管道密集的地方，宜种植草皮、花卉及小灌木等。

（10）喷射水雾的构筑物（如冷却塔、池、循环水池等）周围可栽植耐水性好的常绿树，如水杉、女贞、棕榈等。还可以就地利用循环水池建立喷水池，既可提高相对湿度，还可美化环境。

复习思考题

7-1　什么是矿山固体堆积物，包括哪些？

7-2　矿山固体堆积物有哪些危害？

7-3　矿山固体堆积物的治理措施有哪些？

7-4　如何使矿山废石及尾矿资源化？

7-5　怎样对矿山废弃地进行生态恢复与重建？

7-6　矿区植物选择及绿化的原则是什么？

8 矿山放射性污染及其防治

+—+

教学目的：通过本章的学习，了解矿山辐射的危害及辐射防护的一般原则；掌握氡及其子体的最大允许浓度和矿山辐射防护剂量限值；重点掌握除氡及其子体的方法。

+—+

8.1 矿山放射性污染

截至 1965 年，世界上已发现 1130 个不稳定的核素。不稳定的核素能自发地发生衰变而成为另一种不稳定的核素（或稳定的元素），在衰变过程中同时放出射线。放射性核素的这一特性在工业、农业、医学、国防等领域得到了广泛的应用。在当今世界，核科技竞争和能源危机的日益加剧，都加快了核能利用的研究过程。

8.1.1 放射性辐射概述

放射性辐射的相关概念如下：

（1）放射性与辐射。放射性是一种不稳定的原子核自发衰变的性质，通常伴随发出能导致电离的辐射（电离辐射）。这些不稳定的原子核主要发射三种类型的辐射，即 α、β 和 γ 辐射。放射性是一些物质的特性，而辐射则是指在一点发射出并在另一点接受的能量。

（2）α、β 和 γ 辐射。α 辐射是由核跃迁时放出的氦原子核（α 粒子）组成的。β 辐射是核跃迁时由原子核里发射出来的高速运动的电子（β 粒子）组成。γ 辐射是一种电磁辐射。

（3）放射性衰变。由不稳定的原子组成的物质，它们能自发地转变成稳定的原子，这个转变过程称放射性衰变。

（4）天然放射系。天然存在的核素的放射性，称天然放射性。自然界中主要存在三个天然放射系核素，即铀－镭系，钍系和钍系。矿山主要辐射危害物——氡，就是铀－镭系的一个衰变产物。

（5）放射性活度。放射性物质单位时间内衰变的原子数。单位贝可（Bq）。

（6）辐射防护。研究保护人类（可指全人类、其中的部分或个人成员以及他们的后代）免受或少受辐射危害的应用性学科。

（7）外照射。体外辐射源对人体的照射。

（8）内照射。进入体内的放射性核素作为辐射源对人体的照射。

（9）剂量当量。组织中某点处的剂量当量 $H = DQN$，单位希（Sv），其中 D 是吸收剂量，Q 是辐射品质因数，N 是其他修正因数；$1Sv = 1J/kg$。目前国际放射防护委员会

（ICRP）指定 $N=1$。

（10）剂量当量限值。它是指必须遵守的规定的剂量当量值。其目的在于防止非随机性效应，并将随机性效应限制在可接受的水平。为满足辐射防护实际工作需要，有关部门还规定了相应于剂量当量的数值，称次级限值。如内照射的次级限值是年摄入量限值。

（11）有效剂量当量。它是指当所考虑的效应是随机效应时，在全身受到非均匀照射的情况下，受到危险的各组织或器官的剂量当量与相应的权重因子乘积的总和。

8.1.2 放射性辐射的来源

8.1.2.1 自然界中的天然放射源

在自然界中存在着铀－镭系、钍系和锕系三个放射性系列。铀－镭系的起始核素是铀238，它经过 15 代的衰变后成为稳定元素铅。钍经过 8 代衰变后成为稳定的元素铅。

放射性核素在衰变过程中，会放出各种不同的射线，主要有 α、β、γ 射线及电子俘获。

α 射线出现在 α 衰变过程中。衰变后的剩余核（通常叫子核）与衰变前的原子核（通常叫母核）相比，原子序数减少 2，质量数减少 4。α 衰变是母核通过强相互作用和隧道效应，发射 α 粒子而发生的。

β 射线出现在 β 衰变过程中。β 衰变有三种类型：①β 衰变，放出正电子和中微子的 β 衰变；②β 衰变，放出电子和反中微子的 β 衰变；③轨道电子俘获，俘获一个轨道电子并放出一个中微子的过程。β 衰变是通过弱相互作用而发生的。

放射性通常和 α 衰变或 β 衰变有联系。α 衰变和 β 衰变的子核往往处于激发态。处于激发态的原子核会放出 γ 射线而向较低激发态或基态跃迁，这叫 γ 跃迁。因此，γ 射线的自发放射一般是伴随 α 射线或 β 射线产生的。也就是说，放射性核素在衰变过程中，一般都伴随 γ 射线放出，γ 射线是一种波长极短的电磁波，不带电荷。它的穿透能力很强，需要 10cm 厚的铅板才能挡住。

8.1.2.2 天然放射性物质的分布

由于地区的不同，环境中各种天然放射性核素的分布有很大的差异，例如在一些矿区尤其是铀矿区和火山侵入岩的地区放射性元素含量就高。

土壤和岩石中的天然放射性核素是环境中放射性核素的主要来源。U（铀）在土壤中含量为 $2.8\mu g/g$，在岩石中为 $1\mu g/g$；Ra（镭）在土壤中含量为 $1\times10^{-6}\mu g/g$，在岩石中为 $8\times10^{-3}\mu g/g$。不同的土壤、岩石其含量不尽相同，火成岩中的放射性核素的含量高于水成岩，石灰石最低。

河水中天然 U（铀）的浓度一般为 $0.3\sim10\mu g/L$，Ra（镭）的浓度一般为 $(0.37\sim37)\times10^{-2}Bq/L$。陆地上大气中 Ra（镭）的浓度平均为 $4.44\times10^{-3}Bq/L$，海洋上空 Rn（氡）的浓度约为 $3.7\times10^{-5}Bq/L$。此外，食物如大豆、面粉、牛奶、牛肉、蔬菜等都不同程度地含有放射性物质。

8.1.2.3 人工放射源

随着核能利用步伐的加快，人工放射源对大气、环境的污染日趋严重。

（1）核武器试验的沉降物。在大气层进行核试验的情况下，核弹爆炸的瞬间，由炽热蒸汽和气体形成大球（即蘑菇云）携带着弹壳、碎片、地面物和放射性烟云上升，随着与空气的混合，辐射热逐渐损失，温度渐趋降低，于是气态物凝聚成微粒或附着在其他的尘粒上，最后沉降到地面。

（2）医疗照射引起的放射性污染。随着核科学的发展，放射性同位素在医疗领域得到广泛的应用。它不仅对环境造成放射性污染，而且也会对人体造成直接损伤，甚至还对遗传产生影响。

（3）矿山尤其是铀矿山开采过程中对环境和大气的放射性污染主要来自于"四废"（即废渣、废气、废水、废物）。如一个留矿法采场高 3m，面积为 200m²，堆积 1000t 矿石，其品位为 0.1%，经计算该采场 Rn（氡）含量约为 3.0Bq/L，其他采矿方法也不同程度地产生 Rn（氡）并释放到空气中。此外，废渣、废水、废物中的放射性物质还会渗入地下，流入河流、小溪，扩散到矿山周围大气中。铀水冶厂生产中所产生的"四废"放射性浓度更高，对大气和环境污染更严重，实质上铀矿厂即是一个庞大的放射源。

8.1.3　矿山辐射的危害

8.1.3.1　氡和氡子体

一般说来，矿井空气中主要的辐射危害来自氡的短寿命衰变产物——氡子体。氡及其子体是由天然放射性系列中的铀系、钍系衰变产生的，是人类受到的天然辐射的主要来源之一。氡对人类的危害主要表现为确定性效应和随机效应，确定性效应表现为暴露在高浓度氡的环境下，机体会出现血细胞的变化，氡对人体脂肪有很高的亲和力，其与神经系统结合后危害更大。随机效应主要表现为诱发肿瘤。氡是放射性气体，当人们吸入体内后，氡衰变发生的 α 粒子可对人的呼吸系统造成辐射损伤，诱发肺癌。

A　氡的性质

（1）辐射性质。氡是镭、钍的衰变产物，是一种无色无臭的惰性气体。氡放出 α 粒子后连续经过四次衰变，会成为较稳定的核素。氡和氡子体具有辐射特性。

（2）溶解度。氡易溶于水，因此，矿井水、地下水均可能含氡。此外氡还易溶于酒精、煤油、血液和脂肪。

（3）吸附性。活性炭、橡胶、石蜡、分子筛等均能吸附氡。吸附的氡量一般与空气中氡浓度成正比（在一定温度范围内）。

（4）扩散。氡在空气中的扩散系数为 0.1cm²/s。氡在岩石和沉积物中的扩散系数变化范围很广，其大小决定于岩石的孔隙度、透水性、湿度、结构和扩散时的温度。

（5）射气系数。单位时间内由镭的衰变产生的可移动的氡量与所产生的总氡量之比叫射气系数。随岩石粒度变小，氡射气系数逐渐增大直到某定值，一般在 0.1~0.3 之间。射气系数测定方法主要有室内射气法和现场贴壁法。

B　氡子体性质

氡子体呈带电固态微粒状态存在于大气中。它分为离子态（未结合态）氡子体和依附于气溶胶（或微尘）表面的结合态氡子体。氡子体极易附着于物体、人体的表面，这种现象叫附壁效应。在辐射监测和防护措施中要特别注意这种效应的影响。

8.1.3.2　氡及其子体的危害

自然界存在着很多放射性元素，它们在不断地进行衰变，并不断放出 α、β、γ 射线。现已查明，自然界存在铀、钍、锕三个衰变系，它们都有一个在常温常压下以气体形式存在的放射性元素，其中铀系中的氡容易对井下工作人员造成危害。

地壳中铀的含量大约是百万分之三，在局部地区富集成具有开采价值的铀矿。由于铀几乎在所有的岩石中都能找到它的踪迹，因此在各类金属矿山井下空气中都有可能出现浓度相当高的氡，所以认为只有在铀矿井才需要防氡的看法是片面的，其他矿山也可能产生大量的氡。

氡是一种惰性气体，对人体无直接危害，但氡子体呈固体微粒形式，有一定的荷电性，具有很强的附着能力，因此在空气中很容易与粉尘结合形成"放射性气溶胶"。被吸入人体后，氡及其子体会继续衰变放出 α 射线，长期作用能使支气管和肺组织产生慢性损伤，引起病变，故认为它是产生矿工肺癌的原因之一。另外，即使在铀矿山，γ 射线对人体的外照射也很弱。故所谓矿井的放射性防护，主要是针对被吸入人体的氡及其子体所放射的 γ 射线的内照射而言的。

岩石中普遍存在着铀，铀不断地衰变，氡气便不断产生，并从岩石的裸露表面进入空气中。所以在含铀品位不变的情况下，岩石的自由面越多，析出的氡也就越多。实践证明，在一些通风不好的非铀矿井，在岩石裂隙及有大量的充填料（未填实）的采空区中，往往也存在高浓度氡。当矿内气压低于岩石裂隙及采空区的气压时，氡就会进入矿内大气中。

虽然氡在水中的溶解度不大，但由于岩石裂隙中存在高浓度的氡，故也使地下水中溶解了大量的氡，一经流入矿井，氡便从水中析出。

采矿及掘进都在不断地破碎矿岩，随着矿岩裸露面的增加，矿井的氡析出量也逐渐增加。

8.1.3.3　氡及氡子体的最大允许浓度

用以量度放射性物质的"多少"的单位曾经使用居里（Ci）。现在按照我国法定计量单位（亦即国际单位制）的规定，以"贝可勒尔"作为放射性强度的单位名称，其符号为 Bq。氡在封闭的情况下，3 小时后所衰变成的氡子体与氡的放射性能量达到平衡。我国《放射防护规定》给出了矿山井下工作场所空气中氡及其子体最大允许浓度。

8.1.3.4　矿山辐射防护剂量限值

在地下矿山，矿工们受到气载氡及其短寿命子体以及铀矿尘的照射，在铀矿山同时还会受到 β、γ 辐射的外照射。在某些矿山一些矿工会患肺癌，后来证实其多半就是因为吸入了氡及氡子体而诱发。对氡子体诱发矿工肺癌作用的认识导致了照射限制的建立，我国《放射防护标准》规定如下：

（1）职业放射性工作人员有效剂量当量限值（HL）为 50mSv/a。

（2）公众个人（非从事放射性工作的人员）所接受的年剂量当量，不得超过职业放射性工作人员的 1/10。

（3）对接受内外混合照射的工作人员，混合照射限值需要计算。

（4）仅暴露于氡本身而不伴有氡子体混合物，或吸入氡子体量极微以致可以忽略不计的情况下，上述年摄入量限值和空气中氡浓度可增大 100 倍。

8.2　矿山辐射防护

8.2.1　一般原则

国际放射防护委员会（ICRP）建议的剂量限值体系基于三项原则：

（1）若引进的某种实践不能带来扣除代价的净利益，就不应当采取这种实践。

（2）在考虑到经济和社会因素之后，一切照射应当保持在可以合理做到的尽可能低的水平。

（3）个人所受的剂量当量不得超过 ICRP 相对应的情况所建议的限值。

这三条原则就是要把一切照射都保持在可以合理达到的最低水平，而且最终要以剂量当量限值作为标准。因此，在矿山采取辐射防护措施时，必须遵守两条：

1）辐射防护的最优化，保持照射量可合理做到的尽可能低。

2）对所有工作人员必须满足我国国家标准《放射卫生防护基本标准》的要求。

8.2.2　通风防护措施

矿山开采实践证明，通风是保证矿井大气放射性污染不超过国家标准要求的主要措施。排除矿井大气中的氡和增长着的氡子体的矿井通风，同排出其他污染物的矿井通风相比，有一个特殊要求，就是要求尽量缩短风流在井下停留的时间，不要让风流被氡子体"老化"。

8.2.3　特殊防氡除氡方法

对于铀矿山而言，有效地控制氡及其子体的析出是至关重要的。就技术条件而论，矿井使用抽出式通风不佳。因为抽出式通风，井巷、采场、硐室均处于负压状态，矿岩中空隙的空气压力高于井巷、采场、硐室的空气压力，由于气体压力降低时的析出效应，氡及子体会从矿岩内随空气流动而析出到矿井空间。而压入式通风，井巷内空气压力大于矿岩中空隙空气压力，可使空气渗入矿岩空隙，这一方面冲淡了矿岩空隙中的氡浓度，另一方面改变了矿岩中压力梯度，约束了氡向井巷的扩散速度，从而使井巷空气氡浓度显著下降。有关资料表明，如采用 573.7Pa 的负压，会导致氡析出量增加 3 倍，而 573.7Pa 正压，则可使氡析出量下降 60% 以上。

最大限度减少矿岩的暴露面，选择最佳的采矿方法，也均能控制氡的析出量。充填法不仅适应于铀矿床规模小、矿体不连续、品位变化大的特点，而且有利于控制氡的析出。另外，严禁脉内开拓采准。

在铀水冶厂的破碎、磨矿、筛分等工艺过程中会产生大量的放射性粉尘，对此应采用湿式操作，同时在各个设备上加装密封罩，并加强通风和排气除尘。

（1）压力阻止氡气析出。利用矿井空气压力把氡阻止在矿岩裂隙中。加压结束后，由于氡在裂隙中迁移速度小，氡析出量相应降低。实践证明，压力为正压 1.33kPa 时，风量不变，氡析出量可降低5倍，氡子体潜能降低约10倍。

（2）抽排采空区的氡。利用专门风机或全矿负压，经巷道或钻孔将采空区的氡直接排出地表有良好防氡作用。经验证明，这种方法可以使进风污染降低。我国还将该原理应用在留矿法采场中，用下行通风和矿堆内氡抽排的办法将采场氡浓度由33Bq/L降到3.7Bq/L。

（3）防氡密闭及覆盖层。防氡密闭分临时密封及永久密闭。永久密闭用砖、混凝土砖构筑，水泥浆抹面，然后喷涂防氡覆盖层。覆盖层一般由气密性好、无毒无臭、不易燃、耐腐蚀和老化、可喷涂及价廉的物质制备。

8.2.4 氡子体清除方法

氡子体的清除可采用如下方法：

（1）织物过滤器。织物过滤器的粉尘负荷小、易黏结、阻力大，只宜用在粉尘浓度低、干燥、风量小的地方。近年来，铀矿试验过的几种过滤器性能如表8-1所示。

表8-1 矿用氡子体过滤器性能表

国 家	设备主要特征	效率/%
俄罗斯	$\phi 0.5m \times 2m$ 圆筒，内装一层 Φ 形滤布，一层麻布，装填 10cm 乙二醇和对苯二甲酸聚合纤维，密度 $25 \sim 30 kg/m^3$	约 $90 \sim 95$
美 国	涤纶丝带式除尘器，加 0.63cm 厚亚微米玻璃纤维	>75
美 国	特制的纤维和特制的纸滤器，过滤能力 $84.9 \sim 141.5 m^3/min$	约95
中 国	纤维过滤器（云锡公司井下实验）	>85

（2）静电除尘器。静电除尘器主要工作原理是在除尘时把附着在尘粒上的氡子体也清除掉。

8.2.5 个体防护

在放射性场所工作人员的个体防护措施有：佩戴高效防尘口罩；清除表面污染，上班更衣、下班沐浴；充分提高工作效率，缩短工作时间；上班不进食，不吸烟，皮肤破裂不得在放射性场所工作；设置密闭罩，使操作者与含氡空气隔离。

出于健康的绝对需要，任何人都不要受到任何辐射量的照射。

8.2.6 根本防治

为了从根本上防治矿山放射性污染，应该做到以下几点：

（1）全面调查已退役或将退役的放射性矿山、尾矿坝。在有条件的地方，应坚决做到复垦还林、还田。

（2）严禁土法开采、冶炼，大力推广溶浸采矿、钻孔浸矿技术，因为它无需矿石转运、无需水冶工艺、无尾矿坝、无废渣，是采、选、冶的结合，有广阔的发展前景。

（3）对高放射性废物可选择合适的地层，在地下数百米或更深的地层建造最终处置库，利用地层作隔离层把放射性废物包容起来，保证从废物中透出的放射性核素在潜入生物圈之前能够衰变到无害水平。

（4）大力开展放射性废物的综合利用，如生产核电池、照射源、医学上的特殊能源等。

复习思考题

8 - 1　矿山辐射的来源有哪些？

8 - 2　氡及其子体危害有哪些？

8 - 3　特殊防氡除氡的方法有哪些？

8 - 4　怎样清除氡子体？

8 - 5　矿山辐射的个体防护措施有哪些？

9 选矿厂污染及其防治

教学目的：通过本章的学习，重点掌握选矿厂各种废水的处理方法；了解掌握选矿厂通风防尘方法以及粉尘治理措施。

9.1 选矿厂废水的处理

9.1.1 含悬浮物废水的处理

9.1.1.1 自然净化法

选矿厂废水在尾矿池自然净化后循环利用或达标排放，是废水净化处理方法中成本最低、操作管理最简单的方法。因此，目前国内外都普遍采用。据报道，美国铜业废水的处理以尾矿池法为主，其约占废水处理总量的70%（见表9-1）。

表9-1 美国铜业废水处理方法比较

处理方法	尾矿池法	其他沉淀法	稀释法	中和法	未处理
废水处理量比例/%	69.2	3.7	3.7	0.1	23.3

我国平桂矿务局、贵州汞矿、杨家杖子矿务局、大河铜矿等选矿厂利用尾矿池的自然净化作用，取得了较好的废水处理效果。如平桂矿务局利用尾矿池的自然净化作用，使尾矿水中的硫从 $5402.7 \times 10^{-4}\%$ 降低到 $30.10 \times 10^{-4}\%$，砷从 $29.1 \times 10^{-4}\%$ 降低到 $0.218 \times 10^{-4}\%$，净化后的水循环利用，20多年来从不外排，达到了零排放标准。又如杨家杖子矿务局利用尾矿池自然净化后的废水中，有毒有害物质的含量大幅度下降，其中剧毒的氰化物去除率高达78%左右（见表9-2）。

表9-2 杨家杖子矿务局选矿废水自然净化效果

项 目	pH值	铁	铜	锌	氰化物	砷
尾矿水	9.1	2.32	0.13	0.14	0.48	0.02
自净水	7.65	0.15	0.098	未检出	0.103	0.03
项 目	汞	镉	钼	硫酸盐	镁	钙
尾矿水	0.0065	0.0026	25.62	576.96	20.18	52.10
自净水	0.001	未检出	0.74	587.52	12.16	71.34

注：表中单位除pH值外均为mg/L。

浮选废水在尾矿库中自然净化时，黄药可按下式水解净化：

$$ROCSSNa + H_2O =\!=\!= ROCSSH + Na^+ + OH^-$$

$$ROCSSH \Longrightarrow ROH + CS_2$$

黄药水解自净试验是将黄药配成浓度为 0.5mol/L 的溶液，然后将溶液倒进数个 500mL 的烧杯内，逐日按时取样并检验杯中溶液的黄药浓度，其试验结果如表 9 - 3 所示。

从表 9 - 3 中的数据可以看出，黄药在静置条件下的水解净化速度是相当快的，经过 10 天之后，净化效率已高达 95% 以上。同时可以看出，在试验条件下，黄药的递减量随时间的增加而增加，浓度越高，递减量越大。

表 9 - 3　黄药自净试验结果

时间/d	1	2	3	4	5
温度/℃		12	15	11.8	10.8
含量/mg · L^{-1}	0.5	0.4	0.3	0.25	0.2
递减量/mg · L^{-1}		0.1	0.1	0.05	0.05
时间/d	6	7	8	9	10
温度/℃	14.3	11.5	12.8	13	11
含量/mg · L^{-1}	0.12	0.10	0.08	0.07	<0.05
递减量/mg · L^{-1}	0.08	0.02	0.02	0.01	0.01

国外某选矿厂含氰废水的自净试验结果见表 9 - 4。

表 9 - 4　含氰废水的自净试验结果

时间/d	1	2	3	4	5	6	7	8
KCN/mg · L^{-1}	12.35	9.45	8.35	5.20	2.53	1.20	0.23	0.03

尾矿池自然净化选矿废水的作用机理是相当复杂的，可看做是各种化学的、物理的、生物的净化作用的综合结果。

由于各选矿厂废水中所含组分的物理性质和化学性质不同，各种尾矿池所处的环境地质、气象条件和水生生物等因素又有差异，故其净化作用也有所不同。因此，关于选矿厂尾矿池自然净化废水的作用机理，目前尚无统一理论，但可以概括为以下几个方面的净化作用。

（1）物理净化作用。如废水中悬浮固体在重力作用下的自然沉降作用；由于降雨或补充新水的稀释净化作用；废水中微细颗粒间发生的凝聚沉降作用；废水中存在 FeS_2、FeS 等的吸附净化作用等。

（2）化学净化作用。如生成氢氧化物和碱式盐沉淀的中和水解作用；生成难溶硫化物的沉淀作用；生成溶度积较小的金属盐类沉淀作用以及某些选矿药剂的氧化分解作用等。

（3）生物净化作用。选矿厂的尾矿池随着使用年限的增加，逐渐形成适合某些水生生物生活的环境，并构成一个自然生态系统。如杨家杖子矿务局的尾矿池，是 1953 年交付使用的，至今已近 60 年，现在用肉眼观察就可以见到其中有藻类、水草、昆虫、幼虫、鱼类等多种水生动植物。因此，尾矿池不仅是一座大型沉淀池，也是一座大型的自然曝气氧化池。生物净化作用不仅可以通过细菌的作用降解废水中的有机污染物，还可以通过某些特殊的微生物类群吸收并浓缩废水中的汞、锌、镉等重金属元素，并把它们通过生物作用固定在底部的沉积物中，从而使废水逐步得到净化。

9.1.1.2　混凝沉淀法

混凝沉淀法已广泛应用于选矿厂废水的处理，因为它能有效地使废水中沉降速度小于 1cm/min 的悬浮固体颗粒、胶体、可溶性重金属盐类和有机物等加速沉降。

混凝过程是凝聚和絮凝两个过程的统称。混凝沉淀法能将无机凝聚剂的电性中和作用和压缩双电层作用以及高分子絮凝剂的吸附作用、桥连作用、卷带作用结合起来，故沉淀效果显著。

凝聚和絮凝除上述作用彼此不同之外，还表现在凝聚过程既包括胶体溶液的脱稳，又包括颗粒的迁移和聚集，而絮凝只包括颗粒的迁移和聚集。

选矿厂废水处理的混凝沉淀法，就是向废水中加入化学混凝剂（凝聚剂和絮凝剂），使废水中的某些溶解态和胶体态的污染物，转变为凝聚状态的絮体而沉降分离，故又称为化学混凝沉淀法。在实际废水处理中，根据废水及悬浮固体污染物特性的不同，可采用不同的混凝剂，既可单独使用无机凝聚剂或有机高分子絮凝剂进行沉淀分离，也可将二者联合使用进行混凝沉淀。

我国选矿厂废水处理中经常使用的混凝剂有：硫酸铝（$Al_2(SO_4)_3 \cdot 18H_2O$）、明矾（$Al_2(SO_4)_3 \cdot K_2SO_4 \cdot 24H_2O$）、硫酸亚铁（又称绿矾）（$FeSO_4 \cdot 7H_2O$）、三氯化铁（$FeCl_3 \cdot 6H_2O$）等无机凝聚剂，聚丙烯酰胺（非离子型）等高分子絮凝剂。

我国某铅锌矿选矿厂针对废水中悬浮固体颗粒细、沉降速度慢的特点，在尾矿池中投加硫酸铝，从而使尾矿水中的悬浮固体物加速沉降，使净化水达到排放标准。

该选矿厂废水中悬浮固体物的化学成分复杂，粒度极细，大部分是 $10 \sim 20\mu m$ 的细小微粒，所以沉降得很慢。其静态沉降速度仅为 1.2mm/d。在投加无机凝聚剂精制硫酸铝（$Al_2(SO_4)_3 \cdot 18H_2O$）以后，废水中的悬浮固体微粒凝聚而加速沉降。其主要作用机理如下：

硫酸铝配成水溶液时，会按下式发生水解：

$$Al_2(SO_4)_3 \Longleftrightarrow 2Al^{3+} + 3SO_4^{2-}$$

把硫酸铝溶液加入废水后，当 $Al_2(SO_4)_3$ 稀释到 $50 \sim 150mg/L$ 以下时，部分 Al^{3+} 对水中带负电的胶体可能产生压缩双电层的作用。但 Al^{3+} 存在的时间极为短暂，且只有在 $pH \leqslant 4$ 的条件下才有可能存在。与此同时，Al^{3+} 继续发生水解反应：

$$Al^{3+} + H_2O \Longleftrightarrow Al(OH)^{2+} + H^+$$
$$Al^{3+} + 2H_2O \Longleftrightarrow Al(OH)_2^+ + 2H^+$$
$$Al^{3+} + 3H_2O \Longleftrightarrow Al(OH)_3 + 3H^+$$
$$Al^{3+} + 4H_2O \Longleftrightarrow Al(OH)_4^- + 4H^+$$

由于水是极性分子，所以 Al^{3+} 在水中是以水合络离子 $\left[Al(H_2O)_6^{3+}\right]$ 的形态存在的。中心离子 Al^{3+} 带有很高的正电荷，使包围它的水中的 O—H 键极化，产生使氢离解的倾向：

$$Al(H_2O)_6^{3+} \Longleftrightarrow \left[Al(OH)(H_2O)_5\right]^{2+} + H^+$$

当废水中具有一定的碱度时，平衡向右移，在碱度足够时，上述离解产物进一步按下式发生离解反应：

$$[Al(OH)(H_2O)_5]^{2+} \rightleftharpoons [Al(OH)_2(H_2O)_4]^+ + H^+$$

$$[Al(OH)_2(H_2O)_4]^+ \rightleftharpoons [Al(OH)_3(H_2O)_3]\downarrow + H^+$$

若废水的 pH 值提高到碱性范围时，则生成的 Al（OH）$_3$ 溶胶发生溶解，生成可溶性的铝酸离子：

$$[Al(OH)_3(H_2O)_3] + OH^- \longrightarrow Al(OH)_4^- + 3H_2O$$

上述一系列水解反应，使其产物的有效电荷不断地降低。但当金属配位体 H_2O 被 OH^- 所代替后，其表面吸附能力却大为增强，故羟基水合络离子的混凝效果反而比 Al^{3+} 离子更好。

此外，在水解过程中还会发生羟基水合铝离子的羟基架桥絮凝反应，生成多核络合物。其多核络离子具有多羟基和高电荷，吸附能力和电性中和作用都很强，所以硫酸铝是特别有效的混凝剂之一。

根据该选矿厂 1993 年对采用硫酸铝混凝剂净化水质取样测得的结果：废水中含铅量由原来的 2.58mg/L 降到 0.25mg/L，汞由 2.03mg/L 降为 0.35mg/L，铜由 1.8mg/L 降为小于 0.03mg/L，其他成分也都全部符合排放标准。

又如某银矿的选矿厂废水，其悬浮固体物的含量高达 2100mg/L，超过国家排放标准的四倍多。由于选矿厂矿石的磨矿粒度较细，75μm 级颗粒达 97%，故废水中 10~20μm 细粒分散多，胶体分散多，离子分散多，使废水具有明显的胶体溶液特性，因而很难沉降。对这种废水进行混凝沉降的试验结果表明：若用石灰乳（10%）调节废水的 pH 值至 8.5~9 时，投加 $Al_2(SO_4)_3 \cdot 18H_2O$、$FeSO_4 \cdot 7H_2O$ 或 $FeCl_3 \cdot 6H_2O$ 三种凝聚剂中的任何一种，且投加的药量为 200~300mg/L，都可以使净化后的水达到排放标准。

无机混凝剂的铁盐水解过程和作用机理与铝盐相类似，即它们都能够在水解过程中以不同的形态发挥三种作用：Al^{3+} 或 Fe^{3+} 与低聚合度、高电荷的多核络离子的脱稳凝聚作用，高聚合度络离子的桥连絮凝作用和以氢氧化物沉淀形态存在的网捕絮凝作用。这三种作用可能同时存在，但在不同的条件下，可能以某一种作用为主。一般在 pH 值偏低、胶体和悬浮微粒含量高，混凝剂用量尚不足的反应开始阶段，脱稳凝聚是主要形式；当 pH 值较高、污染物浓度较低、混凝剂用量充分时，网捕絮凝是主要形式；而在 pH 值和混凝剂的用量适中时，则桥连絮凝是主要的作用形式。另外，该选矿厂还加硫酸铝 150~200mg/L，3 号絮凝剂 1~1.5mg/L 净化废水，从而使废水中悬浮固体物降为 46.3~89.5mg/L。

我国北京矿冶研究总院研制的新型混凝剂——SG 型田菁胶，可使选矿废水的悬浮物从 $1966 \times 10^{-4}\%$ 降为 $48 \times 10^{-4}\%$，混凝效果显著。

9.1.2　酸、碱废水的中和处理

在自然环境中，所有正常生活的动植物，都有一个适宜的 pH 值允许范围。任何有生命的生物体，其健康不仅取决于 pH 的绝对值，同样也取决于 pH 值的变化频率。例如，通常人眼分泌的泪液 pH 值为 7.4，但其变化小于 0.1 时就会刺激眼睛。各种建筑物和金属材料、构件等也都有一定的耐酸、碱腐蚀的范围。

我国对工业废水排放及各类水质 pH 值的要求，可参见国家的相关规定。

选矿厂排出的废水，其 pH 值往往超出国家规定的允许范围。特别是浮选厂废水的 pH 值，一般都在 9~12 之间。表 9-5 为我国部分选矿厂浮选废水的 pH 值。而大多数含硫化矿物的矿山，其采场排出的废水多呈酸性，表 9-6 为我国部分矿山酸性废水的 pH 值。

表 9-5　我国部分选矿厂浮选废水的 pH 值

编　号	1	2	3	4	5	6	7
pH 值	9.1	8.9~9.3	11.47~11.52	10.4	11.6	10	10

表 9-6　我国部分矿山酸性废水的 pH 值

编　号	1	2	3	4	5	6	7	8
pH 值	2.5~3	2.3~2.8	2~5.2	2~4.5	5	2.55	4~6	3.3

中和法处理酸、碱废水，其确切的含义应该是调节废水中氢离子（H^+）或氢氧根离子（OH^-），使两者保持平衡，即浓度相等。一般水溶液中氢离子（H^+）的浓度或活度用 pH 值表示，即：

$$pH = -lg[H^+] \text{ 或 } pH = -lga_H^+$$

式中　$[H^+]$——表示氢离子的浓度，mol/L；

$\qquad a_H^+$——表示氢离子的活度。

强酸的稀溶液可以认为是完全离解的，即水溶液中的酸性分子全部离子化，故有：

$$a_H^+ = [H^+]$$

若水溶液处于中性时，则氢离子 $[H^+]$ 和氢氧根离子 $[OH^-]$ 的浓度相等。在温度为 25℃时生成的离子浓度积（K_p）为：

$$(-lg[H^+]) \cdot (-lg[OH^-]) = -lgK_p$$

$$K_p = 1.008 \times 10^{-14}$$

因此，当水溶液处于中性时的 pH 值为：

$$pH = \frac{-lgK_p}{2} = 7$$

在工业生产和废水处理实践中，通常调整酸、碱溶液或废水 pH 值使其达到或接近中性，或者达到国家规定的排放标准。此类处理方法统称为中和法。

处理酸性废水常用的碱性中和剂是：石灰（CaO）、石灰石（$CaCO_3$）、白云石（$CaCO_3 \cdot MgCO_3$）、苛性钠（NaOH）、碳酸钠（Na_2CO_3）等。但是，若在工厂附近有碱性废水和碱性废渣，如化学软水站的白垩渣（主要含 $CaCO_3$），乙炔站的电石渣（主要含 Ca(OH)$_2$），热电厂的硼泥渣（含 Ca(OH)$_2$）等，应优先考虑利用这些废水和废渣来中和处理酸性废水。

处理碱性废水的酸性中和剂，可以使用各种无机酸，如 H_2SO_4，HCl，HNO_3。但是 HCl 和 HNO_3 的价格较贵，腐蚀性强，故一般常用 H_2SO_4。另外，也可以用 SO_2 和 CO_2 作中和剂，如能利用烟道气中的 SO_2 和 CO_2 作中和剂则更经济。若选矿厂附近有酸性矿山废水或废电解液可用作碱性废水的中和剂，应优先考虑采用以废治废的中和处理方案。

中和剂的用量，可以通过试验确定，也可按中和反应的化学计量关系进行计算。例如，碱性中和剂的用量（以 G_0 表示，单位为 kg/d），可以按下式进行计算：

$$G_0 = \frac{K}{P}（Qc_1a_1 + Qc_2a_2）$$

式中　K——过量系数；

　　　P——碱性中和剂的有效成分含量，%；

　　　Q——废水流量，m^3/d；

　　　c_1——废水含酸量，kg/m^3；

　　　a_1——中和 1kg 酸所消耗的碱量，kg；

　　　c_2——废水中需中和的酸性盐量，kg/m^3；

　　　a_2——中和 1kg 酸性盐类所需碱性药剂量，kg。

若用碱性药剂与废水中的酸按等当量的关系进行中和反应时，则 c_1 和 c_2 即为废水中酸（或盐）的浓度，其可由水质分析确定。当用石灰中和硫酸时，过量系数 K 值为 1.05 ~ 1.10（湿投）或为 1.4 ~ 1.5（干投）；若中和盐酸和硝酸时，过量系数 K 值取 1.05。碱性药剂的比耗量 a 即中和 1kg 酸或盐时所需要的碱性药剂千克数，可由等当量反应的化学计算关系求得。常用的碱性药剂比耗量见表 9-7，酸性中和剂的比耗量见表 9-8。

表 9-7　碱性药剂比耗量（理论）

碱类 酸类	CaO	Ca(OH)$_2$	CaCO$_3$	Na$_2$CO$_3$	NaOH	CaMg(CO$_3$)$_2$
H$_2$SO$_4$	0.57	0.755	1.02	1.08	0.816	0.94
H$_2$SO$_3$	0.68	0.9	1.22	1.292	0.975	1.122
HNO$_3$	0.445	0.59	0.795	0.84	0.635	0.732
HCl	0.77	1.01	1.37	1.45	1.1	1.29
CO$_2$	1.27	1.68	2.27	2.41	1.82	2.09
H$_3$PO$_4$	0.86	1.13	1.53	1.62	1.22	1.41
CH$_3$COOH	0.466	0.616	0.83	0.88	0.666	1.53
H$_3$SiF$_6$	0.38	0.51	0.69	0.73	0.556	0.63
FeSO$_4$	0.37	0.487	0.658	0.7	0.526	0.605
CuSO$_4$	0.376	0.463	0.626	0.664	0.551	0.576
FeCl$_3$	0.44	0.58	0.79	0.835	0.63	0.725

表 9-8　酸性中和剂的比耗量

碱类 酸类	H$_2$SO$_4$		HCl		HNO$_3$		CO$_2$	SO$_2$
	100%	98%	100%	36%	100%	65%		
NaOH	1.22	1.24	0.91	2.53	1.57	2.42	0.55	0.80
NaOH	0.88	0.90	0.65	1.80	1.13	1.74	0.39	0.57
Ca(OH)$_2$	1.32	1.35	0.99	2.74	1.70	2.62	0.59	0.86
NH$_3$	2.88	2.94	2.14	5.95	3.71	5.71	1.29	1.88

酸、碱废水的中和反应，可以分为以下三种类型。

（1）废水与液体中和剂（包括药剂、废水、废液）之间的中和反应，如：

$$2NaOH + H_2SO_4 \Longrightarrow Na_2SO_4 + 2H_2O$$

$$NaOH + HCl \Longrightarrow NaCl + H_2O$$

$$NaOH + HNO_3 \Longrightarrow NaNO_3 + H_2O$$

$$Ca(OH)_2 + H_2SO_4 \Longrightarrow CaSO_4 \downarrow + 2H_2O$$

（2）废水与固体中和剂（包括石灰、石灰石及各种废渣）之间的中和反应，如：

$$CaO + H_2SO_4 \Longrightarrow CaSO_4 \downarrow + H_2O$$

$$CaCO_3 + H_2SO_4 + H_2O \Longrightarrow CaSO_4 \cdot 2H_2O + CO_2$$

$$Ca(OH)_2 + H_2SO_4 \Longrightarrow CaSO_4 \downarrow + 2H_2O$$

$$Ca(OH)_2 + 2HCl \Longrightarrow CaCl_2 + 2H_2O$$

（3）废水与气体（包括压缩气体和各种烟道废气）之间的中和反应，如：

$$SO_2 + Ca(OH)_2 \Longrightarrow CaSO_3 \downarrow + H_2O$$

$$CO_2 + 2NaOH \Longrightarrow Na_2CO_3 + H_2O$$

$$CO_2 + Ca(OH)_2 \Longrightarrow CaCO_3 + H_2O$$

$$SO_3 + 2NaOH \Longrightarrow Na_2SO_4 + H_2O$$

$$H_2S + 2NH_4OH \Longrightarrow (NH_4)_2S + 2H_2O$$

在废水中和处理工艺中，采用中和药剂（包括酸、碱中和剂）进行处理的方法，称为药剂中和法；将废水通过滤料层（固体中和剂）而中和的方法，称为过滤中和法，还有一种用废水、废气和废渣相互中和的方法。

以废治废的中和方法，已在我国矿山和选矿厂废水处理中得到了成功的应用。例如，某矿山将采场排出的酸性废水与选矿厂的碱性废水按 1∶5 的比例混合后，用于浮选硫精矿，多余的酸性废水送尾矿库，与选矿厂的尾矿水进行中和处理，取得了较好的效果。原矿山酸性废水中，pH 值、CN^-、Zn^{2+} 的含量都超过排放标准，选矿厂的碱性废水除 pH 值外，S^{2-} 离子也超过排放标准，而中和处理后的尾矿库溢流水中，所有的指标都符合国家的排放标准（见表 9-9）。

表 9-9　选矿碱性水与采矿酸性水中和处理结果

项　目	pH 值	Cu^{2+}	Pb^+	Zn^{2+}	S^{2-}	悬浮固体
碱性水	11.4	0.07	痕量	—	2.57	
酸性水	4.4	9.05	0.172	7.13	0.097	449.8
尾矿库溢流水	7.4	0.08	0.035	0.085	0.26	7.4

注：表中单位除 pH 值以外均为 mg/L。

9.1.3　含氰废水的处理

选矿厂废水中毒性最大、危害最严重的是含氰化物的废水。氰化物是剧毒物质，对人的致死剂量：KCN 为 0.12g，NaCN 为 0.1g，HCN 仅为 0.05g。氰化物对鱼的致死浓度为 0.04~0.1mg/L，故国内外对含氰废水的处理都很重视。

我国某铜矿曾将含氰化物超过国家规定排放标准的选矿厂废水，未经处理而直接排放到附近的河水中，先后两次造成 8 头骡马和 27 头羊饮了河水死亡的氰化物中毒事件，该矿因此赔偿经济损失三万多元。某铅锌矿过去曾因用氰化钠作铅锌分选的抑制剂，致使选矿厂废水中含氰化物浓度大大超过排放标准，污染附近农田数千亩。

我国从 20 世纪 70 年代以来，在实现无氰或少氰浮选工艺改革方面已取得了显著的成效，含氰废水的排放量已大大减少。但是，我国黄金矿山采用氰化法的选矿厂，仍然产生着大量含氰选矿废水，而且废水中含氰浓度都大大超过国家规定的排放标准（见表 9－10）。某些国家对含氰废水规定的排放标准见表 9－11。

表 9－10　我国某些金矿选矿厂废水含氰浓度　　　　　　　　（％）

选矿厂编号	1	2	3	4	5	6	7
CN^- 含量	2000~2400	650~670	800~1000	1500~2000	520	510	30
CNS^- 含量	400~500	370~400	—	800	800		

表 9－11　几个国家对含氰废水规定的排放标准

国　名	中国	美国	英国	日本	苏联
排放标准/mg·L^{-1}	0.5	0.2~0.4	0.1~0.2	0.02~0.1	0.1

含氰废水的处理方法很多，按其性质和目的可以分为两大类。一类是将有毒的氰根或氰化物转化为无毒物质的净化法，如 SO_2－空气法、臭氧法、碱氯化法、电解法等。这类方法适合于处理低浓度含氰废水。另一类是以回收废水中氰化物为目的的回收法，如酸化挥发法、蒸馏法、离子交换法等。这类方法适合于处理高浓度的含氰废水。根据需要也可以将上述两类方法中的处理工艺组成联合流程，如果以酸化挥发法回收处理后的废水，其含氰浓度仍然超过排放标准，就可采用碱氯化法或其他方法处理后再排放。

SO_2－空气法是净化含氰废水的新工艺。此法是在 pH＝7~10 的条件下，用 SO_2、石灰、空气等作原料，用 $CuSO_4$ 作催化剂处理含氰废水，使大部分 CN^- 被氧化成为无毒的 CNO^- 而去除。当废水中存在铁氰络离子时，铁被还原成 Fe^{2+} 并生成 $Me_2Fe(CN)_6 \cdot xH_2O$ 的沉淀物，也可去除部分 CN^-。铜离子对氰离子和含氰络离子的氧化反应起催化作用，当铜离子使氰化物氧化时，自身被还原成亚铜离子，而 SO_2 和空气又把亚铜离子氧化成铜离子。

当 pH＝9~10 时，废水中的 Cu^{2+}、Zn^{2+}、Ni^{2+}、Ag^+、Au^+ 等金属离子，可生成氢氧化物的沉淀而析出。试验结果表明，用此法处理后的废水中，含氰化物的总量在 1mg/L 以下，游离氰化物含量低于 0.5mg/L，经常在 0.2mg/L 以下。

SO_2 的理论消耗量为每克氰根（CN^-）需要 2.46g SO_2。但生产中每克氰根所需 SO_2 的实际消耗值在 2.5~8g 的范围内波动。

此法的优点是净化效率高，不仅可以去除氰化物，而且可以去除废水中的铁、铜、镍、锌等重金属离子，反应速度快，处理成本低。

臭氧法净化含氰废水是较有效的除氰方法之一。臭氧（O_3）是一种强氧化剂，废水中的简单氰化物、复合氰化物、硫代氰酸盐等都能被它有效地氧化分解。该氧化分解的反应速度非常快，通常只需要 15~20min，故净化效率高。此外，臭氧法还有操作管理方便，自动化程度较高、臭氧可就地制取无需运输和贮存设施等优点。

试验证明，当臭氧发生器每小时制取臭氧 2.3kg，废水中含氰化物浓度为 450mg/L，

废水流速为 $3m^3/h$ 时，净化水中含氰化物的浓度可降低为 0.16mg/L。另外，废水中的铜离子浓度也从 11.5mg/L 降为 0.05mg/L，镍离子浓度则从 12.1mg/L 降为 0.06mg/L。但硫酸盐离子的浓度则相反，从原来的 62.6mg/L 提高到 189mg/L。

臭氧法的一个缺点是耗电量大，成本较高。例如用干燥好的空气通过臭氧发生器制取臭氧时，其电耗为 $13\sim29kW\cdot h/kg$，如果空气干燥得不好，则电耗更高，可达到 $43\sim57kW\cdot h/kg$。另一缺点是废水中的有价值组分不能回收利用。

目前臭氧发生器的生产能力还较小，故臭氧法处理含氰废水，还只适用于供电条件较好而废水流量不大的场合。为了深度净化废水，可以采用臭氧法与其他净化法联合处理的工艺，这样既可减少臭氧的用量，还可考虑综合回收废水中的有价值组分。

离子交换法处理含氰废水的净化效果好，废水中的有价值组分可以回收利用，并且离子交换剂还可以再生，净化水可以循环利用。如苏联 Знряовск 选矿厂用浓密机溢流做试验，将溢流进行碳吸附后用 AB – 17X10 阴离子交换剂处理。阴离子化以后的溶液中含铜 0.8mg/L，含锌为 2mg/L，含游离氰化物为 40mg/L，仍返回选矿厂使用，结果金的回收率达 100%，铜为 95%，锌 93%，氰化物为 83%。我国某金矿采用硫化钠、绿矾沉淀 – 离子交换工艺进行了处理含氰废水的试验，取得了较好的结果。试验中，含氰废水经硫化钠、绿矾沉淀后，废水中氰的去除率可达 98% 左右，然后采用国产强碱性阴离子树脂 201X7 进行固定床吸附，其后出水中含氰浓度降至 0.5mg/L 以下。

含氰废水的处理方法还有很多，如蒸馏法、电解法、液膜法、辐射法等，但大都还处于试验阶段。目前，国内外对于含氰废水的处理方法仍然以碱氯化法和酸化挥发法为主。

9.1.3.1 碱氯化法

氯化法净化含氰废水，就是用氯气或漂白粉等作氧化剂，将废水中的氰化物氧化分解为无毒的二氧化碳和氮气的净化方法。

根据采用的氧化剂不同，如漂白粉 $[CaCl_2\cdot Ca(OCl)_2\cdot H_2O]$、次氯酸钠（NaClO）、液体氯、氯气等，而有漂白粉氯化法、次氯酸盐氯化法、液氯法和氯化法之称，也可统称为氯化法。因为氯化法处理含氰废水必须在碱性介质中进行，故又有碱氯化法或碱式氯化法之称。

A 反应机理

次氯酸钠、漂白粉及氯气在水溶液中水解产生次氯酸（强氧化剂）：

$$NaClO + H_2O \Longleftrightarrow HClO + NaOH$$
$$Ca(OCl)_2 + 2H_2O \Longleftrightarrow 2HClO + Ca(OH)_2$$
$$Cl_2 + H_2O \Longleftrightarrow HClO + HCl$$

氯气和次氯酸都是强氧化剂，它们与废水中氰化物的氧化分解反应按以下两步进行。

第一步，将 CN^- 氧化为 CNO^-：

$$CN^- + ClO^- + H_2O \Longleftrightarrow CNCl + 2OH^-$$
$$CNCl + 2OH^- \xrightleftharpoons{pH\geqslant10} CNO^- + Cl^- + H_2O$$
$$CN^- + Cl_2 + 2OH^- \Longleftrightarrow CNO^- + 2Cl^- + H_2O$$

第二步，CNO^- 可以在不同 pH 值的条件下，进一步氧化降解或水解：

$$2CNO^- + 3ClO^- + H_2O \underset{pH=7.5\sim9}{\rightleftharpoons} N_2\uparrow + 3Cl^- + 2HCO_3^-$$

$$CNO^- + 2H^+ + H_2O \underset{pH<2.5}{\rightleftharpoons} NH_4^+ + CO_2\uparrow$$

或

$$2CNO^- + 3Cl_2 + 4OH^- \underset{pH<2.5}{\rightleftharpoons} 2CO_2\uparrow + 6Cl^- + N_2\uparrow + 2H_2O$$

上述第一步反应生成的 CNCl 有剧毒,在碱性条件下可转变为毒性极微的 CNO⁻。而在酸性条件下 CNCl 是稳定的,且易挥发致毒。故若用氯气作氧化剂时,为了维持废水的 pH ≥10 就要不断地向废水中投加碱性药剂。若用次氯酸盐作氧化剂,由于水解反应生成碱性产物,故只需在反应开始时调整好 pH 值,以后便可不再加碱性药剂。

从上述第二步水解反应可以看出:在酸性条件下(即 pH < 2.5),水解产物有 NH₄⁺,其在水中仍然是污染物。而且将废水的 pH 值从第一步反应时的大于 10 降到小于 2.5,需要消耗大量的酸,经济上是不合算的(废酸液例外)。因此,第二步反应一般是加过量的氧化剂,使 CNO⁻ 氧化降解的反应进行到底,称为完全氧化。而第一步的氧化反应则称为局部氧化。

B　工艺流程

碱氯化法净化处理含氰废水的工艺流程如图 9 - 1 所示。

上述工艺流程的虚线表示当净化水中的残氰浓度超过排放标准时,就应该返回沉淀池再进行氧化降解反应,直到净化水完全符合排放标准时为止。

在 1 号反应池中应先加碱,使 pH 值达到 10 以上,然后加氧化剂——氯气或次氯酸盐。在 2 号反应池中应先加酸,使 pH 值调整到 7.5～9 时,再继续加氧化剂进行第二步完全氧化反应,当废水的含氰浓度降到排放标准以后,再将废水放入 pH 值调节池控制 pH 值,并使其他杂质水解沉淀,然后进行固液分离。

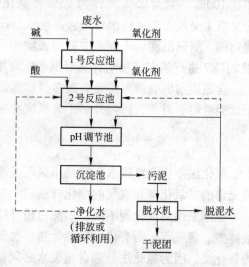

图 9 - 1　碱氯化法净化含氰废水
的原则流程图

C　影响因素

(1) pH 值的影响。用碱氯化法净化含氰废水,严格控制 pH 值是实现氰化物氧化降解反应的关键因素。因为在第一步氧化反应时,必须保证 pH ≥10,否则 CNCl 将不生成 CNO⁻,而是以剧毒的气体态逸出。在进行第二步氧化反应时,应将 pH 值控制在 7.5～9 的范围内。若 pH > 10 时,则 CNO⁻ 氧化分解的反应速度会大大降低,当 pH > 12 时,则反应会完全终止。

(2) 氧化剂用量的影响。氧化剂用量的多少要根据废水含氰化物的浓度及其他还原性污染物(如 H₂S、Fe²⁺、Mn²⁺ 等)的含量而定。一般用量为理论计算量的 2～3 倍,实际用量应通过试验确定。氧化剂的用量不够时,氰化物的氧化分解反应不能进行到底,而只能将氰转化为 CNO⁻。若氧化剂的用量过多,则增加了废水处理的成本,不仅增加氧化剂的消耗,而且净化后的水中余氯含量可能超过排放标准,则又必须增加余氯处理设施。为了既能保证完全氧化,又不致使净化后出水中余氯含量过高,一般要求净化后出水中氯离子的含量为 $3 \sim 5mg/L$,这样可以保证把净化水中 CN^- 的含量降到 $0.1mg/L$ 以下。

(3)温度的影响。氯气在水溶液中的溶解度随温度的升高而降低。在常温下氯在水中溶解生成次氯酸和盐酸。当温度升高的时候,由于次氯酸不稳定,所以可能发生歧化反应:

$$3HClO \xrightarrow{\triangle} 2HCl + HClO_3$$

故温度一般应控制在 $15 \sim 20℃$,最高不得超过 $50℃$。若用液氯作氧化剂,温度最低不得低于 $10℃$,因为温度太低时,液氯的汽化速度将大大地减慢,且氯与水会生成水化氯($Cl \cdot 8H_2O$),或称氯冰,其可能阻碍加氯设备的正常运行。

D 我国某黄金选矿厂碱氯化法净化含氰废水的实践

该选矿厂采用浮选 - 氰化浸出工艺流程,生产规模为 $650t/d$,氰化浸出矿量为 $20 \sim 25t/d$。每天排放含氰浓度为 $200mg/L$ 的尾矿池溢流废水 $80m^3$ 和含氰浓度为 $500mg/L$ 的贫液 $40m^3$。处理含氰废水所采用的液氯法净化流程如图 $9 - 2$ 所示。

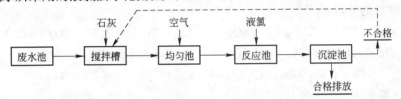

图 $9 - 2$ 某金矿含氰废水液氯法净化流程图

该选厂采用液氯净化贫液的效果见表 $9 - 12$。

表 9 - 12 净化前后废水中含氰的浓度 (mg/L)

编 号	1	2	3	4	5	6	7	8	9
废 水	510	515	505	520	530	525	525	530	515
净化水	0.30	0.22	0.28	0.27	0.21	0.40	0.20	0.38	0.34

从表 $9 - 12$ 可以看出,该厂采用液氯法净化的含氰废水,完全可以达到排放标准的要求。废水净化车间为间断生产,处理量为 $12.5m^3/h$,处理 $1m^3$ 的废水消耗 $6 \sim 8kg$ 的液氯,$25 \sim 29kg$ 石灰,耗电 $3 \sim 5kW \cdot h$,处理成本为 $3.2 \sim 3.5$ 元$/m^3$。

实践证明,碱氯化法处理含氰废水,具有工艺成熟、设备简单、操作容易、处理成本较低、除氰效果较好等优点;但同时也存在着不能充分利用资源(即不能综合回收)、处理铁氰络合物的效果较差、处理后废水中的余氯含量较高、药剂消耗较多等缺点。因此,碱氯化法只适于处理含氰化物浓度较低、组成又比较简单的含氰废水。

9.1.3.2 酸化挥发法

酸化挥发法是将含氰废水用 H_2SO_4 进行酸化,当 pH 值达到 $1.5 \sim 3$ 以后,鼓入空气,使 CN^- 转化为氰氢酸(HCN)挥发出来,再用碱液捕集而加以回收的方法。为使酸化挥发法处理后的废水中含氰浓度降低到 $4 \sim 6mg/L$,处理时间一般为 $1.5 \sim 2h$。若通入废水的空气不是压缩空气,而是通过真空吸入的,则处理时间可以缩短为 $15 \sim 20min$。

A　基本化学反应

废水中残碱的中和：

$$2NaOH + H_2SO_4 \rightleftharpoons Na_2SO_4 + 2H_2O$$

或

$$Ca(OH)_2 + H_2SO_4 \rightleftharpoons CaSO_4 + 2H_2O$$

简单氰化物的分解：

$$2NaCN + H_2SO_4 \rightleftharpoons Na_2SO_4 + 2HCN\uparrow$$

或

$$2KCN + H_2SO_4 \rightleftharpoons K_2SO_4 + 2HCN\uparrow$$

络合氰化物的分解：

$$Na_2Zn(CN)_4 + 2H_2SO_4 \rightleftharpoons ZnSO_4 + Na_2SO_4 + 4HCN\uparrow$$

$$2NaCu(CN)_2 + H_2SO_4 \rightleftharpoons Cu_2(CN)_2\downarrow + Na_2SO_4 + 2HCN\uparrow$$

硫代氰酸盐的分解：

$$2Na_3Cu(CNS)(CN)_3 + 3H_2SO_4 \rightleftharpoons Cu_2(CNS)_2\downarrow + 3Na_2SO_4 + 6HCN\uparrow$$

$$Na_2Ag(CNS)(CN)_2 + H_2SO_4 \rightleftharpoons AgCNS\downarrow + Na_2SO_4 + 2HCN\uparrow$$

$$Cu_2(CN)_2 + Na_2(CNS)_2 \rightleftharpoons Cu_2(CNS)_2\downarrow + 2NaCN$$

B　酸化挥发法的工艺流程

酸化挥发法的工艺流程如图 9-3 所示。酸化挥发法处理含氰废水最适宜的温度是接近或大于氰氢酸（HCN）的沸点（26.5℃）。因此，应根据季节的变化对废水进行温度调节，一般控制在 25~30℃。在此温度条件下，按一定的比例加入硫酸进行酸化混合，实现氰化物的分解，产生 HCN 气体。在发生塔内鼓入空气，使酸化后的溶液充分地暴露于空气中，并借助气流的作用使 HCN 气体随气流带入吸收塔。在吸收塔内用高浓度的 NaOH 溶液吸收 HCN 气体，生成 NaCN 回收利用。由于吸收塔内 NaOH 的浓度较高（>15%），而瞬时吸收反应生成的氰化钠浓度较低，故需要较长时间的多次循环吸收

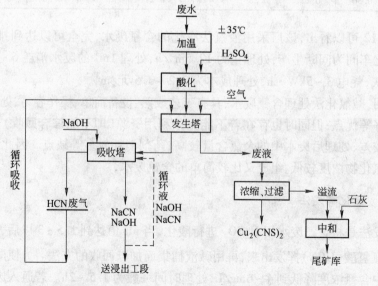

图 9-3　酸化挥发法处理含氰废水的工艺流程图

反应，才能提高 NaCN 的浓度，之后送浸出车间再利用。吸收塔排出的废气，因含有部分残余 HCN 气体，故再返回发生塔而形成闭路循环，这样既提高了氰化物的回收效率，又保证了车间空气中氰氢酸气体的含量不会超过国家规定的标准。

经酸化、吹脱后从发生塔排出的废水，含有 $Cu_2(CNS)_2$、$Cu_2(CN)_2$ 及少量的 AgCNS 等化合物的白色沉淀，可采用浓缩、过滤的方法回收。溢流和滤液经中和处理后排放到尾矿库。

C 我国某金矿选矿厂用酸化挥发法处理含氰废水的实践

该厂每天产生含氰废水约 200t，采用酸化挥发法处理。由于氰化浸出工序排出的废水（即贫液）组成比较复杂，故各种氰的络合物含量波动较大。例如，锌粉置换后的贫液中含游离氰只有 500mg/L，但全氰的含量有时高达 2000mg/L；废水中的硫氰根在 600 ~ 1000mg/L 的范围内波动。由于酸化挥发法处理这种组成较复杂的高浓度含氰废水适应性较强，故氰化物的净化率可达到 95% 以上。该选矿厂处理含氰废水的技术指标见表 9 - 13。

表 9 - 13 某选矿厂酸化挥发法处理含氰废水指标

项目 编号	贫液组成			废液组成			理论回收率/%	实际回收率/%
	NaCN /mg·L^{-1}	Cu /mg·L^{-1}	CNS$^-$ /mg·L^{-1}	NaCN /mg·L^{-1}	Cu /mg·L^{-1}	H$_2$SO$_4$ /%		
1	1341.8	398.0	490.00	55.77	22	0.299	95.84	89.00
2	960.01	379.36	446.79	35.76	9.27	0.270	96.27	88.55
3	866.69	210.34	428.52	24.47	5.52	0.250	97.18	95.65
4	1294.43	385.32	597.52	48.67	3.61	0.245	96.24	96.11
平均	1083	333.45	497.48	38.74	7.38	0.258	96.42	93.40

由发生塔排出的废液经浓密机沉降，再对其溢流进行中和处理后排入尾矿库进行自然净化，可以除去废水中的部分残氰。

该厂历年累计平均处理 1m^3 的含氰贫液，需消耗 NaOH 0.89kg，H$_2$SO$_4$ 4.21kg，耗电 3kW·h。处理 1m^3 贫液的成本为 2.64 元，可盈利 1.41 元。如果按每年处理 35000m^3 的贫液计算，则每年可盈利近 5 万元。

生产实践表明，影响酸化挥发法中氰化物回收效率的主要因素是：pH 值、吹脱风量、喷淋强度、碱液浓度以及 CNS$^-$ 和 Cu$^+$ 的含量。

在加硫酸进行酸化时，若 pH 值太高则不能满足游离氰化物和络合氰化物分解反应的要求。但 pH 值太低则耗酸量增加，并使整个处理系统的生产成本升高。故一般将 pH 值控制在 2.5 左右（即废水中含酸为 0.2% ~ 0.3%）。

吹脱时风量的大小，应根据废水的性质、工艺设备的性能等因素由试验确定。若风量太小，HCN 气体不能被空气全部带走，则吹脱效果不好。如风量太大，又会阻碍废水在发生塔中下降的速度，增加填料上黏附沉淀物的可能性，进而导致对气流阻力的增加，同样会影响吹脱的效果。

喷淋强度的大小，决定着废水在塔内分散程度的高低。分散程度愈高，则净化效果愈好，氰化物的回收率也就愈高。但喷淋强度太大，则废水中氰的去除率和氰化钠的回收率都将下降。喷淋强度太小，又会影响处理能力。半工业试验结果表明，当喷淋强度为

$2.584 m^3/(m^2 \cdot h)$ 时，废水中残氰浓度可降到 13mg/L，氰化钠的回收率为 99.27%；当喷淋强度增加到 $6.369 m^3/(m^2 \cdot h)$ 时，废水中残氰浓度上升为 179mg/L，回收率则下降为 89.77%。

如果吸收塔内碱液的浓度太低，则吸收 HCN 气体的效果不好，而碱液浓度太高又造成药剂的浪费。因此，一般在开始时碱液浓度控制为 15% 左右，吸收终了时残碱的浓度控制为 1% ~ 1.5% 比较合适。

废水中 CNS^- 的含量应满足与 Cu^+ 生成 $Cu_2(CNS)_2$ 沉淀的要求，否则，将生成 $Cu_2(CN)_2$ 及部分铜氰络合物（$Cu_2(CN)^+$，$Cu(CN)_3^{2-}$）。$Cu_2(CN)_2$ 容易分解成剧毒的 CN^-，同时还会导致处理后的净化水中残氰浓度和含铜量都高。因此，废水在处理之前若测定 CNS^- 的含量低于 Cu^+ 的含量时，就应向废水中添加硫氰酸盐，以增加 CNS^- 的浓度，并使其含量略高于 Cu^+ 的含量。

生产实践证明，对于组成比较复杂并且含氰浓度高的选矿废水，采用酸化挥发法处理是比较适宜的。采用此法，设备运行可靠，操作简便，容易控制，劳动强度低，工作环境好，工艺流程合理，技术经济指标较好，废水中的氰化物、铜、金都可回收利用。该厂氰化物的实际回收率为 95%，占氰化钠总消耗量的 35% 以上。

但此法也存在缺点，就是处理后的废水中残氰浓度较高，一般都超过国家规定的排放标准。如夏季气温较高，废水中残氰浓度可降至 20mg/L 以下。冬季气温低，如不连续加温，瞬时处理的废水中残氰浓度可高达 100mg/L 以上。因此，采用酸化挥发法处理高浓度含氰废水时，必须与其他净化方法联合使用，才能使处理后的净化水中含氰浓度低于 0.5mg/L 的排放标准。

9.1.4　含重金属离子废水的处理

9.1.4.1　中和沉淀法

在湿法冶金中，为了从浸出溶液中提取较纯的金属产品而将溶液中各种杂质（或组分）去除的工艺过程称为净化。金属在水溶液中以氢氧化物析出的过程叫做水解。利用生成金属氢氧化物沉淀而去除（或回收）金属的方法称为水解净化。因此，对于含重金属离子的废水，采用氢氧化物沉淀析出而去除重金属离子污染物的方法，叫做水解净化法，亦称化学沉淀法或中和水解法，简称沉淀法，在选矿厂废水的处理中，也常称为中和沉淀法。

重金属离子容易从废水中以氢氧化物沉淀而去除，这是因为重金属氢氧化物的溶度积（K_{sp}）一般都很小，如表 9 - 14 所示。

表 9 - 14　某些重金属氢氧化物的溶度积

化学式	$Cu(OH)_2$	$Ni(OH)_2$	$Co(OH)_2$	$Pb(OH)_2$	$Zn(OH)_2$
K_{sp}	5.0×10^{-20}	2.0×10^{-15}	1.6×10^{-20}	1.2×10^{-10}	7.1×10^{-13}
化学式	$Sn(OH)_2$	$Hg(OH)_2$	$Cd(OH)_2$	$Cr(OH)_2$	$Cu(OH)_3$
K_{sp}	6.3×10^{-27}	4.8×10^{-20}	2.2×10^{-14}	2×10^{-15}	6.3×10^{-41}
化学式	$Fe(OH)_2$	$Fe(OH)_3$	$Mn(OH)_2$	$Ti(OH)_3$	
K_{sp}	1.0×10^{-15}	3.2×10^{-40}	1.1×10^{-12}	1×10^{-40}	

注：表中所指溶度积均为活度积，但应用时一般与溶度积不加以区别。

水解净化法处理含重金属离子的废水时，所生成的难溶氢氧化物沉淀几乎都是电解质。在废水处理体系中，沉淀与溶解这两个相反的化学反应达到平衡状态时，废水中重金属离子的浓度保持不变。重金属离子与羟基离子能否生成难溶的氢氧化物沉淀，取决于两种离子的浓度。即对一定浓度的重金属废水而言，溶液的 pH 值是生成重金属氢氧化物沉淀的最主要的条件。根据 $Me(OH)_n$ 的沉淀 – 水解平衡以及水的离子浓度积 $K_p = [H^+] \cdot [OH^-]$，可以计算出氢氧化物沉淀的 pH 值。$Me(OH)_n$ 沉淀的通式如下：

$$Me^{n+} + nOH^- \rightleftharpoons Me(OH)_n$$

反应平衡时，由溶度积的定义知

$$K_{sp} = a_{Me^{n+}} \cdot a_{OH^-}^n \qquad (9-1)$$

又

$$a_{OH^-} = \frac{K_p}{a_{H^+}} \qquad (9-2)$$

将式（9-2）代入式（9-1），消去 a_{OH^-} 项并对数，则有

$$pH = \frac{1}{n}\lg K_{sp} - \lg K_p - \frac{1}{n}\lg a_{Me^{n+}} \qquad (9-3)$$

式中　Me——金属；

　　　K_p——水的离子浓度积；

　　　K_{sp}——$Me(OH)_n$ 的溶度积。

式（9-3）表示在废水处理系统中与氢氧化物沉淀平衡共存的重金属离子浓度和废水 pH 值的关系，可以看出：

（1）重金属离子浓度 $[Me^{n+}]$ 相同时，溶度积 K_{sp} 愈小，则开始析出氢氧化物沉淀时的 pH 值愈低。

（2）同一种金属离子，浓度愈大，则开始析出氢氧化物沉淀时的 pH 值愈低。

在各种含重金属离子的废水中，各种共存离子体系十分复杂，影响氢氧化物沉淀的因素也很多。如某些重金属离子在水解时，可能因生成各种可溶性的羟基络合物而影响重金属氢氧化物的沉淀 – 溶解平衡。又如废水中存在 CN^-、NH_3 及 Cl^-、S^{2-} 等配位体时，它们能与重金属离子结合生成可溶性的络合物，从而会增大氢氧化物的溶解度，这对采用氢氧化物沉淀法去除废水中的重金属离子是不利的。这时，可以考虑通过预先处理的方法将它们先去除。因此，各厂对含重金属离子的废水采用氢氧化物沉淀法处理时，其最佳的 pH 值范围必须通过试验确定。某些金属氢氧化物沉淀析出的最佳 pH 值如表9-15 所示。

表 9-15　某些金属氢氧化物沉淀析出的 pH 值范围

金属离子	Cu^{2+}	Ni^{2+}	Pb^{2+}	Zn^{2+}	Sn^{2+}	Cd^{2+}
pH 值	>8	>9.5	9~9.5	9~10	5~8	>10.5
溶解 pH 值			>9.5	>10.5		
金属离子	Al^{3+}	Mn^{2+}	Fe^{2+}	Fe^{3+}	Cr^{2+}	
pH 值	5.5~8	10~14	1~12	6~12	8~9	
溶解 pH 值	>8.5		>12.5			

从表9-15 可以看出，由于各种金属氢氧化物沉淀的 pH 值范围不同，故处理各种含重金属离子废水时，就可以通过控制废水的 pH 值达到去除某种重金属离子的目的。在此应该指出，调节控制废水的 pH 值使废水中的某些重金属离子生成氢氧化物沉淀而去除的

水解净化法，与酸、碱废水的中和处理以使废水的 pH 值达到排放标准是有区别的，故不能统称为中和法。例如从表 9 - 15 可知，Pb、Zn、Ni、Cd 等金属氢氧化物沉淀的 pH 值都大于 9，向含有这些重金属离子的酸性废水投加碱性药剂，调节 pH 值使上述金属离子生成氢氧化物沉淀而去除的方法，就不应称为中和法。水解净化法处理含重金属离子的酸性废水，其工艺流程可以采用一步沉淀法（即一段法），也可以采用分步沉淀法（即二段法）。当废水中含重金属离子浓度不高，无回收价值时，可采用一步沉淀法，将沉淀渣弃去，处理后的水进行循环利用或达标后排放。若废水中含重金属离子浓度较高，有回收价值时，应采用分步沉淀法，以便从金属氢氧化物沉淀中回收有价值金属。

[**实例 1**]　我国某铜矿是一座大型铜硫矿，其采矿场排出的酸性废水 pH 值为 2.8 ~ 3.1。废水的平流量平均为 $103.2 \times 10^4 m^3/a$，废水中含 Cu、Cd、Zn、F 等元素且均超过国家规定的排放标准，可对矿山附近的农田、水系造成污染。该矿采用分步沉淀法净化处理的试验表明，该法不仅可以分别回收利用废水中的 Fe 和 Cu，而且处理后的水质完全符合工业废水排放标准。

该矿试验所用的废水成分为：Cu 101.4mg/L，Zn 13.5mg/L，Cd 0.5mg/L，F 12mg/L，Fe 100.9mg/L，SO_4^{2-} 1860mg/L，Al_2O_3 197.2mg/L，pH = 2.75。其处理工艺流程如图 9 - 4 所示。

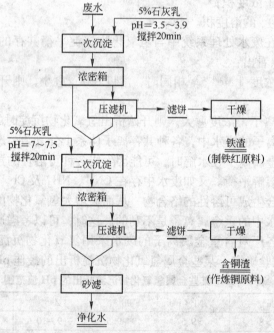

图 9 - 4　某铜矿酸性废水二段净化处理流程图

按上述工艺流程进行试验的技术经济指标如下：

一段沉铁：pH = 3.5 ~ 3.9，搅拌时间为 20min，澄清时间为 60min。

二段沉铜：pH = 7 ~ 7.5，搅拌时间为 20min，澄清时间为 60min。

铁渣品位（干）：含铁 > 35%，铁的回收率为 70%。

铜渣品位（干）：含铜 > 6%，铜的回收率为 85%。

石灰消耗（按有效 CaO 计）：一段沉铁为 0.685g/t；二段沉铜为 1.3g/t；合计为

1.985g/t。

目前，国内外都广泛采用石灰作为水解净化处理含重金属的酸性废水的 pH 值调节剂。因为用石灰作调节剂经济、操作简便，来源也广泛。但其缺点是生成的 $CaSO_4$ 容易结垢而堵塞管道，沉淀渣体积庞大，脱水较困难。重金属氢氧化物沉淀多呈胶体状态，含水率高达 95%~98%，给固液分离造成较大的困难。从上述指标可以看出，铁、铜沉淀渣的澄清时间都需要 60min。为了改善氢氧化物沉淀渣的沉降性能，加速固液分离，我国某铅锌矿在用石灰水解净化含重金属的酸性废水时，添加了 S-3 号絮凝剂，使沉淀渣的沉降性能有了明显的改善（见实例2）。

[**实例2**]　我国某铅锌矿的酸性废水，在枯水期时废水含 Zn 625mg/L，Pb 4.13mg/L，Cd 27.5mg/L，pH 值为3.4。该矿含重金属废水的处理工艺流程如图 9-5 所示。

试验条件如下：

水解净化反应时间：20min；

搅拌速度：500r/min；

pH 值：10~11.5；

石灰（含活性 CaO）：69%；

粒度：0.15mm；

温度：室温；

絮凝剂：工业品级，非离子型 S-3 号絮凝剂；

混合反应时间：7min；

搅拌速度：250r/min；

沉降速度：1.97m/s；

砂滤池滤速：6m/s；

净化水的 pH 值：6~9。

该矿添加 S-3 号絮凝剂前后的沉淀渣性能情况见表 9-16，废水处理结果见表 9-17。

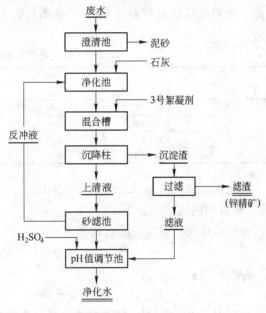

图 9-5　某铅锌矿酸性废水处理工艺流程图

表 9-16　S-3 号絮凝剂对沉降渣性能的影响

添　加　剂	石灰乳	石灰乳+S-3 号絮凝剂	石灰粉	石灰粉+S-3 号絮凝剂
沉降速度/m·s^{-1}	2.44	0.53	0.59	0.80
沉渣体积/mL·L^{-1}	235	170	190	140
沉渣容重/g·cm^{-2}	1.005	1.005	1.007	1.010
含水率/%	99.4	99.2	99.2	99.0

表 9-17　某矿酸性废水处理结果

项　目	pH 值	Zn	Cd	Pb	Cu
废水	3.4	640	27.50	4.00	0.62
净化①	6~9	0.16	0.04	0.10	0.025
净化②	6~9	0.18	0.02	0.15	0.012

注：表中单位除 pH 值以外均为 mg/L。

①用石灰乳作净化剂；②用石灰粉作净化剂。

从表9-16可以看出：就沉淀渣的性能来看，用石灰粉作 pH 值的调节剂比用石灰乳作调节剂好。当加入 S-3 号絮凝剂后，沉渣的体积减小，含水率降低，沉降速度增大，容重也有所增加，这都有利于固液分离。

表9-17 中的数据说明：采用石灰乳或石灰粉作净化剂，去除废水中 Zn、Cd、Pb、Cu 的效果基本相同，且都可达到国家排放标准。

9.1.4.2　硫化物沉淀法

大多数金属的硫化物都是难溶于水的，故可用硫化物沉淀法将重金属离子从废水中去除。硫化物沉淀法是仅次于水解净化法处理含重金属离子废水的重要方法。尽管重金属硫化物的溶度积都很小，但是，各种重金属硫化物溶度积之间数值相差较大（见表9-18）。因此，我们可以通过控制不同的沉淀条件，来实现金属与废水的分离或者回收有价值组分。

表9-18　某些金属硫化物的溶度积

化学式	K_{sp}	化学式	K_{sp}	化学式	K_{sp}
Ag_2S	1.6×10^{-49}	Cu_2S	2.0×10^{-47}	MnS	1.4×10^{-15}
Bi_2S_3	1.0×10^{-97}	CuS	8.5×10^{-45}	NiS	1.4×10^{-24}
CdS	3.6×10^{-29}	FeS	3.7×10^{-19}	PbS	3.4×10^{-28}
CoS	4.0×10^{-21}	Hg_2S	1.0×10^{-45}	SnS	1.0×10^{-25}
Al_2S_3	2.0×10^{-7}	HgS	4.0×10^{-53}	ZnS	1.6×10^{-24}

硫化物沉淀法可用 Na_2S、H_2S、$NaHS$、$(NH_4)_2S$、MnS、FeS 等作沉淀剂（或称硫化剂）。但常用的沉淀剂为 Na_2S 和 H_2S。

金属硫化物溶解反应的通式为：

$$Me_2S_n \Longleftrightarrow 2Me^{n+} + nS^{2-}$$

溶度积为：

$$K_{sp} = [Mn^{n+}]^2 \cdot [S^{2-}]^n \qquad (9-4)$$

若用 H_2S 作沉淀剂，其在溶液中是分步离解的，在298K 时，其离解平衡常数为：

$$H_2S \Longleftrightarrow H^+ + HS^- \qquad K_1 = 1.32 \times 10^{-7}$$
$$HS^- \Longleftrightarrow H^+ + S^{2-} \qquad K_2 = 7.10 \times 10^{-15} \qquad (9-5)$$

其总反应为：

$$H_2S \Longleftrightarrow 2H^+ + S^{2-}$$

$$K = K_1 \cdot K_2 = \frac{[H^+]^2 \cdot [S^{2-}]}{[H_2S]} \qquad (9-6)$$

在饱和的 H_2S 溶液中，H_2S 的平衡浓度为 0.1mol/L。因此

$$[H^+]^2 \cdot [S^{2-}] = K_{[H_2S]} = 0.1 \times 9.23 \times 10^{-21} \approx 10^{-22} \qquad (9-7)$$

在同一废水中，$[S^{2-}]$ 是一确定值，故金属硫化物的溶解度就受 H_2S 离解的制约，对式（9-4）与式（9-7）取对数并消去 $[S^{2-}]$ 项，则硫化物沉淀的平衡 pH 值为：

$$pH = 11 + \frac{1}{2n} \lg K_{sp} - \frac{1}{n} \lg [Me^{n+}] \qquad (9-8)$$

对于一价的金属离子，$n=1$，其沉淀物为 Me_2S，式（9-8）变为：

$$pH = 11 + \frac{1}{2}\lg K_{sp} - \lg[Me^+] \qquad (9-9)$$

当 $n = 2$ 及 $n = 3$ 时，则分别有

$$pH = 11 + \frac{1}{4}\lg K_{sp} - \frac{1}{2}\lg[Me^{2+}]$$

$$pH = 11 + \frac{1}{6}\lg K_{sp} - \frac{1}{3}\lg[Me^{3+}] \qquad (9-10)$$

从以上关系式可以看出：金属硫化物沉淀形成的平衡 pH 值，不仅与硫化物溶度积的大小有关，还与溶液中金属离子的浓度及价态有关。

硫化物沉淀法与中和水解法相比较，具有沉淀剂用量少、金属的去除率高、沉淀渣量较少、渣含金属品位高而有利于金属回收利用等许多优点。特别是中和水解法较难去除的重金属离子 Hg、As、Pb，也可以用硫化物沉淀法去除。但是，硫化物沉淀法所用的沉淀剂如 Na_2S 和 H_2S 等价格都比石灰或石灰石贵，故处理成本比中和水解法高，同时在废水处理时还可能产生对人体有害的 H_2S 气体。另外，处理以后的净化水中若含离子 S^{2-} 高时，会增大化学需氧量（COD）而造成二次污染。因此，硫化物沉淀法处理含重金属离子的废水，在实际应用上受到一定的限制。

我国某矿山排放的酸性废水量为 $130m^3/d$，pH = 2.6，含 Cu^{2+} 为 50mg/L，Fe^{2+} 为 340mg/L，Fe^{3+} 为 380mg/L，采用石灰石→硫化钠→石灰处理工艺流程（见图 9-6）。该工艺用石灰石作 pH 值的调节剂，硫化钠作沉淀剂，石灰作中和剂。按此流程处理废水，沉淀渣含硫化铜的品位为 50%，铜的回收率达 85%，既回收了废水中的金属铜，又使净化水达到了排放标准。

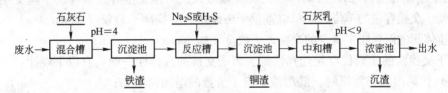

图 9-6 某矿山硫化沉淀法净化废水工艺流程图

我国某铜矿利用选矿厂铜钼精矿分选时产生的含 S^{2-} 离子的废水作硫化剂，处理该矿采矿场排出的酸性废水。其工艺流程是：石灰中和沉淀除铁→S^{2-} 沉淀除铜→石灰调节 pH 值。此工艺流程的特点是以废治废，具有一定的优越性。

9.1.4.3 离子交换法

离子交换法处理含重金属离子的废水，在我国已经得到了较广泛的应用。例如，某些木材厂、皮革厂以及电镀厂的含铬废水，某些化工厂的含汞废水，某些染料厂和机械厂的含锡废水等，都是采用离子交换法处理的。但是，在矿山及选矿废水处理中，目前还只有个别铜矿采用离子交换法对井下及选冶厂的含铀废水进行工业规模的生产处理。

离子交换是水溶液中某些阴离子或阳离子在通过离子交换层时被其他离子取代的工艺。也可说离子交换是"液体和固体间离子的可逆交换，但不涉及固体结构中原子团的变化"。

　　凡能交换阳（阴）离子的材料称为阳（阴）离子交换材料或交换剂。使用最广泛的离子交换剂是离子交换树脂。

　　离子交换法就是利用离子交换剂等当量地交换废水中离子态污染物的方法。

　　离子交换具有选择性和可逆性，并且容易掌握，具有多方面的分离效果，不但可以交换、去除水中的有害杂质，而且可以富集、回收废水中的有价值组分。因此，离子交换技术在工业用水和废水处理以及其他各种元素的分离提取领域中得到了广泛应用。从含铀矿石中提取铀的第一座离子交换工业装置是 1952 年在南非的 Wes Rand 联合矿业有限公司建立的。

　　离子交换法处理含铀废水的基础是：在稀硫酸或碳酸钠溶液中存在着铀的阴离子络合物，这种络合物在适宜的条件下，可用离子交换树脂从废水中选择性地吸附出来，然后用淋洗剂使交换反应逆向进行，所得到的纯化和浓缩的含铀溶液，再经过沉淀而得到铀的最终产品。

　　离子交换树脂的交换容量表示树脂所能吸附的交换离子数量，可用来衡量树脂交换能力的大小。一般常用全交换容量（或称总交换容量）、平衡交换容量（或称静力学交换容量）和工作交换容量（或称动力学交换容量）三种方法表示。全交换容量是指树脂内全部可交换的活性基团的数量，它仅取决于树脂的内部组成，而与外界溶液条件无关。平衡交换容量是指交换树脂与一定浓度的溶液进行交换达到平衡时，树脂所吸附的某种离子的数量，它不仅与树脂的活性基团有关，而且与交换条件也密切相关。工作交换容量是指树脂在进行交换的过程中，当出水中开始出现需要脱除的离子时，树脂所吸附的某种离子的数量，此容量亦称漏穿容量。当出水中需要脱除的离子浓度与原液中该离子的浓度相等时，则称为操作容量（即动力学平衡容量）。由此可知，全交换容量最大，工作交换容量最小，平衡交换容量在两者之间。交换容量的单位可用单位重量干树脂所含交换离子数量（如 mmol/g）表示，也可用单位体积的湿树脂中所含的交换离子数量（如 mmol/mol）表示。

　　离子交换法的主要优点是选择性好。离子交换的选择性一般具有以下规律：

　　（1）在稀溶液与常温时，随溶液中离子价数的增加而增加；

　　（2）在上述条件下，当价数相同时，随原子序数的增加而增加；

　　（3）对于 H^+ 和 OH^- 离子，取决于它们与固定离子所形成的酸或碱的强度，强度越大，则交换势越小，即选择性越小；

　　（4）金属在溶液中呈阴离子络合物时，选择性降低。

　　离子交换平衡的规律可用质量作用定律来解释。若以 R 表示固定在树脂上的离子基团，X 表示活动（流动）离子，当用阳离子交换树脂（以 R^-X^+ 表示）与溶液中的阳离子（以 Y^{n+} 表示）进行交换时，其离子交换反应为：

$$nR^-X^+ + Y^{n+} \rightleftharpoons R_n^-Y^{n+} + nX^+$$

　　若该溶液为稀溶液，各种离子的活度系数接近于 1，假定离子交换树脂中离子活度系数的比值为常数，则交换反应的平衡关系可用下式表示：

$$K = \frac{[X^+]^n [R_n^-Y^{n+}]}{[Y^{n+}][R^-X^+]^n}$$

　　上式右边各项都以离子浓度表示。由于在活度系数上作了前述假定，故 K 值不应看做是一个固定的常数，因而称为平衡系数。但在稀溶液条件下，其可近似地看做是常数。

根据 K 值的大小，可以判断离子交换树脂对溶液中某种离子选择性吸附的强弱，所以 K 值又称为离子交换平衡选择系数。当 K 值越大时，离子交换树脂的吸附量就越大，说明溶液中被交换的 Y^{n+} 离子的去除率也就越高。

我国某铜矿是个小型铜铀共生矿，采用选冶联合流程处理。该矿废水所含的放射性元素及铜、铅、锌、砷等都超过排放标准，曾对其附近的江水造成了严重污染。1971 年和 1979 年分别建成选冶废水及井下废水离子交换处理系统。前者采用固定床处理，后者采用移动床处理。树脂型号为 717 型（201X7）强碱性阴离子交换树脂。

采用离子交换工艺处理选冶废水，不仅处理后的出水质量达到排放标准，而且投产 14 年后实现回收铀 27.9t，价值 650 余万元，上缴利润达 360 万元。含铀废水处理前后的水质变化情况如表 9–19 所示。

表 9–19 含铀废水处理前后的水质变化情况

项目	铀 /mg·L^{-1}	镭 /Ci·L^{-1}	锌 /mg·L^{-1}	铜 /mg·L^{-1}	铅 /mg·L^{-1}	砷 /mg·L^{-1}	悬浮物 /mg·L^{-1}	pH 值
处理前	1~5	2×10^{-10}	2.2	37.50	2.22	1.5~5	1~7	10
处理后	≤0.05~0.1	1.2×10^{-12}	0.16	0.44	0.286	1~0.048	微量	6.5
国标	0.30	3×10^{-11}	5.00	1.00	1.00	0.05	500	6~9

注：$1Ci = 3.7 \times 10^{10} Bq$。

强碱性阴离子交换树脂可从稀硫酸溶液和碳酸盐溶液中吸附交换铀离子。在稀硫酸溶液中，铀主要以四价和二价硫酸盐络阴离子（即 $[UO_2(SO_4)_3]^{4-}$ 和 $[UO_2(SO_4)_2]^{2-}$）形态存在。在酸度较弱时，$[UO_2(SO_4)_3]^{4-}$ 所占的比例更大。在碳酸盐溶液中，四价的三碳酸铀酰络阴离子 $[UO_2(CO_3)_3]^{4-}$ 占优势。因此，吸附在离子交换树脂上的活动离子与溶液中铀离子之间的典型交换反应可用下式表示：

$$4RX + [UO_2(SO_4)_3]^{4-} = R_4UO_2(SO_4)_3 + 4X^-$$

$$4RX + [UO_2(CO_3)_3]^{4-} = R_4UO_2(CO_3)_3 + 4X^-$$

式中　R——固定官能团；

　　　X——活动离子。

该选冶厂离子交换处理含铀选冶废水的离子交换法处理工艺流程如图 9–7 所示。

9.1.4.4　萃取法

萃取通常是指溶于水相中的被萃取物（一般是无机物）与有机相接触后，通过物理或化学的过程，部分地或几乎全部地进入有机相以实现被萃取物的富集、分离的过程。我们把它称为溶剂萃取或液–液萃取。

下面介绍几个名词：

（1）分配系数　指金属元素 A 在有机相中的总量和水相中的总量的比值（亦称分配比或分配率），以 D 表示。即：

$$D = \frac{\sum [A]_{有}}{\sum [A]_{水}}$$

（2）萃取率　指金属元素 A 在有机相中的总量与原始溶液中总量的百分比，以 η_A 表

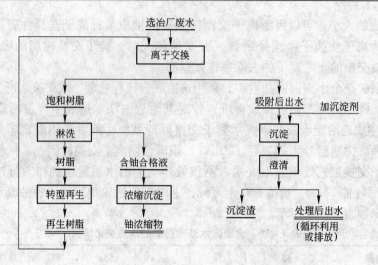

图9-7　选冶厂含铀废水离子交换法处理工艺流程图

示。则 η_A 与 D 有如下的关系：

$$\eta_A = \frac{\sum[A]_有}{\sum[A]_水 + \sum[A]_有} \times 100\%$$

$$= \frac{[A]_有 V_有}{[A]_水 V_水 + [A]_有 V_有} \times 100\% \qquad (9-11)$$

$$= \frac{D}{D + \dfrac{V_水}{V_有}} \times 100\%$$

式中　　$[A]_水$，$[A]_有$——分别表示金属元素 A 在水相和有机相中的浓度；

　　　　　$V_水$，$V_有$——分别表示水相和有机相的体积。

由式（9-11）可知，η_A 的大小取决于分配系数 D 和两相的体积比（$V_水/V_有$）这两个因素。因此，在生产实践中要提高萃取率，只有增大分配系数 D 值，降低两相体积比（$V_水/V_有$）值。当 $V_水 = V_有$ 时，有：

$$\eta_A = \frac{D}{D+1} \times 100\%$$

即当水相体积 $V_水$ 与有机相体积 $V_有$ 相等时，萃取率的大小完全取决于分配系数 D 值。

（3）分离系数　指两种金属元素 A 和 B 在同一萃取体系中分配系数的比值，以 α 表示。即：

$$\alpha = \frac{D_A}{D_B} = \frac{\dfrac{[A]_有}{[A]_水}}{\dfrac{[B]_有}{[B]_水}} = \frac{[A]_有 \cdot [B]_水}{[A]_水 \cdot [B]_有}$$

分离系数 α 表示两种金属元素 A 和 B 在溶剂萃取时的分离效率。一般地说，容易被萃取金属的分配系数与不容易被萃取金属的分配系数相差越大，则这两种金属的分离效率就越高，即越容易被萃取分离；反之，则难以分离。根据式（9-11）可以判断存在下述三种情况：

1）$\alpha = 1$，即 $D_A = D_B$ 时，表明两种金属不能用萃取的方法互相分离；

2）$\alpha > 1$，即 $D_A > D_B$ 时，表明这两种金属可以用萃取的方法互相分离，并且 α 值越大，其分离的效果就越好；

3）$\alpha < 1$，即 $D_A < D_B$ 时，表明这两种金属也可以萃取分离，并且 α 值越小，其萃取分离的效果也就越好。

实践证明，对于分离系数 α 大于 1 但小于 2 的两种金属，用萃取工艺进行分离的效果较差。若要萃取分离，就要增加许多萃取的级数，这样就应该考虑在经济上是否合理。

自从 1965 年美国 General Mill 公司研究从贫铜溶液中，用羟基肟作为铜的"液态离子交换剂"选择性萃取铜以后，其又相继生产了 Lix63，Lix64，Lix65，Lix64N，Lix70，Lix71 及 Lix73 等铜的萃取剂。Asland 化学公司合成了 Kelex 型萃取剂（阳离子液体交换剂），名为 Kelex100 及 Kelex120，它们是 8 - 羟基喹啉的衍生物，其性能较 Lix64 优良。

世界上第一个用溶剂萃取提取铜的生产厂，于 1963 年 4 月在美国亚利桑那州迈阿密市的 Blue bird 矿正式投产。萃取剂为 Lix64，铜的产量为 18200kg/d。

我国生产的 N510 萃取剂，其主要成分为 2 - 羟基 - 5 - 仲辛基二苯甲酮肟的芳香族羟肟类萃取剂，其性能类似于 Lix64。N510 的相对分子质量为 324，其结构式为：

N510 为浅棕色黏状液体，流动性差，必须稀释后才能使用。当用 200 号煤油作稀释剂时，溶解度可达 25%，但实际使用时浓度一般为 3% ~ 7%。N510 在 25℃，pH = 4 的水溶液中，溶解度为 $(1.3 \sim 2.2) \times 10^{-4}$%。用 $(NH_4)_2SO_4$ 反萃取时，溶解度为 $(3.2 \sim 4.7) \times 10^{-4}$%。

N510 对金属萃取的选择性较好，在适宜的条件下，只有 Cu、Ag 被萃取，而其他金属如 Ni、Co、Zn、Fe、Mo、W、V 等均不被萃取。金属铜离子被萃取时，其 Cu^{2+} 与 N510 的羟基进行置换反应，形成可被萃取的中性金属螯合物。并析出 H^+，其反应可用下式表示：

N510 萃取剂的萃取效率与下列因素有关：

（1）溶液的酸度。酸度越高则上述反应越向左进行，对萃取越不利。故萃取时需要注意调整溶液的 pH 值，萃取铜时 pH 值应在 2 以上。

（2）金属铜离子的浓度。浓度越高则反应生成的 H^+ 就越多，因 N510 的萃取容量偏低，故只适于处理含铜量低的废水。

（3）反萃取铜溶液的酸度。当反萃取溶液的酸度增加时，有利于有机相的再生。

由于 N510 萃取剂的萃取容量不高，只适于处理含铜浓度不高的酸性废水，当对象为含铜和含酸浓度较高的废水时，可采用国产 N530 萃取剂处理。N530 的主要成分为 2 - 羟基 - 5 - 仲辛氧基二苯甲酮肟的芳香族羟肟类萃取剂。其结构式如下：

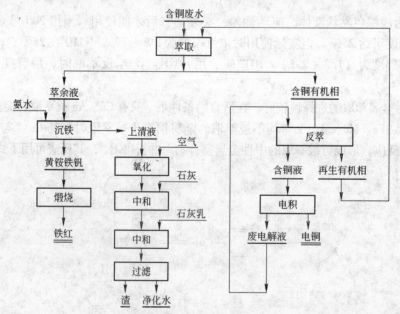

我国某铜矿平均每日排出的含铜酸性废水达 $150 \sim 200 m^3$。据测定，每天流失的金属铜达 500kg，铁达 1000kg。采用萃取 - 电积工艺处理的试验结果表明，该工艺铜的回收率可达 90%。该试验用的萃取剂为 N510，萃取后的负载有机相用稀硫酸（废电解液）溶液进行反萃取，得到富含铜的溶液，再通过不溶阳极电积生产出金属铜。而萃余液则采用黄铵铁矾（$(NH_4)Fe_3(SO_4)_2(OH)_6$）沉淀 - 煅烧工艺生产铁红以回收铁，铁的回收率可达 90% 以上。铁红是重要的化工原料及生产各种磁性材料的原料。除铁后的废水用石灰中和水解，其 pH 值为 $3 \sim 4$，再用石灰乳中和，使 pH 值达到 $7 \sim 8$，以符合废水排放标准。中和沉淀渣可作为生产水泥的原料。萃取剂可再生重复使用。该矿废水处理的工艺流程如图 9 - 8 所示。

图 9 - 8　某铜矿含铜酸性废水萃取处理工艺流程图

按上述工艺流程，用萃取 - 电积法提取铜的半工业试验条件及结果如下：

废水原液含铜 $0.9 \sim 3.5 g/L$，铁 $2.5 \sim 14 g/L$，pH $= 2$。有机相是 N510 用磺化煤油稀释的溶剂，浓度约为 10%（体积）。反萃剂是废电解液，含硫酸 $100 \sim 140 g/L$，铁 $5 \sim 15 g/L$，

铜 $25 \sim 35g/L$。

萃取条件：四级萃取，相比 $A/O = （1 \sim 1.5）/1$（水相流量 $20 \sim 21L/min$；有机相流量 $14 \sim 20L/min$），三级反萃，相比 $O/A = （2 \sim 2.5）/1$（有机相流量与萃取相同，反萃剂流量 $7 \sim 8L/min$）；混合室停留时间，萃取为 $7min$，反萃取为 $10min$；最终澄清室的比流量是，萃取时有机相为 $22.2L/(m^2 \cdot min)$，水相为 $9.26L/(m^2 \cdot min)$，反萃时有机相为 $7.94L/(m^2 \cdot min)$，水相为 $3.70L/(m^2 \cdot min)$；叶轮搅拌速度为 $450 \sim 600r/min$。

按处理 $1000m^3$ 含 $1.5g/L$ 的原液计算的消耗量：萃取剂 N510 为 $9.25kg$，磺化煤油为 $292kg$，硫酸（98%）为 $4000kg$，动力电耗为 $2084kW \cdot h$，电积电耗 $3300kW \cdot h$（$1000m^3$ 原液可产铜 $1.3t$，每吨铜耗电按 $2660kW \cdot h$ 计算）。

试验结果：铜的萃取率为 95%，电解阴极铜的品位为 99.96%，电流效率为 80% $\sim$ 84%。

另外，萃余液中含铁 $5 \sim 15g/L$，用蒸汽直接加热至 $80 \sim 90℃$，按 $\dfrac{w(NH_3)}{w(Fe)} = 0.5$ 左右的比例加入氨水，使 Fe^{3+} 生成黄铵铁矾沉淀，经 $3 \sim 5h$ 后，除铁率可达 84% $\sim$ 88%。若在加温前向萃余液中加入氧化剂（如 H_2O_2 等）或充空气搅拌，使 F^{2+} 氧化成 Fe^{3+}，并加入黄铵铁矾作晶种，不仅可缩短反应时间，而且可提高除铁效率至 90% 以上。将黄铵铁矾在 $800℃$ 温度下煅烧 $2h$ 即得化工原料氧化铁红。

回收铁以后的萃余液中，仍含有一定数量的铜、铁、锌、汞、镉、铍、砷等有害元素和硫酸（pH = 4.5）。采用石灰和石灰乳二次中和沉淀处理后，净化水可达到排放标准。处理 $1t$ 废水消耗氨水 $16kg$、石灰 $5kg$、石灰石 $20kg$。

9.1.5 选矿厂废水的其他处理方法

9.1.5.1 吸附法

在固相和气相或固相和液相组成的两相体系中，在相界面上出现的气相组分或液相中的溶质组分浓度升高（常称为浓缩）的现象，称为固体吸附。对溶质有吸附能力的固体称为吸附剂，而被固体吸附的物质称为吸附质。用固体吸附剂去除废水中污染物质的方法，称为废水处理的吸附法。

A 吸附剂

固体吸附剂的种类繁多，如活性炭、硅藻土、沸石、焦炭、木屑、炉渣、吸附树脂、腐植酸类吸附剂等。在废水处理中，应用最广的是活性炭。对含重金属离子的废水用腐植酸类吸附剂处理的研究，已有很大的发展。故仅对这两种吸附剂作一介绍。

活性炭属无定形碳，是由石墨层状结晶体无规则集结而成，其比表面积高达 $800 \sim 2000m^2/g$，故吸附能力很强。活性炭的吸附中心有两种：一种是物理吸附活性点，它没有极性，数量很多，是构成活性炭吸附能力的主体部分；另一种是化学吸附活性点，它对活性炭的吸附特性有一定的影响。活性炭有粉末状和颗粒状两种。粉末状的活性炭吸附能力强，制备容易、成本低，但是再生困难、不易重复使用。颗粒状的活性炭吸附能力比粉末状的低些，生产成本较高，但再生后可重复使用，并且使用时劳动条件较好，操作管理方便。因此，在废水处理中大多采用颗粒状的活性炭。

腐植酸是一组芳香结构的、性质与酸性物质相似的复杂混合物。腐植酸所含的活性基团有酚羟基、羧基、醇羟基、羰基、磺酸基等。它们决定了腐植酸的阳离子吸附性能。

腐植酸对阳离子的吸附，包括离子交换、螯合、表面吸附、凝聚等作用。当金属离子浓度低时，以螯合为主，当金属离子浓度高时，离子交换占主导地位。

用作吸附剂的腐植酸类的物质有两大类：一类是天然的富含腐植酸的风化煤、泥煤、褐煤等，它们可直接或者经简单处理后作吸附剂使用；另一类是把富含腐植酸的物质用适当的黏合剂制备成腐植酸类树脂，造粒成型后即可使用。腐植酸类物质在吸附重金属离子后容易解吸再生，重复使用。常用的解吸剂有 H_2SO_4、HCl、NaCl、$CaCl_2$ 等。

B　吸附工艺

吸附工艺可以分为静态间歇式和动态连续式两种。静态间歇式多用于试验研究或小规模的废水处理，而生产中一般采用动态连续式。

废水在流动状态下进行的吸附操作，叫做动态连续吸附，简称为动态吸附。处理废水的动态吸附有固定床、移动床和流态化床三种方式。

固定床吸附是废水处理工艺中最常用的一种方式。它将吸附剂固定填充在吸附柱（或塔）中，所以称固定床。当废水连续流过吸附剂层时，废水中的污染物质便不断地被吸附。若吸附剂数量足够时，出水中污染物（吸附质）的浓度可降低到接近于零。但随着吸附时间的延长，出水中污染物的浓度会逐渐增加，当达到某一规定的数值时，就必须停止吸附，对吸附剂进行再生处理。

根据废水流动的方向不同，固定床吸附又分为降流式和升流式两种。降流式固定床是废水由上而下穿过吸附剂层，用于处理含悬浮物较少的废水时，可以获得较好的效果。升流式固定床是废水由下而上穿过吸附剂层，可处理含悬浮物浓度稍高的废水，对预处理的要求较低，但滤速较小。

移动床吸附是在废水从吸附塔底部进入，处理后的净水由吸附塔的顶部排出时，一部分接近饱和的吸附剂定期从吸附塔的底部排出，送到再生塔进行再生，而等量的新鲜吸附剂同时由吸附塔顶加入，故称为移动床。它与固定床相比较，可以更充分地利用吸附剂的吸附能力，水头损失小，但塔内上下层吸附剂不能相混，故对操作管理的要求比较严格。

流态化床吸附是使吸附剂在塔内处于膨胀状态，并悬浮于由下而上的流动废水中，故亦称为膨胀床吸附。它的吸附效率高，适于处理悬浮物含量较高的废水。

C　活性炭的再生

吸附剂的再生就是用某种方法将吸附质从吸附剂的微孔中除去，而吸附剂的结构不发生变化或极少发生变化，从而恢复吸附剂的吸附能力，以供重复使用的处理过程。活性炭的再生主要有加热再生法、化学再生法和生物再生法等。

加热再生法是被广泛应用的活性炭再生方法。它是在高温下使吸附质从吸附剂的活性中心点脱离，同时，吸附的有机物在高温下氧化分解或以气态分子逸出，或断裂成短键而降低被吸附能力。加热再生过程包括脱水、干燥、碳化、活化和冷却五个步骤。其中干燥、碳化、活化都是在一个多段再生炉中完成的，温度从干燥段的 100 ~ 150℃分步加热到活化段的 700 ~ 1000℃。活化后的活性炭用水急剧冷却来防止氧化。

化学再生法是通过化学反应，使吸附质转化为易溶于某种溶剂的物质而解吸下来。例如，用活性炭处理含铬废水时，用硫酸浸泡吸附饱和的活性炭，可使吸附在活性炭上的六价铬还原转化成三价铬而溶解出来，也可用氢氧化钠使六价铬转化成 Na_2CrO_4 溶解下来。

生物再生法是利用微生物的作用，将被活性炭吸附的有机物氧化分解，从而使活性炭得到再生。

上述几种活性炭再生法中，加热再生法应用最广泛，但吸附质不能回收利用，且应注意气体净化，防止污染大气。化学再生法应用范围受到一定的限制，但可以回收某些吸附质。生物再生法的解吸率还不高，尚处于试验研究阶段。

D 吸附法处理废水的实例

[**实例1**] 某厂用活性炭处理含汞废水，该废水经硫化钠沉淀（同时加石灰调节 pH 值，加硫酸亚铁作混凝剂）处理后，废水中汞含量仍然高约 $1mg/L$，最高时达 $2 \sim 3mg/L$，故需采用活性炭吸附法作进一步处理。由于该厂废水流量较小（每天为 $10 \sim 20m^3$），因此采用静态间歇式吸附工艺，两个池子交替工作，每个池子容积为 $40m^3$，内装 $1m$ 厚的活性炭，用压缩空气（压力为 $29.4 \sim 39.2N/cm^2$）搅拌 $30min$，静置沉淀 $2h$，处理后的废水含汞量符合国家排放标准。

当采用次品活性炭时，其吸附能力（吸附容量）为正品的 90%，活性炭的用量为废水量的 5%，另外加三分之一的余量。活性炭的再生周期为一年，采用加热再生法。

[**实例2**] 某厂用活性炭吸附法处理含铬浓度为 $5 \sim 60mg/L$ 的废水，出水水质可达到国家规定的排放标准。其处理装置为升流式双柱串联固定床，柱径 $30cm$，高 $1.2m$，装活性炭 $85kg$，活性炭的饱和容量为 $13g/L$。处理废水流量为 $300L/h$，工作 pH 值为 $3 \sim 4$，水流速度为 $7 \sim 15m/h$，用浓度为 5% 的硫酸溶液对活性炭进行再生。再生时用两倍于活性炭体积的硫酸溶液，分两次浸泡吸附柱中的活性炭，并回收洗脱液，再生后的活性炭即可恢复吸附能力，重新投入使用。吸附结果是，除铬率为 99%，回收的铬酸可用于该厂的钝化工序。

[**实例3**] 某研究部门用腐植酸类吸附剂处理含 Cr^{6+} 为 $105.5mg/L$ 的红矾废液的小型试验，取得较好的效果。试验用红矾废渣浸取液 $20mL$，处理时间 $30min$，当用风化烟煤腐植酸吸附时，用量为 $0.6g$，净化率为 95.7%；用风化褐煤腐植酸 $0.2g$ 吸附处理时，净化率为 97%；用 $0.2g$ 草炭处理时，净化率达 99.6%；而用风化长焰煤 $1.5g$ 吸附处理 $60min$，净化率高达 100%。

9.1.5.2 铁氧体沉淀法

将废水中的各种金属离子转变成不溶性的铁氧体晶粒而从废水中分离去除的方法称为铁氧体沉淀法。

铁氧体是一种具有一定晶体结构的复合氧化物。它具有高的磁导率和高的电阻率（其电阻为铜的 $10^{13} \sim 10^{14}$ 倍），是一种重要的磁性介质。铁氧体的晶格类型很多，在工业废水处理中常用的是尖晶石型铁氧体，其化学组成一般可用通式 $BO \cdot A_2O_3$ 表示。该式中的 B 代表二价金属，如 Fe、Mg、Zn、Mn、Co、Ni、Ca、Co、Hg、Bi、Sn 等；A 代表三价金属，如 Fe、Mn、Al、Cr、V、As 等。许多铁氧体中的 A 或 B 不是由一种金属组成，而是一种以上金属组成的更为复杂的铁氧体，可用通式 $(B'_x B''_{1-x})O \cdot (A'_y A''_{1-y})_2 O_3$ 表示。

为了在废水中生成铁氧体，通常要向废水中投加硫酸亚铁或氯化亚铁，以保证废水中

有足够的 Fe^{2+} 和 Fe^{3+}。投加亚铁离子的作用是：补充 Fe^{2+}；通过氧化补充 Fe^{3+}；当废水中有 Cr^{6+} 时，Fe^{2+} 可将其还原为 Cr^{3+}（铁氧体组成元素之一），同时 Fe^{2+} 被氧化为 Fe^{3+}。

当 pH 值调整为 8～9 时，大多数难溶的金属氢氧化物可同时沉淀析出。当在常温和缺氧的条件下进行沉淀时，Zn^{2+}、Fe^{2+}、Fe^{3+}、Cr^{3+} 等的氢氧化物沉淀是以胶体状态存在的。因此，铁氧体沉淀法要向废水中通入空气并加温到 $60～80℃$，其作用是使部分 Fe^{2+} 转变为 Fe^{3+}，破坏氢氧化物胶体和脱水分解，使其转化为尖晶石结构的铁氧体。该过程的相关反应式如下：

$$Fe(OH)_3 \underset{\triangle}{\rightleftharpoons} FeOOH + H_2O$$

$$FeOOH + Fe(OH)_2 \rightleftharpoons FeOOH \cdot Fe(OH)_2$$

$$FeOOH \cdot Fe(OH)_2 + FeOOH \underset{\triangle}{\rightleftharpoons} FeO \cdot Fe_2O_3 + 2H_2O$$

废水中其他金属离子的反应大致与此相同：二价金属离子占据部分 Fe^{2+} 的位置，三价金属离子占据部分 Fe^{3+} 的位置。生成的尖晶石型铁氧体，可用沉降过滤、离心分离和磁力分选机分离，从而使废水得以净化。铁氧体可作铁淦氧磁体和耐蚀瓷器的原料。

铁氧体沉淀法是 20 世纪 70 年代中期发展起来的一种废水处理方法。它的优点是：能一次脱除废水中的多种金属离子，净化效果好；设备简单，操作方便；硫酸亚铁的投量范围大，对水质的适应性强，沉淀物（铁氧体）容易分离、回收利用或处置。它的缺点是：不能分别回收有价金属；需要消耗较多的硫酸亚铁和一定数量的 pH 值调整剂及热能；净化后水中硫酸盐的含量较高。

由于选矿厂的废水量大，且成分较复杂，因此通入空气充氧和加热在经济上不合算，故目前用铁氧体法处理选矿厂废水还受到一定的限制。

9.1.5.3　膜分离法

膜分离技术是近二十多年发展起来的一种新型的分离方法。它包括反渗透法、电渗析法、超滤法和液膜分离法。膜分离技术与蒸馏、结晶、萃取等分离方法相比较，具有高效、快速、节能、经济等优点，它与各种化学沉淀分离法相比较，又具有工艺设备简单、操作管理方便、不消耗大量药剂、不产生污染等优点。因此，膜分离法不仅在化工、冶金、食品、医药等领域发展迅速，而且在工业废水的净化处理方面，也得到了广泛的应用。

A　反渗透法

若将纯水和某种溶液用半透膜隔开，并在溶液的一侧施加大于渗透压的压力，则溶液中的水就会透过半透膜，流向纯水一侧，而溶液中的溶质便被截留在溶液一侧，这种作用称为反渗透。图 9－9 为其作用原理示意图。

反渗透法的作用机理，现在主要有两种理论。一种是溶解扩散理论，另一种是选择吸附和毛细流理论。前者把反渗透膜看做是一种均质无孔的固体溶

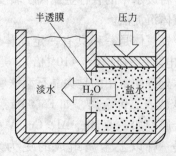

图 9－9　反渗透作用原理示意图

剂，各种化合物在膜中的溶解度各不相同，例如对于醋酸纤维素而言，有人认为是氢键结合，即溶液中的水分子能与醋酸纤维素膜上的羧基形成氢键而结合，在反渗透压力的作用下，水分子由一个氢键位置断裂而转移到另一个氢键位置，通过一连串氢键的形成和断裂转移而透过膜去。后一种理论则把反渗透膜看做是一种微细多孔结构的物质，它有选择吸附水分子而排斥溶质分子的化学特性，当水溶液与膜接触时，膜表面优先吸附水分子，在界面上形成水的分子层，在反渗透压作用下，界面水层在膜的孔内产生毛细流动，连续地透过膜层而流出，溶质被截留在溶液一侧。

上述机理目前均不够完善，有待进一步的研究和充实。反渗透膜的种类很多，目前应用较广的是醋酸纤维素膜和芳香族聚酰胺膜。醋酸纤维素膜（简称 CA 膜）是以醋酸纤维素为成膜材料，丙酮为溶剂，过氯酸镁（$Mg(ClO_4)_2$）或甲酰胺（$HCONH_2$）为添加剂（发乳剂或溶胀剂），按一定比例配制而成的。芳香族聚酰胺膜的主要成膜材料是芳香聚酰胺，它是以甲基乙酰胺为溶剂，硝酸锂或氯化锂为添加剂而制成的。这是一种非对称结构的膜。为了提高膜的选择功能和稳定性，寻求膜分离技术的高效、高选择性和扩大其应用范围，国内外对分离物质用的高分子膜的研究工作都很重视，许多新型的具有优良性能的合成高分子膜正在不断出现。

反渗透装置（或称组件）主要有管式、板框式、螺旋卷式和中空纤维式等几种形式。它们的主要性能比较如表 9 - 20 所示。

表 9 - 20 各种反渗透膜的性能比较

项 目 形 式	膜的装填密度 /$m^2 \cdot m^{-3}$	操作压力 /MPa	透水量 /$m^3 \cdot (m^2 \cdot d)^{-1}$	单位产水量 /$m^3 \cdot (m^3 \cdot d)^{-1}$	投资费用	流动控制	膜的清洗
板框式	493	5.5	1.02	500	高	较好	难
管 式	330	5.5	1.02	336	高	好	容易
螺旋卷式	660	5.5	1.02	673	很低	不好	难
中空纤维式	9200	2.75	0.075	690	低	不好	难

反渗透法净化酸性尾矿水是将废水过滤以后，用高压泵送入反渗透装置，净化的出水经调节 pH 值后可作循环水利用，浓缩水有一部分循环处理，另一部分用石灰中和沉淀。沉淀池的上清液与废水混合，进入处理系统，将污泥排走。废水中的 $CaSO_4$ 等容易沉淀堵塞反渗透膜，故反渗透装置的进水应控制废水与清水之比为 10:1。为防止边界层沉淀，水流应是湍流状态。操作压力为 4.2MPa，水的回收率 75%。处理结果如表 9 - 21 所示。

表 9 - 21 反渗透法处理酸性尾矿水的结果

项 目	pH 值	酸	Ca^{2+}	Mg^{2+}	Al^{3+}	Fe^{2+}	SO_4^{2-}	TDS
尾矿废水	2.7	644×10^{-6}	115×10^{-6}	38×10^{-6}	38.5×10^{-6}	150×10^{-6}	936×10^{-6}	1280×10^{-6}
混合废水	2.6	1090×10^{-6}	184×10^{-6}	66×10^{-6}	74×10^{-6}	277×10^{-6}	1890×10^{-6}	2491×10^{-6}
浓缩水	2.4	2330×10^{-6}	400×10^{-6}	146×10^{-6}	153×10^{-6}	568×10^{-6}	2810×10^{-6}	4075×10^{-6}
净化水	4.4	6.0×10^{-6}	2.4×10^{-6}	0.9×10^{-6}	3.1×10^{-6}	0	4.2×10^{-6}	10×10^{-6}
溶质去除率/%		99.8	99.3	99.2	97.3	100	99.8	

注：TDS 为总溶解固体量。

B 超滤法

超滤法与反渗透法相似，也是靠压力和膜完成物质分离的。但超滤作用的实质与反渗透不同，它是一种机械筛滤过程，膜表面孔隙的大小是主要的控制因素，此外，超滤的阻力主要来自膜孔的几何尺寸，而反渗透的阻力主要来自溶液的渗透压。超滤膜的孔径比反渗透膜大，最小的约为 2~3nm，大的可达 1μm 以上。超滤膜能够分离的物质相对分子质量较大，约为 500~500000 之间，而反渗透能分离十分之几纳米的无机离子和有机低分子。超滤膜截留的污染物粒子较大，约为 2~10000nm，而反渗透截留的较小，约为 0.4~600nm。超滤所施加的外压较低，一般为 6.86~68.6N/cm²，而反渗透需施加的压力较高，一般为 196~9800N/cm² 等。

C 电渗析法

电渗析法是利用阳膜和阴膜在电渗析器中交替排列，组成许多小水室（见图 9-10），由于阳膜只允许阳离子通过，阴膜只允许阴离子通过，当原水进入这些小室时，在直流电场的作用下，溶液中的离子就做定向迁移，结果这些小室的一部分变成含离子很少的淡水室，其出水称为淡水。而与淡水室相邻的另一部分小室则变成集聚大量离子的浓水室，其出水称为浓水。这样就使离子得到了分离和浓缩，水也就得到了净化。

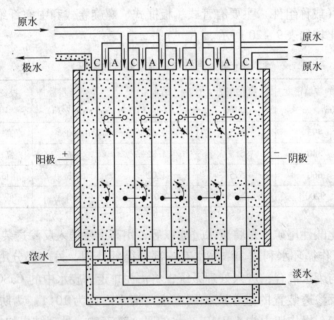

图 9-10 电渗析器工作原理

A—阴膜；C—阳膜；○—阳离子；●—阴离子

电渗析法所用的膜，因其主要制膜材料是离子交换树脂，故称为电渗析膜（或离子交换膜）。根据不同的用途，这种膜可以由离子交换树脂直接制得，但也可与黏合剂混合加工成型或者与黏合剂一起溶于溶剂中再加工成膜。

电渗析膜虽由离子交换树脂制成，但电渗析与离子交换是有显著区别的。例如，电渗析膜呈片状，而离子交换树脂为球状颗粒；电渗析膜的作用是对离子起选择透过和截阻作用，而离子交换树脂则是离子交换反应作用；电渗析膜不需要再生，工作时要消耗电能，而离子交换树脂工作后必须再生，但工作时不消耗电能。

电渗析膜的分类，可按膜体结构不同分为异相膜、均相膜和半均相膜；也可按活性基团分为阳离子交换膜（含酸性活性基团）、阴离子交换膜（含碱性活性基团）和特殊离子交换膜（复合膜）。几种常见的离子交换膜的性能如表 9-22 所示。

表 9-22　几种离子交换膜的性能

性　能	异相离子交换膜		半均相离子交换膜		聚乙烯均相离子交换膜	
	磺酸型	季铵型	磺酸型	季铵型	磺酸型	季铵型
含水率/%	40~50	40~50	38~40	32~35	30~40	25
交换容量/mmol·g^{-1}	2.5~3	2.5~3	2.5	2.4	1.6~2.5	1.6~2.7
面电阻/Ω·cm	5~6	5~6	5~6	8~10	2~3	5~6
选择透过率/%	>90	>90	>95	>95	>95	>95
厚度/μm	0.5	0.5	0.45	0.4	0.35	0.32
最大孔径/μm	1.5	1.5	0.8	0.8	1	1
爆破强度/kg·cm^{-2}	>5	>5	>5	>5		

电渗析法在废水处理方面的应用有：碱法造纸废液的处理，含重金属离子废水的分离和浓缩处理，含放射性元素废水的分离、浓缩处理以及酸洗、电镀废水的处理等。

D　液膜法

液膜就是悬浮在液体中很薄的一层乳液微粒，乳液通常是由溶剂（水或有机溶剂）、表面活性剂（乳化剂）和添加剂制成的。溶剂构成膜的基体，表面活性剂含有亲水基和疏水基，可以定向排列用以固定油水界面和稳定膜形。通常膜的内相试剂和膜的外相溶液与膜相均是不互溶的，而膜的内相（分散相）与膜的外相（连续相）是互溶的，将乳液分散在处理溶液（连续相）中就形成了液膜。液膜虽是一层很薄的液体膜，但它可以把两种不同组成的溶液隔开，并可以通过渗透作用迁移分离一种或一类物质，当被隔开的两种溶液是水相时，液膜应是油型的（油是泛指与水不相混溶的有机相），当被隔开的两种溶液是有机相时，则液膜应是水型的。油膜与水膜的结构是不相同的。以油膜为例，其乳状液型油膜的结构是一个呈球形的液珠（见图 9-11），它由有机溶剂、表面活性剂和流动载体三部分组成，构成一个与水互不相溶的混合相。

根据液膜促进迁移的分离机理，其促进迁移的途径有两种类型，即Ⅰ型促进迁移和Ⅱ型促进迁移（亦称活性迁移）。不含载体的液膜分离属于Ⅰ型促进迁移，而含载体的液膜分离属于Ⅱ型促进迁移。

无载体的液膜分离机理是：外水相中需要分离的物质，在外水相与膜相的界面处通过选择性渗透而进入膜相，在膜相内由于浓度差作用而扩散到膜相与内水相的界面处。在此处该物质与内水相中的试剂发生不可逆化学反应，其生成物被截留于内水相中。上述过程不断进行，就会使外水相中需要分离的物质，源源不断地迁移到内水相，从而达到分离或浓缩的目的。

有载体液膜分离的机理是：外水相中要分离的物质 A，在外水相与膜相界面处，与流动载体 R 产生选择性络合反应，生成络合物 AR，在浓度差作用下 AR 从膜相内扩散至膜相与内水相界面处，在此处 AR 与内水相中的试剂产生解络反应，A 与试剂 B 的生成物

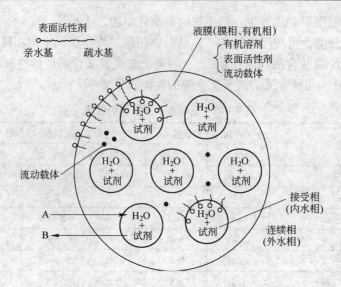

图 9 – 11 油膜结构与液膜分离体系示意图

A—废水中要分离去除的溶质；B—可与 A 和流动载体的络合物产生解络反应的试剂

AB 留存于内水相，载体 R 在浓度差作用下又扩散返回膜相与外水相界面，如此反复迁移而完成运载物质 A 的任务（如图 9 – 12 所示）。该过程不断进行的结果是外水相中要分离的物质不断地迁移到内水相，从而使其达到分离或浓缩的目的。由于载体在膜中起着运载、传递溶质的作用，故称为流动载体。因它运载的是溶质离子，故称它起了"离子泵"的作用。

　　流动载体有离子型（带电的）和非离子型（不带电的）两种类型。常用的离子型载体有念珠菌素（阳离子型载体）和胆烷酸（阴离子型载体）等，非离子型载体（中性载体）有王冠化合物——冠醚等。

　　液膜法是先进的新型膜分离技术。它不仅具有膜分离技术的某些基本特点，如能耗低、不加热、工艺简单等，而且具有固体膜所没有的许多优点，如具有更高的渗透性，不需要膜的孔隙结构，成膜工艺简单，灵活性大，不存在膜的支撑、清洗、维修、更换等问题，液膜可在使用过程中不断更新，使用过的液膜乳液易于再生，可全部返回使用，不

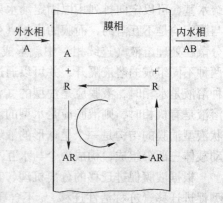

图 9 – 12 载体促进迁移机理

A—被迁移的物质；R—流动载体

存在膜的寿命问题等。液膜具有很高的浓缩效率，据计算，其可以使酚浓缩一万倍。

　　液膜法分离物质的工艺过程，类似溶剂萃取法。但溶剂萃取法是由萃取和反萃取两步组成的，而液膜法是一步完成的。与萃取法相比较，液膜法适用的浓度范围广，有机试剂消耗少，不需要考虑控制平衡等。

　　液膜分离技术作为提取元素的新工艺，可以浓缩钾、钠、铜、锌、铅、铁、钴、镍、铬、镉、汞、铀、稀土等阳离子以及氟、氯、溴、SO_4^{2-}、NO_3^-、PO_4^{3-}、HCl_2^- 等阴离子，故液膜法在化学分离、湿法冶金、海水淡化、医药卫生、分析化学等方面都开辟了新应用

领域。它在环境保护方面的用途也很广泛，为工业废水的处理，提供了一种既先进又经济的新技术。自1968年美国Exxon研究和工程公司黎念之（N. N. Li）博士发明具有实用价值的液膜后，液膜技术在国外已经进入生产实际应用阶段。我国的液膜技术研究工作大约从20世纪70年代中期开始，虽然在液膜载体和有效的液膜体系方面的研究，与国外相比较还有一定的差距，但膜分离技术，特别是液膜分离技术在我国选矿厂废水处理方面的研究已经得到应用。

9.2 选矿厂通风除尘

粉尘是指悬浮在空气中的固体微粒。习惯上对粉尘有许多名称，如灰尘、尘埃、烟尘、矿尘、沙尘、粉末等，这些名词没有明显的界限。国际标准化组织规定，粒径小于$75\mu m$的固体悬浮物定义为粉尘。在大气中粉尘的存在是地球保持温度的主要原因之一，大气中过多或过少的粉尘都将对环境产生灾难性的影响。但在生活和工作中，生产性粉尘是人类健康的天敌，是诱发多种疾病的主要原因。

9.2.1 选矿厂粉尘的来源

在选矿生产中，矿石的破碎、研磨、筛分和输送过程中都不可避免地要产生粉尘，若不加以控制，则会逸散到厂房内外大气环境中，污染大气。金属矿，特别是有色金属矿，其矿尘多为混合粉尘，游离二氧化硅的含量一般均超过10%，有的高达90%。尤其是一些金矿石，大部分产在石英脉中，游离二氧化硅含量一般都在60%以上。按国家排放标准的要求，在这种情况下通风除尘系统的排放浓度都不应超过$100mg/m^3$（游离二氧化硅含量小于10%的矿尘排放允许浓度为$150mg/m^3$）。

9.2.2 选矿厂粉尘的危害

粉尘有功也有过，其过之一是污染大气，危害人类的健康。飘逸在大气中的粉尘往往含有许多有毒成分，如铬、锰、镉、铅、汞、砷等。当人体吸入粉尘后，小于$5\mu m$的微粒，极易深入肺部，引起中毒性肺炎或硅肺，有时还会引起肺癌。沉积在肺部的污染物一旦被溶解，就会直接侵入血液，引起血液中毒，未被溶解的污染物，也可能被细胞所吸收，导致细胞结构的破坏。此外，粉尘还会影响产品质量、加速机械部件的磨损、污染建筑物，使有价值的古代建筑遭受腐蚀等，降落在植物叶面的粉尘还会阻碍光合作用，抑制其生长。

空气中粉尘的浓度及粉尘的分散度是衡量粉尘对人体危害的重要因素。根据卫生规范规定，含游离二氧化硅10%以上的生产性粉尘在车间内工作地带的最高允许浓度为$2mg/m^3$，含游离二氧化硅10%以下的生产性粉尘，最高允许浓度为$10mg/m^3$。另据有关资料介绍，肺泡沉积的大部分尘粒直径在$0.2\sim2\mu m$。因此，一般认为小于$5\mu m$的粉尘对人体危害最大。

粉尘其过之二是爆炸危害。相传早在风车水磨时代，就曾发生过一系列磨坊粮食粉尘爆炸事故。到了20世纪，随着工业的发展，粉尘爆炸事故更是屡见不鲜，爆炸粉尘的种类也越来越多。据统计，1913~1973年间美国仅工农业方面就发生过72次比较严重的粉尘爆炸事故。1919年俄亥俄州一家淀粉厂发生粉尘爆炸，厂房几乎全部被毁，有43人丧生。1977 年美国路易斯安那州一座现代化粮库发生爆炸，造成一半以上粮食筒仓被毁，连办公大楼也未幸免，36 人死亡，直接经济损失达 3000 万美元。英国和加拿大在化工和造纸等行业中也发生过多起粉尘爆炸事故，仅英国就 243 次，死伤 204 人。日本 1952 ～ 1975 年共发生重大粉尘爆炸事故 177 次，累计死亡 75 人，受伤 410 人。

1987 年 3 月 15 日，我国哈尔滨亚麻纺织厂发生的粉尘爆炸事故，死亡 56 人，伤 179 人，厂房设备遭到严重破坏。

9.2.3　选矿厂粉尘的治理

9.2.3.1　改进工艺

选矿厂粉尘的治理首先应从生产工艺着手，减少产尘点，减弱尘化强度，以便于采取密闭和抽风除尘。

9.2.3.2　湿法抑尘

湿法抑尘即是对处理的矿石充分加水淋湿使之不致扬尘。水是普通的媒介，通常可掺入增湿剂以减少粉尘与水之间的表面张力，改善水对粉尘的润湿性能，提高水对粉尘的捕获能力。湿法抑尘是一种简单、方便、经济、有效的除尘方法，在选矿工艺允许的情况下应首先考虑采用。物料加湿是防尘的一项很重要的措施，如果生产允许，应尽可能把矿石加湿。加湿物料的方法一般采用喷嘴加湿。武汉塑料十二厂生产的武安 4 型喷雾器比较好，并可按其性能进行选用。

喷雾器安置的部位，一般设在进破碎机前和破碎之后的皮带机上部，并应高于拦矿板。其数量视皮带宽度而不同，小于 800mm 宽的皮带设一个，1000 ～ 1400mm 宽的皮带设两个。此外，安装时还应注意喷嘴的喷雾方向。喷嘴应设在遮尘罩之后，以免水雾被吸入遮尘罩内。

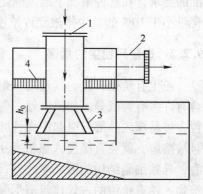

图 9 - 13　水浴除尘器
1—进气管；2—排气管；
3—喷头；4—挡水板

湿式除尘器的形式很多，常用于选矿厂除尘的是水浴除尘器（见图 9 - 13）。前几年某金矿在使用中对这种除尘器加以改进，取消了切线喷水嘴，加一个中心管，中心管上装上喷雾器，上部装一分雾板，这样既解决了风机带水问题，又提高了除尘效果。当抽风量较大时，还可采用专门设计的低压文丘里除尘器，这种除尘器的效率可达 95%，风量范围为 5000 ～ 50000m³/h，阻力损失在 1471.5Pa（150mmH₂O）以下。

湿式除尘器主要用在水源比较充足的矿山，而且除尘器的底流泥浆应能便于排放或集中处理。如果底流泥浆得不到处理，往往会使除尘器运行失效。

9.2.3.3　抽风除尘

选矿抽风除尘通常要组成一个完整的除尘系统，即将产尘设备用密闭罩罩起来，并从罩子（或相当于罩子的设备外壳）内吸走携尘气流，以使罩内呈均匀负压，避免粉尘外逸，或用敞口吸气罩产生吸捕气流，将暴露的尘化区控制在较小范围内，使携尘气流被吸捕抽走。抽风除尘系统主要由产尘设备吸气罩、抽风管道、除尘器、通风机、排气筒（或烟囱）、管道附件和卸尘装置等组成，除尘器是主要组成部分。选矿抽风系统常用的除尘器有重力沉降室、旋风除尘器、袋式除尘器和湿式除尘器等。

产尘点密闭是抑制粉尘扩散的一项十分必要的措施。有时虽设计有机械排尘系统，但由于密闭不严而达不到预期的效果，当然仅有密闭而不能使密闭罩内呈一定负压，也不能达到很好的效果。密闭分局部密闭、整体密闭和大容积密闭（或称室式密闭）。密闭罩应设置灵巧、严密，且要便于操作。罩内要有充分的容积，以缓冲气流的扰动所形成的正压。

密闭罩的排尘罩口断面风速不应过大，否则会将大量粉尘带入除尘系统而加重净化设备的负担。相关参数一般按下列数据选取：

筛落的极细粉尘，$v = 0.4 \sim 0.6 \text{m/s}$，即干、细物料为 $0.4 \sim 0.6 \text{m/s}$。

粉碎或磨碎的细粉，$v < 2 \text{m/s}$，即中、细碎物料为 $1 \sim 2 \text{m/s}$。

粗粒物料，$v < 3 \text{m/s}$，即 $2 \sim 3 \text{m/s}$。

另外，罩体收缩角应小于 60°，皮带机上的罩子位置应满足：从物料溜槽底部到排风罩中心距离等于 $1.5(B+b)$，其中 B 为皮带宽度，b 为排风罩沿胶带长度方向的边长。

滤袋除尘器，收尘效率较高，一般都在 95% ~ 99%，常用的有脉冲袋式除尘器（见图 9-14）。这种除尘器有机控和电控两种，按国标图生产的这类除尘器，其脉冲阀需用的压缩空气的压力为 $(5.88 \sim 6.86) \times 10^5 \text{Pa}$，虽然一般工厂的空气压缩机站都能达到这一要求，但是经管网送出后，其压力就难以保证。为解决这一现实问题，相关研究部门研制了低压脉冲袋式除尘器，其解决了压缩空气压力降低的问题，可在压力为 $(1.96 \sim 2.94) \times 10^5 \text{Pa}$ 时进行脉冲清灰。

图 9-14 FMC 型分室脉冲袋式除尘器

在现场应用中，还有一种小型扁袋除尘器，采用机械振打清灰。它可用在小矿仓上，直接放在皮带转运点上也是很灵便的。

此外，该类除尘器还有反吹风清灰的袋式除尘器、反吹风的袋式除尘器、回转反吹袋式除尘器等。

最后，干式除尘器收下的灰尘也应作恰当的处理，如就近排放到皮带上、矿仓内等。否则，应加设螺旋输送机或设置风力吸送系统以集中处理灰尘。

9.2.3.4 个体防护

个体防护是通过佩戴各种防护面具以减少吸入人体粉尘的最后一项措施。虽然各生产环节采取了一系列防尘措施，但仍会有少量微细矿尘悬浮于空气中，甚至个别地点不能达到卫生标准，因此个体防护是综合防尘措施中不可缺少的一项，也是防止矿尘对人体造成伤害的最后一道关卡。

　　个体防护的用具主要有防尘口罩、防尘风罩、防尘帽、防尘呼吸器等，其目的是使佩戴者能呼吸净化后的清洁空气而不致影响正常工作。

　　防尘口罩应满足的基本要求：

　　(1) 呼吸空气量。因劳动强度、劳动环境及身体条件不同，呼吸所需空气量也不同，具体可参考表 9 - 23。

表 9 - 23　运动状况与呼吸空气量

运动状况	呼吸空气量/L·min^{-1}	运动状况	呼吸空气量/L·min^{-1}
静　止	8 ~ 9	行　走	17
坐　着	10	快　走	25
站　立	12	跑　步	64

　　注：矿工的劳动比较紧张而繁重，一般在 20 ~ 30L/min 以上。

　　(2) 呼吸阻力。一般要求在没有粉尘、流量为 30L/min 条件下，吸气阻力应不大于 50Pa，呼气阻力应不大于 30Pa，阻力过大将引起呼吸肌疲劳。

　　(3) 阻尘率。矿用防尘口罩应达到 I 级标准，即对粒径小于 5μm 的粉尘，阻尘率应大于 99%。

　　(4) 有害空间。口罩面具与人面之间的空腔应不大于 180cm^3，大则会影响吸入新鲜空气量。

　　(5) 妨碍视野角度。妨碍视野角度应小于 10°，且主要是下视野。

　　(6) 气密性。在吸气时，应无漏气现象。

　　几种国产防尘口罩的型号及性能如表 9 - 24 所示。

表 9 - 24　国产防尘口罩的型号及性能

类　型	型　号	阻尘率 /%	阻力/Pa		妨碍视野角 / (°)	质量/g	空腔/cm^3
			吸气	呼气			
简　易	武安 303 型	97.2	13	—	5	33	195
	湘劳 I 型	95	8.8	—	5	24	—
	湘冶 I 型	97	11.76	—	4	20	120
	武安 6 型	98	9.12	8.43	8	42	140
复　式	武安 301 型	99	29.4	25.48	5	142	108
	武安 302 型	99	19.6	29.4	1	126	131
	武安 4 型	99	12.25	12	3	122	130
	上海 803 型	97	49	27.5	8	128	150
	上海 305 型	98	25.87	17.25	7	110	150
逆　风	AFK 型	99	—	—	—	900	—
防尘帽	AFM 型	95	—	—	—	1100	—

复习思考题

9-1 选矿厂含悬浮物的废水如何处理?

9-2 选矿厂含氰的废水如何处理?

9-3 选矿厂含重金属离子的废水如何处理?

9-4 选矿厂粉尘的危害有哪些?

9-5 如何治理选矿厂粉尘?

10 矿山环境保护

教学目的：通过本章的学习，了解矿山生产环境以及矿山环境灾害；掌握矿山环境现状；重点掌握矿山生产生态保护。

10.1 矿山生产环境

环境与发展是关系人类前途命运的重大问题。我国政府采取了一系列政策措施，以加强环境保护和生态建设，加大矿山环境保护与治理的力度。

新中国成立 60 多年来，我国的矿业发展很快，截至 2006 年底，我国非油气矿山已达 12.6370 万个，内资矿山企业 125776 个，港澳台商投资矿山企业 256 个，外商投资矿山企业 338 个。全年采掘业开采矿石总量（原矿量）58.33 亿吨。其中煤炭 19.62 亿吨，铁矿石 4.24 亿吨。年采掘矿石总量（原矿量）比上年度增加 5.85 亿吨，其中固体矿产增加 5.51 亿吨（煤矿产量增加 1.23 亿吨），地热、矿泉水、地下水增加 0.34 亿吨。1949 年，我国探明储量的矿产只有两种，矿山 300 座，矿产品极度匮乏，产量更是少得可怜，原油年产量只有 12 万吨。今天的中国，情况已发生了翻天覆地的变化。目前我国已发现矿产 171 种，其中探明储量的有 159 种、矿产地 2 万多处，铅锌、钨、锡、锑、稀土、菱镁矿、石膏、石墨、重晶石等储量居世界第一位。我国已探明矿产资源总量居世界前列，矿产资源开采总量居世界第二位，真正成为世界矿产资源大国之一。随着矿业的发展，国内已新建成 300 多座矿业城市。但是矿产资源的开发，特别是不合理地开发、利用，已对矿山及其周围环境造成污染并诱发了多种地质灾害，破坏了生态环境。越来越突出的环境问题不仅威胁到人民生命安全，而且也严重地制约了国民经济的发展。特别是乡镇集体矿山，环保工作差距较大，甚至有些个体采矿点的环保工作几乎是空白。

矿山开采是我国生产活动与经济增长的重要手段，目前我国 95% 以上的能源，80% 以上的工业原料，70% 以上的农业生产资料都来自于矿产资源。以前，我国矿产资源开采缺乏管理和规划，矿山环境缺乏治理，因而导致了较为严重的矿山生态环境问题。随着经济的发展和社会环保意识的增强以及社会可持续发展的需要，我国对矿山环境的治理已相当重视。

10.1.1 矿山环境灾害

我国的矿业活动主要指矿石采掘、选矿及冶炼三大生产活动。在现有固体矿床矿山科学技术发展水平条件下，我国目前主要采用露天、地下两种方法开采矿产资源。随着社会生产发展的需要和科学技术的进步，露天开采所占比重正在迅速增加。人类在开发利用矿产资源以满足自身需要的同时，也不同程度地破坏了原有的环境平衡系统，改变了周围的环境质量，因而产生出众多的环境问题。

矿业活动产生的环境问题和生态破坏的种类很多，常见的如表10-1所示。

表10-1 矿业活动产生的主要环境问题综合表

环境要素	矿业活动对矿山环境的作用形式	产生的主要环境问题
大气环境	废气排放、粉尘排放、废渣排放	大气污染、酸雨
地面环境	地下采空、地面及边坡开挖、地下水位降低、废水排放、废渣、尾矿排放	采空区地面沉陷（塌陷）、山体开裂、崩塌、滑坡、泥石流、水土流失、土地沙化、岩溶塌陷、侵占土地、土壤污染、矿震、尾矿库溃坝
水环境	地下水位降低、废水排放、废渣、尾矿排放	水均衡遭受破坏、海水入侵、水体污染

（1）采矿占用和破坏大量土地。矿山开发占用并破坏了大量土地，其中占用的土地指生产、生活设施占用及开发破坏影响的土地；破坏的土地指露天采矿场、排土场、尾矿场、塌陷区及其他矿山地质灾害破坏的土地。

（2）采矿诱发地质灾害。由于地下采空，地面及边坡开挖影响山体、斜坡稳定，因而会导致开裂、崩塌和滑坡等地质灾害。湖北远安盐池河磷矿，采矿形成6.4万立方米采空区，致使上覆山体逐渐发生变形、开裂。露天采矿场滑坡事件频繁发生，如辽宁抚顺西露天采坑深300m，曾发生滑坡60次。岩溶塌陷是岩溶充水矿床疏排地下水所引起的。塌陷不仅出现在煤炭矿山而且也出现在有色金属、黑色金属、化工及核工业矿山。从地理分布看，岩溶塌陷几乎遍布南方各省，尤以湘、粤、鄂、桂、赣诸省居多。

采空区塌陷对土地资源的破坏，在采矿中占有重要地位，其主要是由地下开采造成的。我国的矿山开采以地下开采为主，据1173家国有大中型矿山调查，地下开采的矿山占68.89%，塌陷区占地面积为84201.4公顷，占矿山开发破坏土地面积的39.57%。另外，采用水溶法开采岩盐所形成的地下溶腔，也可导致地面沉陷。这种沉陷在一些盐矿已有发生，如湖南湘澧盐矿、云南洱源县乔石盐矿和湖北应城盐矿水采基地。

（3）产生各种水环境问题。我国每年因采矿产生的废水、废液的排放总量约占全国工业废水排放总量的10%以上，但处理率仅为4.23%，大量未经处理的废水排入江河湖海，导致水体污染严重。其次，在地表水汇流过程中，也有大量地表径流通过裂缝漏入矿井，使地表径流系统明显变小。另外，由于河流变成了矿坑水的排泄通道，使得河道两侧浅层地下水也受到不同程度的污染。

由于矿井疏干排水，导致大面积区域性地下水位下降，破坏了矿区水均衡系统，产生大面积疏干漏斗、泉水干枯、河水断流、地表水入渗或经塌陷灌入地下，从而影响了矿山地区的生态环境，使原来用井泉或地表水作为工农业供水的厂矿、村庄和城镇发生水荒。

矿山附近地表水体也常因作为废水、废渣的排放场所而遭受污染。地下水的污染一般局限于矿山附近，为废水及废渣、尾矿堆经淋滤下渗或被污染的地表水下渗所致。

沿海地区的一些矿山疏干漏斗不断发展，当其边界达到海水面时，易引起海水入侵现象。如位于辽东半岛南端的金州石棉矿，近30年的开采，矿坑已达高程-400m水平，长期疏干排水引起海水入侵，随着开采深度的增加，海水混入率也不断升高。

（4）产生大量废气、废渣、废水。矿山大气污染物主要来自砰石、尾矿、自然粉尘、扬尘和一些易挥发气体。由于废气、粉尘及废渣的排放而引起大气污染和酸雨，并产生大量废水及汞、砷、镉等有害物质。我国每年工业固体废物排放量中，85%以上来自矿山开采。这不仅占用大量土地，而且对土壤和水资源造成了污染。我国矿业活动产生的各种废水主要包括矿坑水，选矿、冶炼废水及尾矿池水等。

1）矿业废气。废气、粉尘及废渣的排放引起大气污染和酸雨，其中以硫化工和煤炭业最严重。如煤炭采矿行业中工业废气排放量达3954.3亿立方米/年，其中有害物排放量为73.13万吨/年，多为烟尘、二氧化硫、氮氧化物和一氧化碳，矿山地区大气环境因此受到不同程度污染。通常炼1吨硫黄需排放1万立方米有害气体，其中含二氧化硫、硫化氢折1.8吨，并产生大量废水及汞、砷、镉等有害物质。如鄂、云、贵、川等省的土硫生产就是一种毁灭生态环境的生产方式，已造成严重的社会公害。此外，废渣、尾矿对大气的污染也相当严重。如河南一些有色金属矿山的生活福利区，空气中粉尘含量超标10倍至几十倍。

2）矿业废水。我国矿业活动产生的各种废水中，煤矿、各种金属、非金属矿山的废水以酸性为主，并多含大量重金属及有毒、有害元素（如铜、铅、锌、砷、镉、六价铬、汞、氰化物）以及 COD、BOD_5、悬浮物等；石油、石化业的废水中尚含挥发性酚、石油类、苯类、多环芳烃等物质。众多废水未经达标处理就任意排放，甚至直接排入地表水体中，使土壤或地表水体受到污染。此外，由于排出的废水入渗，也会使地下水受到污染。

3）矿业废渣。矿山废渣包括煤矸石、废石、尾矿等。我国金属矿山的尾矿量达50余亿吨；煤矸石达到500亿吨，且仍以每年5亿吨的速度增加。

（5）水土流失及土地沙化。矿业活动，特别是露天开采，大量破坏了植被和山坡土体，产生的废石、废渣等松散物质也极易促使矿山地区水土流失。如位于鄂尔多斯高原的神府东胜矿区，由于气候及人为因素的影响，该区生态环境已非常脆弱，土地沙化、荒漠化的面积已超过4.17万平方千米，占全区面积的86%以上。据对全国1173家大中型矿山调查，因水土流失及土地沙化所破坏的面积分别为1706.7公顷和743.5公顷。

（6）其他灾害。

1）土壤污染。由于三废排放，矿区周围土壤已受到不同程度污染。

2）矿震。采矿所诱发的地震，出现在我国许多矿山，目前已成为矿山主要环境问题之一。

3）尾矿库溃坝。据统计，全国有尾矿库约700座，江西、云南、安徽、湖北等省都发生过尾矿库溃坝事件。

4）崩塌、滑坡、泥石流。采矿活动及堆放的废渣因受地形、气候条件及人为因素的影响而发生崩塌、滑坡、泥石流等。如矿山排放的废渣常堆积在山坡或沟谷内，这些松散物质在暴雨诱发下，极易发生泥石流。我国最大的黄金生产地之一河南秦岭西峪沟金矿，由于乱采滥挖，并将数万立方米的矿渣堆放在沟底，以致河道严重受阻。1994年7月中旬，暴雨形成的泥石流沿沟下泻，使道路及生产、生活设施遭到严重破坏，并且有51人丧生，损失惨重。2010年8月7日甘肃省舟曲县爆发特大泥石流，死亡1287人，457人失踪。

总而言之，矿山开采对环境的破坏是严重的：开采活动对土地的直接破坏，如露天开采直接破坏地表土层和植被；矿山开采过程中的废弃物（如尾矿、矸石等）需要大面积的堆置场地，导致对土地的过量占用和对堆置场原有生态系统的破坏；矿石、废渣等固体废物中含酸性、碱性、毒性、放射性或重金属成分，其通过地表水体径流、大气飘尘而污染周围的土地、水域和大气，影响面将远远超过废弃物堆置场的地域和空间。这种污染影响要花费大量人力、物力、财力治理并经过很长时间才能恢复，而且很难恢复到原有的水平。

10.1.2 矿山环境现状

矿山环境问题的防治主要包括"三废"（废水、废气、废渣）的防治、矿山土地复垦及采空区地面沉陷（塌陷）、泥石流、岩溶塌陷等灾害的防治等。

（1）废气治理。主要是对窑炉的烟尘治理和对各种生产工艺废气中物料回收和污染的处理。据统计，矿业采选行业治理率、治理水平都比较低，整个采选行业处理率不足20%，低于全国其他行业的平均处理率。

（2）废水处理。我国矿山排放的废水种类主要有酸性废水、含悬浮物废水、含盐废水和选矿废水等。为防止对环境的污染，目前主要从改革工艺、更新设备方面减少废水和污染物排放，提高水的重复利用率，以废治废、将废水作为一种资源综合利用三个方面进行治理。

废水处理目前存在的问题：一是废水处理装置能力不足，据统计目前还30%左右的废水未经处理就直接外排；二是废水处理技术开发水平还不高；三是节约用水和废水治理的管理制度还不够完善。

（3）废渣处理。矿山废渣的处理主要是综合利用，即废渣减量汇入资源化、能源化。这是一项保护环境、保护一次原材料、促进增产节约的有效措施。

总的来看，矿业废渣占全国固体废物总量的一半左右，但处置利用率最低，对矿山环境的影响很大。从各类矿业看，煤炭、建材、非金属采选业的废渣利用率较高，而黑色金属采选业的废渣处置率较低。

（4）采空区土地及废渣场土地复垦。土地复垦，是治理采空区造成的地面沉陷、排土场、尾矿堆和闭坑后露天采场的最佳途径。它不仅改善了矿山环境，还恢复大量土地，因而复垦具有深远的社会效益、环境效益和经济效益。

（5）泥石流的防治。矿山泥石流通常发生在排土初期，随着排出的废弃物数量增加和强度的增高，排土场的边坡稳定性往往得以提高和加强，矿山泥石流发生频率也就逐渐减弱。对矿山泥石流防治的关键是预防。我国目前所采取的预防措施主要有：合理选择剥离物排弃场场址，慎重采用"高台阶"的排弃方法；清除地表水对剥离排弃物的不利影响；有计划地安排岩土堆置；复垦；等等。对泥石流的治理，可采取生物措施（如植树、种草），但其时间长、见效慢，故目前除加强排土场和尾矿库的管理外，大多采用工程治理措施，主要有拦挡、排导及跨越措施。

（6）岩溶塌陷的防治。我国对岩溶塌陷的防治工作开始于20世纪60年代，目前已有一套比较完整和成熟的方法。防治的关键是在掌握矿区和区域塌陷规律的前提下，对塌陷作出科学的评价和预测，即采取以早期预测、预防为主，治理为辅，防治相结合的办法。

1）塌陷前的预防可采取如下主要措施：合理安排矿山建设总体布局；河流改道引

流，避开塌陷区；修筑特厚防洪堤；控制地下水位下降速度和防止突然涌水，以减少塌陷的发生；建造防渗帷幕，避免或减少预测塌陷区的地下水位下降，防止产生地面塌陷；建立地面塌陷监测网。

2）塌陷后的治理措施主要有以下几种：塌洞回填；河流局部改道与河槽防渗；综合治理。

（7）矿山水均衡遭受破坏的防治。为防治和防止因疏排地下水而引起对矿山地区水均衡的破坏，保护地下水资源，并消除或减轻因疏排地下水引起的地面塌陷等环境问题，一些矿山采用防渗帷幕、防渗墙等工程措施，堵截外围地下水的补给，取得了显著的环境效益和经济效益。

10.2　矿山生产生态保护

10.2.1　矿山环境保护措施

矿山环境保护措施主要有如下几个方面：

（1）组织措施。主要是建立环境保护的管理机构和监测体系。目前，我国矿山环境保护机构的设置，根据矿山建设和生产过程中对环境污染的程度及企业规模的大小确定。一般大型矿山设置环保科，中、小型矿山建立科或组。矿山企业中的环境保护人员主要包括：矿山环保科研人员，环境监测人员，污水治理人员，矿山企业防尘人员，保护设备检修人员，矿区绿化人员，复垦造田人员，等等。

（2）经济手段。矿山企业环保设施的投资，是矿山基建总投资的一部分。根据目前矿山企业的生产情况，环保工程投资主要有以下几方面：三废处理设施、除尘设施、污水处理设施、噪声防治设施；绿化；放射性保护；环境监测设施；复垦造田；等等。投资的来源，大致有以下几个方面：新建及改扩建项目的工程基建投资；主管部门和企业自筹资金；排污回扣费，即环保补助资金。环保工程投资的多少，根据矿山建设的客观条件和要求而定。环境保护和治理的资金来源还直接与企业的管理和经济效益有关。

（3）环保资金来源的政策性措施。为保护环境和治理污染，国务院和有关部门制定了《污染源治理专项基金有偿使用暂行办法》、《关于工矿企业治理"三废"污染开展综合利用产品利润提留办法的通知》、《关于环境保护资金渠道的规定的通知》等行政法规和部门规章，保证了环境保护与治理经费能有一个重要来源。

（4）矿山环境保护有关的政策性法规及标准。经过40多年的发展，我国已经形成一系列与矿山环境保护有关的法律制度，其中主要有《中华人民共和国矿产资源法》、《中华人民共和国环境保护法》、《中华人民共和国水污染防治法》、《中华人民共和国大气污染防治法》、《中华人民共和国海洋环境保护法》以及《中华人民共和国土地管理法》等。

各产业部门也相应制定了一些与矿山环境保护有关的政策性法规，如《关于建立健全环境保护机构的通知》、《冶金工业环境管理若干规定》、《冶金环保指标考核实施办法》、《建筑材料工业环境保护工作条例》、《铀矿放射性废物管理规定》、《铀水冶厂尾矿库安全设计规定》、《化学工业环境管理暂行条例》、《化学工业环境监测工作规定》等。

此外，在一些地方性的法规中，有些条文与矿山环境保护有关，如《四川省环境保护条例》、《云南省城乡集体个体企业环境保护管理办法》、《湖南省固体废弃物管理办法》、《山西省汾河流域水污染防治条例》等；有的则是专门为矿山而制定的规定，如广东省的《关于整顿现有采石场，加强采石行业管理工作的通知》，湖北省的《湖北省云应地区盐矿资源管理暂行规定》，云南省的《云南省集体矿山企业、私营矿山企业和个体采矿管理条例》、《云南省矿山地质环境保护规定》，吉林省的《吉林省集体所有制矿山企业、私营矿山企业和个体采矿管理条例》等。

有关的矿山环境标准有《大气环境质量标准》、《城市区域环境噪声标准》、《地面水环境质量标准》、《工业炉窑烟尘排放标准》、《有色金属工业固体废物污染控制标准》等。

10.2.2 矿山环境评价方法综述

矿产资源的开发利用，促进了国民经济的发展。但随着矿产资源开发规模的不断扩大，特别是长期无序不合理开发，诱发了相当严重的矿山环境问题，改变甚至破坏了人类的生存环境。因此如何科学合理地对矿山环境问题作出评价，是矿山环境研究的一个重大课题。

根据提出问题、分析评价问题和解决问题的研究思路，在进行矿山环境评价之前，首先需要对矿山环境所存在的问题进行分类研究，之后依据不同精度的矿山环境调查成果和基础数据，针对不同问题，选择不同方法和方案进行矿山环境评价，在此基础上，才能提出合理解决矿山环境问题、保护与修复矿山环境的各种治理方案，最后应用现代信息与可视化技术，研发矿山环境信息系统。因此，矿山环境问题分类、调查、评价、修复和信息系统建设之间环环相扣，缺一不可，是矿山环境研究的5大内容。

矿山环境评价是在现场调查和收集分析整理已有资料基础上，根据矿区所存在的各类环境问题所作出的现状模拟和预测预报。根据评价的环境要素，矿山环境评价可划分为单环境问题（要素）评价和多环境问题（要素）综合评价两大类。

10.2.2.1 矿山环境分类

矿山环境评价的对象就是矿山环境问题。根据问题的性质，矿山环境问题可划分为"三废"问题，地面变形，矿山排水、供水和生态环保三者之间的矛盾，沙漠化和水土流失5大类型。

10.2.2.2 矿山环境问题评价

上述矿山环境问题的分类较为全面地概括了我国各类矿山企业目前所存在的因矿产资源不合理开发而诱发的主要环境问题，这些问题在一些矿山是以单独形式存在的，但我国大部分矿山往往是同时存在多个矿山环境问题，只不过有些问题相对严重一点，而另一些则相对较轻。因此，矿山环境问题评价应该划分为单问题评价和多问题综合评价两大类。另外，从时间角度出发，矿山环境评价又包括过去演变历史评价、现状评价和演化趋势预测评价三大部分。

A 单环境问题评价

a "三废"问题

固体废弃物堆积是矿山环境面临的一个主要问题，它一般包括煤矸石、粉煤灰、剥离废弃物、废石（渣）、尾矿库和含放射性物质等固体废料。固体废弃物堆积一般具有大环境效应问题，即占地、堆积体边坡稳定、淋滤污染、风化扬尘污染、自燃的大气污染和放射性等效应。

占地效应评价：根据固体废弃物在航卫片上成像的形态、色调、纹型图案等识别标志，进行遥感解译，可圈定固体废弃物的堆积范围，确定占地大小。不同性质、不同类型的固体废弃物在彩红外航片上呈现出不同色彩及形态特征。另外，GPS 技术在其占地效应现场调查评价中也具有明显优势。遥感解译法具有一系列诸如直观性强、内容丰富、视域广、不受调查条件限制等优点，但因航卫片受气候和解译人主观经验等影响，其解译效果有时也受到限制，故建议采用将宏观与微观、已知与未知、室内与室外、定性与定量、遥感解译与现场调查、目视解译与计算机图像处理等相互结合对比的技术路线，以减少误差，提高评价精度。

堆积体边坡稳定效应评价：边坡稳定性评价理论主要是针对岩土体组成的边坡，因固体废弃物堆积边坡与其不同之处仅在于组成物质不同，因而完全可应用岩土体边坡稳定性评价理论和方法作出评价。

固体废弃物堆积形成的边坡属人工边坡。边坡稳定性评价内容主要包括：确定边坡破坏方式和变形形式以及演变阶段；判定促进边坡失稳的主控因素；计算边坡的稳定系数和失稳概率；等等。其中计算已知边坡稳定系数、判断边坡稳定性和确定稳定边坡坡角坡高、设计边坡是两个应主要解决的问题。控制边坡稳定性主要有两个方面，即自然影响因素和人为影响因素，具体为斜坡的物质组成和性质，斜坡的高度、坡度、形态、结构构造和裂隙，水的作用，气候因素，工程活动等。这些因素决定了边坡的失稳条件，在边坡评价中占有重要地位，运用测绘、调查、实验等方法查清这些因素是其评价的基础。

关于边坡稳定有多种评价方法，根据其评价机理不同，一般可划分为以下 6 种主要评价方法：安全系数；可靠度或破坏概率；边坡岩体的位移、应力、位移速度等；定性经验结论；干扰能量和声发射率。

淋滤污染效应评价：固体废弃物淋滤污染可分为土壤污染和水体污染。渗出液和滤沥液中所含有的有害物质能改变土质和土壤结构，影响土壤中微生物的活性，阻碍植物的根茎生长，而且有毒物质会在植物体内积累，对人体危害极大。对于水体污染的评价可以参照液体废料的评价方法来进行；对土壤的污染可以采用土壤中微量元素和有害元素的评价方法进行评价，通常采用淋滤试验法等。

淋滤实验可分为 3 种类型，即分批浸出、柱淋滤和现场液度估定计方法。淋滤试验的程序以美国环保局（1988）制定的毒性特征淋滤试验（TCLP）为代表。该程序采用两种淋滤液，即 pH 值为 4.93 的乙酸钠缓冲溶液和 pH 值为 2.88 的乙酸溶液，淋滤时间为18h。分批浸出和柱淋滤要求的设备条件较为简单，成本低，而现场液度估定计方法所要求的设备及维护费用都比较昂贵，因此目前应用较多的是分批浸出和柱淋滤实验。

风化扬尘污染效应评价：长期暴露于地表的固体废弃物在空气、水、太阳能和生物等的共同作用和影响下，将发生物理的和化学的变化，并会风化解体，形成碎屑、黏土和溶解物 3 类风化物质。这些物质在风力作用下，将产生风化扬尘，污染矿区大气环境。

风化扬尘的矿物成分不同，危害各异；粒度与形状不同，危害也不同，能进入人体肺部的扬尘皆小于 5μm。对扬尘而言，以 1~2μm 危害最大，具棱角尘粒远比圆粒尘粒危害要大。风化扬尘污染效应评价可参照大气质量评价方法。

煤矸石等自燃的大气污染效应评价：含碳煤矸石的自燃是一个氧化过程，暴露于大气的煤矸石堆在氧化和压实作用下，当温度上升到燃点即可发生自燃，当其中热量不能散发或矸石中混有易燃物时，燃烧会更加明显。煤矸石的自燃会产生大量一氧化碳和二氧化硫等严重污染环境和危害人体健康的有毒有害气体。

由于煤矸石氧化和自燃产生的升温效应，使得自燃区和烧变区的热辐射温度和反射光谱与其他正常地层比较存在明显差异，它们的红外遥感影像特征（色彩、色调、纹理、亮度和对比度）也具有显著差别。因此以不同时段红外遥感图像为信息载体进行自燃要素解译，可以圈定煤矸石山或煤层露头的自燃范围和具体边界，其图像的地面分辨率可达10~15m。将 RS 和 GPS 所获得的数据按照空间数据库标准进行建库并实施相关查询计算，形成满足 GIS 标准的空间分析数据，可进一步提高对煤矸石自燃的评价精度。

放射性效应评价：铀矿等废弃物除上述大环境效应外，还具有放射性污染效应。放射性效应的评价可采用生物效应评价法。所谓生物效应评价法是计算出被污染生物吸收放射性辐射的剂量率，从而间接评价放射性效应。

（1）液体废弃物。矿山液体废弃物一般是指在矿山勘探、开采、采后和洗选过程中所产生的废水。目前有关水环境质量的评价方法达数十种，但由于评价视角不同，至今尚未形成统一的标准评价方法。目前常用的评价方法主要包括综合指数法、模糊数学法、加权灰关联度法、人工神经网络法、国家标准 F 值打分法和层次分析法等。

（2）气体废弃物。关于采场、排土（岩）场的风化扬尘和煤层矸石自燃的评价已在前部分论述。而对天然气和煤层气自燃产生的废气问题，可采取大气环境质量评价方法进行研究。

大气环境质量的一般评价程序为：

1）绘制各种污染物的浓度分布图，掌握各种污染物在环境中分布和扩散的情况，根据 3 年取得的监测资料，绘制出大气污染中飘尘量分布图，二氧化硫分布图，锰、铁、镉金属分布图。

2）确定计算环境质量系数的数学模型。"环境质量系数"可表达多种污染物的综合污染状况。

3）根据计算出的环境质量系数，对环境质量进行等级或类型划分，绘制环境质量图。

b 地面变形

开采沉陷：主要评价方法包括经验公式法、剖面函数法、影响函数法、解析模型法、物理模型法、应力应变数值模拟法等。

经验公式法是在对地表移动实测资料进行综合分析基础上建立经验公式，然后应用于类似地质采矿条件下的开采沉陷的评价预测。由于经验公式法只能应用统计学知识来预测预报，故这种方法并不能真正仿真模拟开采沉陷的整个过程，而且考虑的因素也不全面，因此它只适用于开采沉陷的估算。

剖面函数法和影响函数法都是利用一定的数学公式，根据实际的地质采矿条件，确定参数，计算出开采沉陷值。但这两种方法所取用的参数和所建立的模型只是从一个或几个方面简单的模拟开采沉陷，比如影响函数法计算开采沉陷值，它只是一点沉陷值简单的叠加，并没有考虑点之间的影响；而剖面函数法的剖面函数不一定符合实际沉降盆地形状，特别是预报地表变形值时可能出现较大偏差，而且沉降盆地形状还可能取决于在剖面函数中未考虑到的一些地质采矿条件。因此利用这两种方法计算出来的结果不一定可靠。

解析模型法是通过建立开采沉陷数理模型，并根据岩体的弹性特征建立评价开采沉陷的方程组，其中由 J. LitwiniSzyn 提出的随机介质模型是使用最普遍的方法之一，理论模型采用正态分布密度函数，通过求解计算出开采沉陷值。这种方法岩体特征参数的选择比较困难，岩体特征参数常常不能反映实际的地质情况。

物理模型法是应用小比例尺相似材料模拟实验法再现矿产资源开采过程中岩层与地表移动特征的一种方法。物理模型法相对便于考虑地质采矿方面的参数，适用面广，并且很容易观测到开采沉陷过程中诱发的裂缝生长和扩展情况以及其他伴生的移动变形特征，同时还能结合特殊地质采矿条件进行反复试验，包括多矿层开采或矿柱布设等复杂情况。

应力应变数值模拟法是根据岩土体力学性质和采矿方法以及开采条件等具体情况，应用数值计算软件系统来评价开采沉陷，如基于有限差分法的 FLAC3D 软件系统等。

地面岩溶塌陷：评价方法主要包括地理信息系统（GIS）评价、两级模糊综合评判、人工神经网络评价和直接测氡法等。其中前 3 种方法均是先确定控制岩溶塌陷的影响因素，比如岩溶条件、地下水条件和覆盖层条件等，然后结合一定方法评价岩溶塌陷情况。直接测氡法是利用氡及其子体具有沿垂直通道向上运移的特点，即它们可沿着岩石的裂隙或微裂隙以及松散介质孔隙等不断地垂直向上运移直至地表，然后缓慢向空中逸散，故通过检测地表氡气的分布特征，即可确定氡气的运移轨迹，从而确定评价岩溶塌陷情况。

地面沉降：地面沉降与深层液相或气相矿产资源超量开采密切相关。当液（气）相压力面以下存在可压缩地层时，由于压力（上覆地层浮托力）降低，多孔介质有效应力增加，其孔隙度降低，地层必然会受到压密，从而诱发地面沉降。

评价地面沉降的方法主要有一维固结理论解析法和数值模拟法等。一维固结理论解析法就是利用太沙基固结理论确定地面沉降范围和沉降值。而利用数值模拟法评价地面沉降，首先应根据水文地质概念模型建立地下水运移的数学和数值模型，分析确定地下水的渗流场及其变化规律，然后建立垂向一维的沉降模型，进而数值求解地面沉降范围和沉降值。但目前我国地面沉降数值模拟评价方法尚存在一些不足，如水流模型大部分为仅考虑越流而未考虑弱透水层弹性释放的模拟三维模型，水流模型在沉降过程中的水文地质参数均为常数，沉降模型为线弹性的垂向一维模型，水流模拟与沉降模拟未能达到真正意义上的耦合等。

边坡问题：矿山环境地质的边坡问题除了固体废弃物堆积边坡外，还包括露天采坑边坡、排土（岩）场边坡、尾矿库边坡和矿山边坡等。

边坡稳定问题评价方法除可采用边坡岩体结构控制理论外，其他评价方法与固体废弃物边坡评价相同。

泥石流：泥石流的发生往往具有不确定性，即在漫长的酝酿过程中突然发生。因此，它的定量评价研究较为困难。目前主要有以下几种评价方法：效果测度法、地理信息系统（GIS）、模糊综合评判法、神经网络法、数值仿真模拟法，等等。

这些评价方法中，前 5 种方法均为先确定控制泥石流的影响因子，再利用一定的方法确定各影响因子对泥石流发生的贡献大小，之后建立模型对泥石流作出评价；数值仿真模拟法则以理论方程和计算数学为基础，利用泥石流的野外观测数据或实验数据作为对照，通过对泥石流运动的理论方程数值求解并反演识别，从而对泥石流作出评价。

地裂缝的主要评价方法包括土力学模型法、直接测氡法和地质雷达法等。土力学模型法是建立土层动力计算模型，采用数值模拟方法，对地裂缝作出评价。直接测氡法是通过测定氡气的运动轨迹及分布特征来评价地裂缝。地质雷达探测是应用电磁波的反射原理，通过发射天线向地下介质发射毫微秒级的脉冲电磁波，电磁波在介质中传播时，其路径、速度和波形将随介质的介电性质及几何形态改变而变化，因此，可根据收到反射波的旅行时间、强弱、波形特征及天线位置来确定异常体的位置和规模。如果电磁波波形连续性破坏，说明地层发生错断，若电磁波发生畸变，则是裂缝对电磁波的吸收或衰减作用造成的。但是，在裂缝、裂隙发育地段，上述特征往往是并存的。

c　沙漠化

目前评价沙漠化的方法主要包括监测指标评价、遥感（RS）解译评价、沙漠化危险度分区评价、地理信息系统（GIS）、遥感（RS）与层次分析法（AHP）耦合的方法等。

沙漠化监测指标评价是首先确定沙漠化的指标体系，再针对各个指标进行监测，从而评价沙漠化。遥感解译评价法是利用遥感信息的周期性、宏观性、现势性和系统性等优势，评价沙漠化问题，该方法可以快速地获取较为理想的土地沙漠化动态监测结果。沙漠化危险度分区评价方法是首先确定影响沙漠化各因子，根据这些因子确定评价指标体系及分级标准，再建立沙漠化危险度综合评价模型，运用此模型计算沙漠化危险度指数（MHD），最后依据评价指数的分级标准将 MHD 作 4 级划分，以此标准判别各地的沙漠化危险度；地理信息系统（GIS）、遥感（RS）与层次分析法（AHP）耦合的方法是首先分析确定控制沙漠化的各影响因素，之后利用 RS 解译获得各影响因素的空间数据，再应用GIS 建立各影响因素的子专题层图，应用 AHP 确定各影响因素对沙漠化影响的权重大小，最后根据多源地学信息复合叠加原理，组建耦合模型对沙漠化作出动态评价。

d　水土流失

目前水土流失的评价方法主要包括预测模型法、地理信息系统（GIS）、遥感（RS）与层次分析法（AHP）耦合的方法等。

预测模型法是指采用定性讨论与定量分析相结合的方法，对影响水土流失的气候因素、土壤因素、地质因素、地形因素、植被因素和人为因素进行统计分析与评价，总结、归纳各因素对水土流失影响的一般规律，在对影响水土流失单因素分析评价的基础上，选取坡位、坡形、坡度、土壤类型、有效土层厚度、植被盖度、土地利用类型 7 个指标为自变量，土壤侵蚀模数为因变量，利用数字化模型进行回归分析，获得水土流失预测模型。运用该模型可以预测水土流失模数，及时准确掌握水土流失演变的趋势。

地理信息系统（GIS）、遥感（RS）与层次分析法（AHP）耦合的方法等评价水土流失问题与上述的沙漠化评价思路类同。

e　矿山排水、供水和生态环保三者之间的矛盾

岩溶充水矿床的排水、供水和生态环保三者之间的矛盾问题主要包括两大类型，即华北型煤田的底板突（涌）水诱发的矛盾和矽卡岩型矿床周边充水诱发的矛盾。

从可持续发展和大系统理论出发，将矿区的排水、供水和生态环境保护作为一个整体进行系统研究，建立矿井水资源合理开发利用的科学模式——排、供、生态环保三位一体的优化结合，是解决三者之间日益严重的矛盾问题的关键。所谓三位一体优化结合的总的

技术思路是既考虑排水子系统的疏降效果和安全运营，又考虑供水子系统的供水需求和生态环保子系统的质量要求；其主要技术手段是通过调度各种集水建筑物运营，控制矿区各充水含水层地下水水位，使其不仅保证矿山安全生产和生态环境质量，而且确保矿区及其周围地区的供水需求，这是优化结合的水力要素部分；同时根据不同供水用户需求，通过比较不同供水目标创造的经济效益，自动优化设计具体供水方案，这是优化结合的经济要素部分。将水力要素和经济要素两个方面同时考虑，建立管理模型，即可解决三者之间的矛盾问题。

    B 多环境问题综合评价

    对大部分矿山，往往会同时存在若干个矿山环境问题，如何对这些矿区整体环境作出综合评价是矿山环境评价的另一个难题。就综合评价而言，我国学者在"现代化体系"和"指标相关性"等评价中，进行了卓有成效的研究，但这些方法基本上均以确定性数据为主；虽然在"环境"和"地质灾害危险性"的综合评价方面，我国许多学者也作过一些研究，并提出了多指标综合评价等方法，但这些方法基本上以人为划分为主，又由于各个环境地质问题的不可量化性，因此对环境地质问题综合评价的可信度便急剧降低。针对上述不足，这里主要介绍一种突变数评价方法。

    所谓突变数即为同等级的矿山环境问题叠加后能达到致灾效果的矿山环境问题的个数。在自然界中，任何一种现象的发生都充分体现着从量变到质变过程的原则，所以在空间操作或专题层图代数叠加运算时，根据频数分布理论确定阈值，只要能找到突变数，就能判断从一个级别跳跃到另一个级别的质变界限，因此突变数法能够较客观地对矿山多环境问题作出综合评价。

10.2.3 加强矿山环境保护的对策

    加强矿山环境保护的对策主要包括以下几个方面：
    （1）正确处理矿产资源开发与环境保护的关系，切实加强矿山环境保护工作。
    矿业开发必须正确处理近期与长期、局部与全局的关系，把矿产资源开发利用与环境保护紧密结合起来，实现矿业的持续健康发展。
    矿产资源开发不得以牺牲环境为代价，避免走先污染后治理、先破坏后恢复的老路。采矿权人对矿山开发活动造成的耕地、草原、林地等破坏，必须采取有力的措施进行恢复治理；对矿山产生的废气、废水、弃渣，必须按照国家规定的有关环境质量标准进行处置、排放；对矿山开发活动中遗留的坑、井、巷等工程，必须进行封闭或者填实，恢复到安全状态；对采矿形成的危岩体、地面塌陷、地裂缝、地下水系统破坏等地质灾害要认真进行治理。矿产资源开发要保护矿区周围的环境和自然景观，严禁在自然保护区、风景名胜区、森林公园、饮用水源地保护区内开矿，严格控制在铁路、公路等交通干线两侧的可视范围内进行采矿活动。西部矿产资源开发必须重视生态环境的保护和建设，防止矿产资源开发加剧生态环境恶化。
    根据国家的方针政策，综合运用经济、法律和必要的行政手段，依法关闭产品质量低劣、浪费资源、污染严重、不具备安全生产条件的矿山，积极稳妥地关闭资源枯竭的矿山。以资源开采为主的城市和大矿区，要因地制宜发展接续和替代产业。
    （2）明确目标，科学规划，把矿山环境保护作为一项重要任务来抓。

各地结合当地工作实际，抓紧开展矿山环境调查与评价，制定矿山环境保护规划，并纳入当地的国民经济和社会发展计划。矿山企业是矿山环境保护与治理的直接责任人，要抓紧制定本企业矿山环境保护与治理规划，切实保护好矿山环境。

对开发造成的矿山环境破坏，矿山企业要有计划、有步骤地进行治理，使矿山及周围矿山城市的环境质量得到明显改善，重点开发区的环境污染及生态环境恶化的状况基本得到控制。

（3）加强法规和制度化建设，全面推进矿山环境保护。

各级人民政府要依据《环境保护法》、《矿产资源法》、《土地管理法》等法律法规，结合本地区的实际情况，制定矿山环境保护管理法律法规、产业政策和技术规范，为加强矿山环境保护工作提供强有力的法律保障，使矿山环境保护工作尽快走上法制化的轨道。

要完善矿山环境保护的经济政策，建立多元化、多渠道的投资机制，调动社会各方面的积极性，妥善解决矿山环境保护与治理的资金问题。对于历史上由采矿造成的矿山环境破坏而责任人灭失的，各计划部门、财政部门应会同有关部门建立矿山环境治理资金，专项用于矿山环境的保护治理；对于虽有责任人的原国有矿山企业，矿山开发时间较长或已接近闭坑，矿山环境破坏严重，矿山企业经济困难无力承担治理的，由政府补助和企业分担；对于生产矿山和新建矿山，遵照"谁开发，谁保护；谁破坏，谁治理；谁治理，谁受益"的原则，建立矿山环境恢复保证金制度和有关矿山环境恢复补偿机制；各地政府要制定矿山环境保护的优惠政策，调动矿山企业及社会对矿山环境保护与治理的积极性；鼓励社会捐助，积极争取国际资助，加大矿山环境保护与治理的资金投入。

（4）强化监督管理，严格控制矿山环境遭受破坏。

矿山建设严格执行"三同时"制度，保证各项环境保护和治理措施、设施与主体工程同时设计、同时施工、同时投产，对措施不落实，设施未验收或验收不合格的矿山建设项目，不得投产使用，对强行生产的，国土资源主管部门要依法吊销其采矿许可证。

各级人民政府要坚持预防为主，保护优先的方针，坚决控制新的矿山环境污染和破坏。对于新建和技术改造的矿山建设项目，严格执行环境影响评价制度。矿山环境影响评价报告必须设立矿山地质环境影响专篇，矿山环境影响评价报告书应作为采矿申请人办理采矿许可证和矿山建设项目审批的主要依据。矿山申请建设用地之前必须进行地质灾害危险性评估，评估结果作为办理建设用地审批手续主要依据之一。各级资源环境行政主管部门要严格把关，确保矿山开采中环境不遭受破坏。

矿山企业对矿区范围的矿山环境实施动态监测，并向资源环境行政主管提供监测结果，对于采矿引起的突发性地质灾害要及时向当地政府和行政主管部门报告。

各级人民政府要加强矿山环境保护监督管理，在矿山企业年检中加强矿山环境的年检内容，对矿山环境破坏严重的企业，责令限期治理，并依法处罚。

（5）依靠科技进步和国际合作，提高矿山环境保护水平。

要加强矿山环境保护的科学研究，着重研究矿业开发过程中引起的环境变化及防治技术、矿业三废的处理和废弃物回收与综合利用技术，采用先进的采、选技术和加工利用技术，提高劳动生产率和资源利用率。加强矿山环境保护新技术、新工艺的开发与推广，增加科技投入，促进资源综合利用和环境保护产业化。加强矿山生态环境恢复治理工作，不断提高生态环境破坏治理率。引进和开发适用于矿区损毁土地复垦和生态重建新技术，进行矿区生态重建科技示范工程研究，加大矿山环境治理与土地复垦力度，在一些工作开展早、基础条件好的矿区，选择不同类型、不同地区的大型矿业基地，针对矿产资源开发利用所造成的生态环境破坏问题，以可持续发展的观点，发展绿色矿业，建立绿色矿业示范区。加强国际合作，大力培训人才，努力学习各国矿山环境保护的先进技术和经验，以此加强和改善我国矿山环境保护工作。

（6）加强领导，共同推进矿山环境保护工作。

要把加强矿山环境保护工作作为矿业开发的重要内容和紧迫任务，各级政府、资源环境管理部门都要充分认识这项工作的重要性和艰巨性，并坚持不懈地抓下去。地方各级人民政府，应当对本辖区的矿山环境质量负责，采取措施改善矿山环境质量。省级政府要确定一位省级领导具体负责，坚持和完善各级政府对资源环境工作的目标责任制，建立矿山环境保护目标，做到责任到位，认真落实，并将其作为政绩考核内容之一。国务院各有关部门要加强协调与合作，共同做好矿山环境保护工作。国家环境保护总局要站在全局的高度，履行执法监督职能，做好综合协调；国土资源部负责矿山环境保护具体工作，在做好地质环境保护监督管理的同时，积极推进和组织矿山环境调查、规划和矿山地质灾害防治及土地复垦工作；各有关部门要密切配合，大力支持矿山环境保护工作。

10.2.4　我国环境保护的基本方针

我国是个发展中的国家，随着经济的发展，环境污染的问题也变得日益突出，虽然环境污染并不是经济发展的必然结果，然而总结西方国家环境污染的经验教训可以发现，如果不采取有效措施，加强对环境的管理，其结果必然重踏西方工业发达国家先污染后治理的弯路。

世界上工业发达的国家在环境保护方面取得较大成就的主要经验是：

（1）规定各种环境保护法律、政策，若有违犯，给予经济和法律制裁；

（2）普遍建立环境保护机构；

（3）实行以环境规划为中心的环境管理体制。

我国党和政府对环保工作十分重视。宪法第十一条第三款规定："国家保护环境和自然资源，防治污染和其他公害。"这就把保护环境、合理开发和充分利用自然资源确定为我国现代化建设中的一项战略任务和基本国策。国家把环境污染和生态破坏防治与经济建设、城市建设和环境建设同步规划、同步实施、同步发展，力求实现经济效益、社会效益和环境效益的有机统一。

（1）"预防为主"是我国环境保护的基本方针，也是搞好科学环境管理所必须采取的主要手段。所谓"预防为主"就是要防患于未然。要充分注意防止对环境和自然资源的污染和破坏，尽可能减少污染的产生，严格控制污染物进入环境，在新建、改建和扩建工程中，有关环境保护的设施必须与主体工程同时设计、同时施工、同时投产。如果不执行"预防为主"的方针，其结果必然是先污染，后治理的局面，污染容易，治理难，恢复更难，后患无穷。

（2）"全面规划、合理布局"是防治污染的关键。在制定矿山总体规划时，要把保护环境的目标、指标和措施同时列入规划，应该根据矿区的自然条件、经济条件作出环境影响的评价，找出一种既能合理布局矿山企业，又能维持矿区及其附近的生态平衡，保证环境质量的最佳总体规划方案。矿山是采矿、选矿及冶炼的联合企业,而采矿本身又有露天和地下开采之分。因此,对新建矿山的设计和对老矿山的改造,首先要注意采矿、选矿、冶炼生产的合理布局,生产区和生活区的布局,井口工业场地的合理布局以及进风、排风井的位置,废石场、废渣堆积场、尾矿坝、高炉渣、冶金渣等的堆放及布置位置。

此外,对于矿区的地形、地质、水源、风向等均应全面考虑,做到统筹兼顾、全面安排。

(3)"综合利用,化害为利"是消除污染的重要措施。工业"三废"特别是矿山选矿和冶炼的"三废"中,有益有害组分是在一起的,所以"三废"的处理和有益组分的回收是密切相关的,"废"与"宝"是相对的,有许多对环境造成污染的物质,弃之有害,收之为宝。我们应该在坚持执行"预防为主"的方针时,对于某些不可避免的污染物质一定要采取综合利用的方针,变废为宝。这样不但消除了污染,减轻了危害,而且回收了资源,得到更大的经济效益。国家对综合利用采取鼓励的政策。《环保法》中指出:国家对企业利用废气、废水、废渣作主要原料生产的产品,给予减税、免税和价格政策上的照顾,盈利所得不上交,由企业用于治理污染和改善环境。

(4)"发动群众,大家动手"是环境保护工作的群众路线。环境保护工作既要有专门的专业队伍,更要发动群众,依靠群众。如植树造林、爱国卫生运动、加强企业管理、开展减少污染的技术改造、技术革新等都涉及每个人、每个方面,而且互相之间,各行各业都要紧密配合。只有把群众发动起来,人人重视和监督环境保护工作,并与专业队伍密切配合,才能取得显著成绩。《环保法》规定:公民对污染和破坏环境的单位和个人有权监督、检举和控告。被检举、控告的单位和个人不得打击报复;国家对保护环境有显著成绩和贡献的单位、个人给予表扬和奖励。

(5)"保护环境、造福人民"是环境保护工作的目的。各级领导要学习环境保护方针的政策性和科学性,把发展生产与保护环境结合起来,懂得环境保护是进行工业生产,发展经济不可缺少的条件。

总之,我们必须认真执行党和国家为我们制定的环境保护方针、政策,让富饶的祖国成为一个"清水蓝天、花香鸟语"的美丽乐园。

10.2.5 矿山环境问题深层次原因分析及对策

造成矿山环境问题的原因很多,其深层次的原因主要有四个方面。

(1)矿山环境管理的法律法规不健全。长期以来,我国的矿山环境管理十分薄弱,在国家层面的立法上,《矿产资源法》和《环境保护法》只对矿山环境保护提出了原则性的要求,缺少具体的管理制度和规章。

(2)没有形成有效的治理责任制度和补偿机制。计划经济时期,我国的矿山基本都是国有矿山,只是完成生产任务的经济组织,生产多少,生产什么,怎么生产,都是按照国家统一安排进行,取得的利润除留出维持生产的费用外也全部上交国家。当时,不论是主管部门还是矿山企业,都缺乏对矿山环境的保护意识,这个阶段建设投产的矿山,遗留有不同程度的矿山环境问题。即使到目前,按照国家有关矿产资源成本核算规定,决定矿产资源价格的成本还主要是生产成本、销售费用、管理费用和财务费用,而矿产资源开发造成的环境成本等费用仍没有列入现行成本。

（3）矿山环境治理缺乏资金。我国矿产资源交纳的主要税费有资源税和矿产资源补偿费，资源税列入一般性财政收入，主要用于解决级差收入问题；矿产资源补偿费纳入预算，主要用于矿产资源勘查等方面支出。目前我国政府投入矿山环境治理的资金严重不足，远远不能满足矿山环境治理的需要。就目前来看，由于历史欠账太多，矿山环境恢复治理压力很大。

（4）矿山环境保护是专业性很强的工作，目前缺少矿山环境恢复治理的技术指标和要求。

针对目前我国矿山环境存在的深层次问题，我们应该从政策、制度、机制等层面加强对矿山环境的保护和治理。

（1）加强法规和制度化建设，全面推进矿山环境保护。按照《矿产资源法》修改总体工作安排，将矿山环境保护实质内容写入《矿产资源法》条文，并单独设章。尽快制定《矿山环境保护管理条例》，使矿山环境保护工作早日走上法制化的轨道。

（2）开展矿山环境调查，做好矿山环境保护规划。开展全国矿山环境调查与评价工作，掌握我国矿山环境问题的基本情况。根据矿山环境的特点和规律，结合社会经济及人口分布状况，制定矿山环境保护规划。省、自治区、直辖市人民政府国土资源主管部门抓紧制定矿山环境保护与治理规划，报省、自治区、直辖市人民政府批准。国土资源部制定全国矿山环境保护与治理规划，报国务院批准，并纳入国民经济和社会发展规划。

（3）建立和实行严格的矿山环境保护制度，从源头上减少矿山环境破坏和污染。矿产资源的开发必须依法提交开发利用方案、环境影响评价和地质灾害危险性评估报告，矿山环境保护设施与主体工程要严格实行建设项目"三同时"制度。新建矿山在办理采矿许可证时，必须提交矿山环境保护与综合治理方案，方案中应包括对矿山环境的破坏等进行预测和综合治理措施，对不符合要求编制方案的生产矿山企业，要补充方案编制，报原采矿许可证发证机关审批。各级国土资源行政主管部门要依据审批的矿山环境保护与综合治理方案，对新建和生产矿山的建设、生产、闭坑全过程进行矿山生态环境保护监督检查。

（4）建立补偿机制，尽量不欠矿山环境新账。在一些发达国家，为了确保矿业权人履行矿山环境恢复义务，其必须按政府规定的数量和时间提交保证金。如果企业按规定履行了矿山恢复义务，并达到政府规定的恢复要求，政府将退还该保证金，否则政府将使用这笔资金进行矿山环境恢复工作。今后，我国新建和生产矿山企业，也要实行矿山环境治理保证金制度，矿山企业在税前提取环境治理保证金，计入生产成本，存入银行，专户存储，企业所有，政府监督，专款专用，用于矿山开采造成环境破坏的治理。由矿山企业提出当年矿山环境治理工作方案和项目，由国土资源管理部门核准，银行根据核准文件拨付资金，矿山环境治理保证金的使用不得透支，当年节余转入下一年度使用，争取做到矿山企业不欠环境新账。

（5）国家引导扶持和社会多渠道投资相结合，逐步偿还矿山环境历史欠账。在充分利用好现有国家矿山环境治理的专项资金基础上，适时从生产的矿产品中从量征收一定比例的销售价款，建立矿山环境保护与治理基金（这是国外矿业国家的通行做法）。矿山环境保护与治理基金交中央财政部门，由国土资源部提出矿山环境治理年度规划，报财政部审批（或核准）。逐步解决计划经济时期以及历史遗留的废弃矿山的环境恢复问题。矿山环境治理要引入市场机制，积极探索矿山环境治理的新途径和新方法，研究并制定相关扶持政策，谁治理，谁受益，因地制宜，综合治理。逐步实现矿区环境保护的产业化、专业化、规范化，使矿山环境保护逐步走向良性循环道路。

我国是矿业大国，今后一段时期，矿产资源紧缺仍是主要矛盾，矿产资源高强度开发仍会带来更大的环境矛盾。要从促进经济社会协调发展、构建社会主义和谐社会的战略目标高度，深刻理解矿山环境保护与治理的重要意义，坚持以人为本，落实科学发展观，统筹规划，注重制度创新，建立企业承担责任、政府有效监管的机制，加强矿山环境保护与综合治理，改善矿山环境和矿区周边人民的生活质量，全面推进矿产资源开发与环境保护协调发展。

复习思考题

10 – 1 矿山环境灾害有哪些?

10 – 2 我国矿山环境现状怎样?

10 – 3 目前矿山环境保护措施有哪些?

10 – 4 矿山环境评价方法有哪些?

10 – 5 我国环境保护的基本方针是什么?

11 矿山安全生产

教学目的： 通过本章的学习，了解矿山生产事故发生的理论依据，分析不安全行为的心理原因以及事故中人的行为失误；掌握如何预防矿山事故；重点掌握矿山生产日常安全管理，如何加强矿山安全救护和预防矿井灾害。

11.1 矿山安全事故

1992 年 11 月 7 日第七届全国人民代表大会常务委员会第二十八次会议通过了《中华人民共和国矿山安全法》，2002 年 6 月 29 日第九届全国人民代表大会常务委员会第二十八次会议通过了《中华人民共和国安全生产法》。

安全生产方针可以概括为"安全第一，预防为主"。

"安全第一"，就是在进行矿山生产时，时刻把安全工作放在重要位置，当做头等大事来做。首先，必须正确处理安全与生产的辩证统一关系，明确"生产必须安全，安全促进生产"的道理。任何生产活动中都存在着不安全因素，存在着发生伤亡事故的危险性。要进行生产，就必须首先解决其中的各种不安全问题。"安全寓于生产之中"，安全与生产密切不可分。无数事实证明，矿山伤亡事故不仅给受伤害者本人及其家属带来巨大的不幸，也干扰矿山生产的顺利进行，给矿山企业带来严重的经济损失。其次搞好矿山安全工作，创造安全、卫生的生产劳动条件，不仅可以避免或减少各种矿山事故，而且还能更好地发挥职工的积极性和创造性，促进矿山生产迅速发展。

"预防为主"，就是要掌握矿山伤亡事故发生和预防规律，针对生产过程中可能出现的不安全因素，预先采取防范措施，消除和控制它们，做到防微杜渐，防患于未然。

在"安全第一，预防为主"方针指导下，我国制定了一系列安全生产政策、法规、制度，用以具体指导各项安全工作。

11.1.1 事故发生的理论依据

11.1.1.1 事故因果连锁论

在与各种工业伤害事故斗争中，人们不断积累经验，探索伤亡事故发生规律，相继提出了许多阐明事故为什么会发生，事故是怎样发生的，以及如何防止事故发生的理论。这些理论被称作事故致因理论，是指导预防事故工作的基本理论。

事故因果连锁论是一种得到广泛应用的事故致因理论。

A　海因里希事故因果连锁论

海因里希（W. H. Hcinrich）在 20 世纪 30 年代首先提出了事故因果连锁的概念。他认为，工业伤害事故的发生是许多互为因果的原因因素连锁作用的结果。即：人员伤亡的发生是由于事故；事故的发生是因为人的不安全行为或机械、物质的不安全状态（简称物的不安全状态）；人的不安全行为或物的不安全状态由于人的缺点错误造成；人的缺点起源于不良的环境或先天的遗传因素。

所谓人的不安全行为或物的不安全状态，是指那些曾经引起过事故，或可能引起事故的人的行为或机械、物质的状态。人们用多米诺骨牌来形象地表示这种事故因果连锁关系。如果骨牌系列中的第一颗骨牌被碰倒了，则由于连锁作用其余的骨牌会相继被碰倒。该理论认为，生产过程中出现的人的不安全行为和物的不安全状态是事故的直接原因，企业安全工作的中心就是防止人的不安全行为，消除机械的或物质的不安全状态。断开事故连锁过程而避免事故发生，这相当于移去骨牌系列的中间一颗骨牌，使连锁被破坏，事故过程被中止。

该因果连锁论把不安全行为和不安全状态的发生归因于人的缺点，强调遗传因素的作用，反映了时代的局限性。随着科学技术的进步，工业生产面貌的变化，研究学者在海因里希因果连锁论的基础上，又提出了反映现代安全观念的事故因果连锁论。

B　预防事故对策

根据事故因果连锁论，人的不安全行为及物的不安全状态是事故发生的直接原因。因此，应该消除或控制人的不安全行为及物的不安全状态来防止事故发生。一般地，引起人的不安全行为的原因可归结为 4 个方面：

（1）态度不端正。由于对安全生产缺乏正确的认识而故意采取不安全行为，或由于某种心理、精神方面的原因而忽视安全。

（2）缺乏安全生产知识，缺少经验或操作不熟练等。

（3）生理或健康状况不良，如视力下降、听力低下、反应迟钝、疾病、醉酒或其他生理机能障碍。

（4）不良的工作环境。工作场所照明、温度、湿度或通风不良，强烈的噪声、振动，作业空间狭小，物料堆放杂乱，设备、工具缺陷及没有安全防护装置等。

针对这些问题，可以通过教育提高职工的安全意识，增强职工搞好安全生产的自觉性，变"要我安全"为"我要安全"；通过教育培训增加职工的安全知识，提高生产操作技能。另外，要经常注意职工的思想情绪变化，采取措施减轻他们的精神负担。在安排工作任务时，要考虑职工的生理、心理状况对职业的适应性；为职工创造整洁、安全、卫生的工作环境。

应该注意到，人与机械设备不同，机械设备在人们规定的约束条件下运转，自由度少；而人的行为受各自思想的支配，有较大的行为自由性。一方面，人的行为自由性使人有搞好安全生产的能动性和一定的应变能力。另一方面，它也能使人的行为偏离规定的目标，产生不安全行为。由于影响人的行为的因素特别多，所以控制人的不安全行为是一件十分困难的工作。

通过改进生产工艺，采用先进的机械设备、装置，设置有效的安全防护装置等，可以消除或控制生产中的不安全因素，使得即使人员产生了不安全行为也不至于酿成事故。这样的生产过程、机械设备等生产条件的安全被称为本质安全。在所有的预防事故措施中，首先应该考虑消除物的不安全状态，实现生产过程、机械设备等生产条件的本质安全。

受企业实际经济、技术条件等方面的限制，完全地消除生产过程中的不安全因素几乎是不可能的。我们只能努力减少、控制不安全因素，防止出现不安全状态或一旦出现了不安全状态及时采取措施消除，使得事故不容易发生。因此，在任何情况下，通过科学的安全管理，加强对职工的安全教育及训练，建立健全并严格执行必需的规章制度，规范职工的行为都是非常必要的。

C 事故发生频率与伤害严重度

海因里希根据大量事故统计结果发现，在同一个人发生的330起同类事故中，300起事故没有造成伤害，29起发生了轻微伤害，一起导致了严重伤害。即严重伤害、轻微伤害和没有伤害的事故件数之比为1∶29∶300。该比例说明，同一种事故其结果可能极不相同，事故能否造成伤害及伤害的严重程度如何具有随机性质。

由上述统计可知，事故发生后造成严重伤害的情况是很少的，轻伤及无伤害的情况是大量的。在造成轻伤及无伤害的事故中包含着与产生严重伤害事故相同的原因因素。因此，有时事故发生后虽然没有造成伤害或严重伤害，却也不能掉以轻心，应该认真追究原因，及时采取措施防止同类事故再度发生

比例1∶29∶300是根据同一个人发生的同类事故的统计资料得到的结果，并以此来定性地表示事故发生频率与伤害严重度间的一般关系。实际上，不同的人、不同种类的事故导致严重伤害、轻微伤害及无伤害的比例是不同的。表11-1为我国某钢铁公司1951～1981年间伤亡事故中死亡、重伤和轻伤人数的比例。这些数字表明，不同部门及不同生产作业中发生事故造成严重伤害的可能性是不同的。

表11-1 某钢铁公司伤亡事故情况统计

部　门	死亡人数	重伤人数	轻伤人数
钢铁焦化	1	2.25	138
工矿建筑	1	3.48	197
机械铸造	1	4.44	408
原材料	1	6.89	430
运　输	1	1.76	73
采　矿	1	1.89	91

11.1.1.2 能量意外释放论

A 能量在伤害事故发生中的作用

能量在生产过程中是不可缺少的，人类利用能量做功以实现生产的目的。在正常生产过程中能量受到种种约束和限制，按照人们的意图流动、转换和做功。如果由于某种原因，能量失去了控制，超越了人们设置的约束或限制而意外的逸出或释放，则判为发生了事故。

如果失去控制的、意外释放的能量达及人体，并且能量的作用超过了人体的承受能力，则人员将受到伤害。可以说，所有伤害的发生都是因为人体接触了超过机体组织抵抗力的某种形式的过量能量，或人体与外界的正常能量交换受到了干扰（如窒息、淹溺等）。因此，各种形式的能量构成了伤害的直接原因。

导致人员伤害的能量形式有机械能、电能、热能、化学能、电离及非电离辐射、声能和生物能等。在矿山伤害事故中机械能造成伤害的情况最为常见，其次是电能、热能及化学能造成的伤害。

意外释放的机械能造成的伤害事故是矿山伤害事故的主要形式。矿山生产的立体作业方式使人员、矿岩及其他位于高处的物体具有较高的势能。当人员具有的势能意外释放时，将发生坠落或跌落事故；当矿岩或其他物体具有的势能意外释放时，将发生冒顶片帮、山崩、滑坡及物体打击等事故。除了势能外，动能是另一种形式的机械能。矿山生产中使用的各种运输设备，特别是各种矿山车辆，以及各种机械设备的运动部分，具有较大的动能，人员一旦与之接触，则将发生车辆伤害或机械伤害。据统计，势能造成的事故伤亡人数占井下各种事故伤害人数的一半以上；动能造成的事故伤亡人数占露天矿各类事故伤亡人数的第一位。因此，预防由机械能导致的伤害事故在矿山安全中具有十分重要的意义。

矿山生产中广泛利用电能。当人员意外地接触或接近带电体时，便可能发生触电事故而受到伤害。

矿山生产中要利用热能。矿山火灾时可燃物燃烧时释放出大量热能，矿山生产中利用的电能、机械能或化学能可以转变为热能。人体在这些热能的作用下可能遭受烫伤或烧灼。

炸药爆炸后的炮烟及矿山火灾气体等有毒有害气体使人员中毒是化学能引起的典型伤害事故。

人体对每一种形式能量的作用都有一定的抵抗能力，或者说有一定的伤害值。当人体与某种形式的能量接触时能否产生伤害及伤害的严重程度如何，主要取决于作用人体能量的大小。作用于人体的能量越多，造成严重伤害的可能性越大。例如，球形弹丸以 4.9N 的冲击力打击人体时，只能轻微地擦伤皮肤；重物以 68.6N 的冲击力打击人的头部，会造成头骨骨折。此外，人体接触能量的时间和频率，能量的集中程度，以及接触能量的部位等也影响人员伤害的发生情况。

该理论提醒人们要经常注意生产过程中能量的流动、转换以及不同形式能量的相互作用，防止发生能量的意外逸出或释放而受到伤害。

B　屏蔽

调查矿山伤亡事故原因发现，大多数矿山伤亡事故都是因为过量的能量，或干扰人体与外界正常能量交换的危险物质的意外释放引起的，并且几乎毫无例外地，这种过量能量或危险物质的意外释放都是由于人的不安全行为或物的不安全状态造成的。即人的不安全行为或物的不安全状态使得能量或危险物质失去了控制，是能量或危险物质释放的导火线。

从能量意外释放论出发，预防伤害事故就是防止能量或危险物质的意外释放，防止人体与过量的能量或危险物质接触。我们把约束、限制能量所采取的措施叫做屏蔽（与下面将介绍的屏蔽设施不同，此处是广义的屏蔽）。

矿山生产中常用的防止能量意外释放的屏蔽措施有如下几种：

（1）用安全能源代替危险能源。在有些情况下，某种能源危险性较高，可以用较安全的能源取代。例如，在采掘工作面用压缩空气动力代替电力，可防止发生触电事故。但是应该注意，绝对安全的事物是没有的，压缩空气用作动力也有一定的危险性。

（2）限制能量。在生产工艺中尽量采用低能量的工艺和设备。例如，限制露天矿爆破装药量以防止飞石伤人；利用低电压设备防止电击；限制设备运转速度以防止机械伤害等。

（3）防止能量蓄积。能量的大量蓄积会导致能量的突然释放，因此要及时释放能量以防止其蓄积。例如，通过接地消除静电蓄积；利用避雷针放电保护重要设施等。

（4）缓慢地释放能量。缓慢地释放能量降低单位时间内释放的能量，减轻能量对人体的作用。例如，各种减振装置可以吸收冲击能量，防止伤害人员。

（5）设置屏蔽设施。屏蔽设施是一些防止人员与能量接触的物理实体。它们可以被设置在能源上，例如安装在机械转动部分外面的防护罩；也可以被设置在人员与能源之间，例如安全围栏、井口安全门等。人员佩戴的个体防护用品可看做是设置在人员身上的屏蔽设施。在生产过程中也有两种或两种以上的能量相互作用引起事故的情况。例如，矿井杂散电流引爆电雷管造成炸药意外爆炸，车辆压坏电缆绝缘物导致漏电等。为了防止两种能量间的相互作用，可以在两种能量间设置屏蔽。

（6）信息形式的屏蔽。各种警告措施可以阻止人的不安全行为，防止人员接触能量。

根据可能发生意外释放的能量的大小，可以设置单一屏蔽或多重屏蔽，并且应该尽早设置屏蔽，做到防患于未然。

11.1.2　不安全行为的心理原因

根据心理学的研究，人的行为是个人因素与外界因素相互关联、共同作用的结果。个人因素是人的行为的内因，在矿山生产过程中人的行为主要取决于人的信息处理过程。个人的经验、技能、气质、性格等在长时期内形成的特征，以及发生事故时相对短时间里的个人生理、心理状态，如疲劳、兴奋等均会影响人的信息处理过程。外界因素，包括生产作业条件及人际关系等，是人的行为的外因。外因通过内因起作用。

11.1.2.1　人的信息处理过程

人的信息处理过程可以简单地表示为输入→处理→输出。输入是经过人的感官接受外界刺激或信息的过程。在处理阶段，大脑把输入的刺激或信息进行选择、记忆、比较和判断，做出决策。输出是通过人的运动器官和发音器官把决策付诸实现的过程。

A　知觉

知觉是人脑对于直接作用于感觉器官的事物整体的反映，是在感觉的基础上形成的。感觉是直接作用于人的感觉器官的客观事物的个别属性在人脑中的反映。实际上，人很少有单独的感觉产生，而是往往以知觉的方式反映客观事物。通常把感觉和知觉合称为感知。

人的视、听、味、嗅、触觉器官同时从外界接受大量的信息。据研究，在工业生产过程中，操作者每秒钟接受的视觉信息是相当大的。而作为信息处理中心的大脑的信息处理能力却非常低，其最大处理能力仅为每秒 100 比特左右。感觉器官接受的信息量大而大脑处理信息能力低，则在大脑中枢处理之前便要对感官接受的信息进行预处理。即对接受的信息进行选择。在信息处理过程中人通过注意来选择输入信息。

B　注意

在信息处理过程中，人们把注意与有限的短期记忆能力、决策能力结合起来，选择每一瞬间应该处理的信息。

注意是人的心理活动对一定对象的指向和集中。注意的品质包括注意的稳定性、注意的范围、注意的分配及注意的转移。

注意的稳定性也称持久性，是指把注意保持在一个对象上或一种活动上所能持续的时间。人对任何事物都不可能长期持久地注意下去，在注意某事物时总是存在着无意识的瞬间。也就是说，不注意是人的意识活动的一种状态，存在于注意之中。据研究，对单一不变的刺激，保持明确意识的时间一般不超过几秒钟。注意的稳定性除了与对象的内容、复杂性有关外，还与人的意志、态度、兴趣等有关。

注意的范围是指同一时间注意对象的数量。扩大注意范围可以使人同时感知更多的事物，接受更多的信息，提高工作效率和作业安全性。注意范围太小会影响注意的转移和分配，使精神过于紧张而诱发误操作。注意的范围受注意对象的特点、工作任务要求及人员的知识和经验等因素的影响。

注意的分配是指在同一时间内注意两种或两种以上不同对象或活动。现代矿山生产作业往往要求人员同时注意多个对象，进行多种操作。如果人员至少能熟练地进行一种操作，则可以把大部分注意力集中于较生疏的操作上。当注意分配不好时，可能出现顾此失彼现象，最终导致发生事故。通过技术培训和操作训练可以提高职工的注意分配能力。

注意的转移是指有目的、及时而迅速地把注意由一个对象转移到另一个对象上。矿山生产作业很复杂，环境条件也经常变化。如果注意转移得缓慢，则不能及时发现异常而导致危险局面的出现。注意转移的快慢和难易取决于对原对象的注意强度，以及引起注意转移的对象的特点等。

注意在防止矿山伤害事故方面具有重要意义。安全教育的一个重要方面就在于使人员懂得，在生产操作过程中的什么时候应该注意什么。利用警告可以唤起操作者的注意，让他们把注意力集中于可能会被漏掉的信息。

C　记忆

经过预处理后的输入信息被存储于记忆中。人脑具有惊人的记忆能力，正常人的脑细胞总数多达 100 亿个，其中有意识的记忆容量为 1000 亿比特，下意识的记忆容量为 100 亿比特。

记忆分为短期记忆和长期记忆。输入的信息首先进入短期记忆中。短期记忆的特点是记忆时间短，过一段时间就会忘记，并且记忆容量有限，如当人员记忆 7 位数时就会出错。当干扰信息进入短期记忆中时，短期记忆里原有的信息被排挤掉，即会发生遗忘现象而可能导致事故。经过多次反复记忆，短期记忆中的东西就进入了长期记忆。长期记忆可以使信息长久地，甚至终生难忘地在头脑里保存下来。人们的知识、经验都存储在长期记忆中。

D　决策

针对输入的信息，长期记忆中的有关信息（知识、经验）被调出并暂存于短期记忆中，与进入短期记忆的输入信息相比较，进行识别、判断然后做出决策，选择恰当的行为。

人们为了做出正确的决策，必须获取充足的外界信息，具有丰富的知识和经验，以及充裕的决策时间。一般来说，做出决策需要一定的思考时间。在生产任务紧迫或面临危险的情况下，往往由于没有足够的决策时间而匆匆做出决定，结果便可能发生决策失误。熟练技巧可以使人员不经决策而下意识地进行条件反射式的操作。这一方面可以使人员高效率地从事生产操作；另一方面，在异常情况下，下意识的条件反射可能导致不安全行为。此外，个人态度对决策有重要的影响。

E　行为

大脑中枢做出的决策指令经过神经传达到相应的运动器官（或发音器官）而转化为行为。运动器官动作的同时把关于动作的信息经过神经反馈给大脑中枢，对行为的进行情况进行监测。已经熟练的行为进行时一般不需要监测，并且在行为进行的同时，可以对新输入的信息进行处理。

为了正确地进行决策所规定的行为，令机械设备、用具及工作环境符合人机学要求是非常必要的。

11.1.2.2　个性心理特征与不安全行为

个性心理特征是个体稳定地、经常地表现出来的能力、性格、气质等心理特点的总和。不同的人其个性心理特征是不同的。每个人的个性心理特征在先天素质的基础上，在一定的社会条件下，通过个体具体的社会实践活动，在教育和环境的影响下形成和发展。

能力是直接影响活动效率，使得活动顺利完成的个性心理特征。矿山生产的各种作业都要求人员具有一定的能力才能胜任。一些危险性较高、较重要的作业特别要求操作者有较高的能力。通过安全教育、技术培训和特殊工种培训，可以使职工的能力在原有基础上进一步提高，更有利于实现安全生产。

性格是人对事物的态度或行为方面的较稳定的心理特征，是个性心理的核心。知道了一个人的性格，就可以预测在某种情况下他将如何行动。鲁莽、马虎、懒惰等不良性格往往是产生不安全行为的原因。但是，人的性格是可以改变的。安全管理工作的一项任务就是**发现和发展职工的认真负责、细心、勇敢等良好性格，克服那些与安全生产不利的性格**。

气质主要表现为人的心理活动的动力方面的特点。它包括心理过程的速度和稳定性以及心理活动的指向性（外向型或内向型）等。人的气质不以活动的内容、目的或动机为转移。气质的形成主要受先天因素的影响，教育和社会影响也会改变人的气质。

人的气质分为多血质、胆汁质、黏液质和抑郁质 4 种类型。各种类型的典型特征如下：

(1) 多血质型。具有这种气质的人活泼好动，反应敏捷，喜欢与人交往，注意力容易转移，兴趣多变。

(2) 胆汁质型。这种类型的人直率热情，精力旺盛，情感强烈，易于冲动，心境变化剧烈。他们大多是热情而性急的人。

(3) 黏液质型。具有这种气质的人沉静、稳重，情绪不外露，反应缓慢，注意力稳定且难于转移。

(4) 抑郁质型。这种类型的人观察细微，动作迟缓，多半是情感深厚而沉默的人。

气质类型无好坏之分，任何一种气质类型都有其积极的一面和消极的一面。在每一种气质的基础上都有可能发展起某些优良的品质或不良的品质。从矿山安全的角度，在选择人员，分配工作任务时要考虑人员的性格、气质。例如，要求迅速做出反应的工作任务由多血质型的人员完成较合适；要求有条不紊、沉着冷静的工作任务可以分配给黏液质类型的人。应该注意，在长期工作实践中人会改变自己原来的气质来适应工作任务的要求。

11.1.2.3 非理智行为

非理智行为是指那些"明知有危险却仍然去做"的行为。大多数的违章操作都属于非理智行为，在引起矿山事故的不安全行为中占有较大比例。非理智行为产生的心理原因主要有以下几个方面：

（1）侥幸心理。伤害事故的发生是一种小概率事件，一次或多次不安全行为不一定会导致伤害。于是，一些职工根据采取不安全行为也没有受到伤害的经验，认为自己运气好，不会出事故，或者得出了"这种行为不会引起事故"的结论，即形成侥幸心理。针对职工存在的侥幸心理，应该通过安全教育使他们懂得"不怕一万，就怕万一"的道理，自觉地遵守安全规程。

（2）省能心理。人总是希望以最小的能量消耗取得最大的工作效果，这是人类在长期生活中形成的一种心理习惯。省能心理表现为嫌麻烦、怕费劲、图方便，或者得过且过的惰性心理。由于省能心理作祟，操作者可能省略必要的操作步骤或不使用必要的安全装置而引起事故。在进行工程设计、制定操作规程时要充分考虑职工由于省能心理而采取不安全行为问题。在日常安全管理中要利用教育、强制手段防止职工为了省能而产生不安全行为。

（3）逆反心理。在一些情况下，个别人在好胜心、好奇心、求知欲、偏见或对抗情绪等心理状态下，会产生与常态心理相对抗的心理状态，偏偏去做不该做的事情，从而产生不安全行为。

（4）凑兴心理。凑兴心理是人在社会群体中产生的一种人际关系的心理反应，多发生在精力旺盛、能量有剩余而又缺乏经验的青年人身上。他们从凑兴中得到心理满足，或消耗掉剩余的精力。凑兴心理往往导致非理智行为。

实际上导致不安全的心理因素很多，也很复杂。在安全工作中要及时掌握职工的心理状态，并开展深入细致的思想工作提高职工的安全意识，使其自觉地避免不安全行为。

11.1.3 事故中的人失误

11.1.3.1 人失误的定义及分类

人失误，即人的行为失误，是指人员在生产、工作过程中实际实现的功能与被要求的功能不一致，其结果可能以某种形式给生产、工作带来不良影响。通俗地讲，人失误是人员在生产、工作中产生的差错或误差。人失误可能发生在计划、设计、制造、安装、使用及维修等各种工作过程中。人失误可能导致物的不安全状态或人的不安全行为。不安全行为本身也是人失误，但是，不安全行为往往是事故直接责任者或当事者的行为失误。一般来说，在生产、工作过程中人失误是不可避免的。

按人失误产生原因可以把它分成随机失误，系统失误和偶发失误 3 类。

（1）随机失误。这是由于人的动作、行为的随机性质引起的人失误。例如，用手操作时用力的大小，精确度的变化，操作的时间差，简单的错误或一时的遗忘等。随机失误往往是不可预测、不会重复发生的。

（2）系统失误。这是由于工作条件设计方面的问题，或人员的不正常状态引起的失误。系统失误主要与工作条件有关，设计不合理的工作条件容易诱发人失误。容易引起人失误的工作条件大体上有两方面的问题：其一是工作任务的要求超出了人的承受能力；其二是规定的操作程序出现问题，在正常工作条件下形成的下意识行动、习惯使人们不能应付突然出现的紧急情况。

在类似的情况下，系统失误可能重复发生。通过改善工作条件及教育训练，能够有效地防止此类失误。

（3）偶发失误。偶发失误是由于某种偶然出现的意外情况引起的过失行为，或者事先难以预料的意外行为。例如，违反操作规程、违反劳动纪律的行为。

11.1.3.2　矿山人失误模型

在矿山生产过程中可能有某种形式的信息会警告人员应该注意危险的出现。对于在生产现场的某人（当事人）来说，关于危险出现的信息叫做初期警告。如果在没有关于危险出现的初期警告的情况下发生伤害事故，则往往是由于缺乏有效的检测手段，或者管理人员没有事先提醒人们存在着危险因素，当事人在不知道危险的情况下发生的事故，属于管理失误造成的事故。在存在初期警告的情况下，人员在接受、识别警告或对警告做出反应方面的失误都可能导致事故。

（1）接受警告失误。尽管有初期警告出现，可是由于警告本身不足以引起人员注意，或者由于外界干扰掩盖了警告、分散了人员的注意力，或者由于人员本身的不注意等原因没有感知警告，因而不能发现危险情况。

（2）识别警告失误。人员接受到警告之后，只有从众多的信息中识别警告，理解警告的含义才能意识到危险的存在。如果工人缺乏安全知识和经验，就不能正确地识别警告和预测事故的发生。

（3）对警告反应失误。人员识别了警告而知道危险即将出现之后，应该采取恰当措施控制危险局面的发展或者及时回避危险。为此应该正确估计危险性，采取恰当的行为及实现这种行为。人员根据对危险性的估计采取相应的行为可以避免事故发生，但人员也可能由于低估了危险性而对警告置之不理。因此对危险性估计不足也是一种失误，是一种判断失误。除了缺乏经验而做出不正确判断之外，许多人往往麻痹大意而低估了危险性。即使在对危险性估计充分的情况下，人员也可能因为不知如何行动或心理紧张而没有采取行动，也可能因为选择了错误的行为或行为不恰当而不能摆脱危险。在矿山生产的许多作业过程中，威胁人员安全的主要危险来自矿山自然条件。受技术、经济条件的限制，人控制自然的能力是有限的，在许多情况下不能有效地控制危险局面。这种情况下恰当的对策是迅速撤离危险区域，以避免受到伤害。

（4）二次警告。矿山生产作业往往是多人作业、连续作业。某人在接受了初期警告、识别了警告并正确地估计了危险性之后，除了自己采取恰当行为避免伤害事故外，还应该向其他人员发出警告，提醒他们采取防止事故措施。当事人向其他人员发出的警告叫做二次警告，但对其他人员来说，它是初期警告。在矿山生产过程中及时发出二次警告对防止矿山伤害事故也是非常重要的。

11.1.3.3 个人能力与人失误

在矿山生产作业中，人员要经常处理各种有关的信息，付出一定的智力和体力来承受工作负荷。如果人的信息处理能力过低，则将容易发生失误。每个人的信息处理能力是不同的，它取决于进行生产作业时人员的硬件状态、心理状态和软件状态。

硬件状态包括人员的生理、身体、病理和药理状态。例如，疲劳、睡眠不足、醉酒、饥渴等，以及生物节律、倒班、生产作业环境中的不利因素等影响人员的生理状态，会降低大脑的意识水平，从而降低信息处理能力。人体的感觉器官的灵敏性及感知范围影响人员对外界信息的接收；身体的各部分尺寸、各方向上力量的大小及运动速度等影响行为的进行。疾病、心理变态、精神不正常、脑外伤后遗症等病理状态影响大脑意识水平。服用某些药剂，如安眠药、镇静剂、抗过敏药物等，也会降低大脑意识水平。

人员的心理状态直接影响心理紧张度。例如，焦虑、恐慌等妨碍正常的信息处理；家庭纠纷、忧伤等引起的情绪不安定会分散注意力，甚至忘记必要的操作。工作任务、工作环境及人际关系等方面的问题也会影响人的心理状态。

软件状态是指人员在生产操作方面的技术水平、按作业规程、程序操作的能力及知识水平。在信息处理过程中软件状态对选择、判断、决策有重要的影响。随着矿山生产技术的进步，机械化、自动化程度的提高，安全生产对人员的软件状态的要求也越来越高。人的生理、心理状态在短时间内就会发生很大变化，而软件状态要经过长期的工作实践和经常的教育、训练才能改变。

11.1.3.4 心理紧张与人失误

注意是大脑正常活动的一种状态，注意力集中程度取决于大脑的意识水平（警觉度）。

研究表明，意识水平降低而引起信息处理能力的降低是发生人失误的内在原因。根据人的脑电波的变化情况，可以把大脑的意识水平划分为无意识、迟钝、被动、能动和恐慌5个等级：

（1）无意识。在熟睡或癫痫发作等情况下，大脑完全停止工作，不能进行任何信息处理。

（2）迟钝。过度疲劳或者从事单调的作业，困倦或醉酒时，大脑的信息处理能力极低。

（3）被动。从事熟悉的、重复性的工作时，大脑被动的活动。

（4）能动。从事复杂的、不太熟悉的工作时，大脑清晰而高效地工作，积极地发现问题和思考问题，主动进行信息处理。但是，这种状态仅能维持较短的时间，然后进入被动状态。

（5）恐慌。工作任务过重，精神过度紧张或恐惧时，由于缺乏冷静而不能认真思考问题，致使信息处理能力降低。在极端恐慌时，会出现大脑"空白"现象，信息处理过程中断。

　　在矿山生产过程中人员正常工作时，大脑意识水平经常处在能动和被动状态下，信息处理能力高、失误少。当大脑意识水平处于迟钝或恐慌状态时，信息处理能力低、失误多。人的大脑意识水平与心理紧张度有密切的关系，而人的心理紧张程度主要取决于工作任务对人的信息处理能力要求。

　　（1）极低紧张度。当从事缺少刺激的、过于轻松的工作时，几乎不用动脑筋思考。

　　（2）最优紧张度。从事较复杂的、需要思考的作业时，大脑能动地工作。

　　（3）稍高紧张度。在要求迅速采取行动或一旦发生失误可能出现危险的工作中，心理紧张度稍高，容易发生失误。

　　（4）极高紧张度。当人员面临生命危险时，大脑处于恐慌状态而很容易发生失误。

　　除了工作任务之外，还有许多增加心理紧张度的因素，如饮酒、疲劳等生理因素，不安、焦虑等心理因素，照明不良、温度异常及噪声等物理因素。心理紧张度还与个人经验及技能有关，缺乏经验及操作不熟练的人，其心理紧张度较高。

　　合理安排工作任务，消除各种增加心理紧张的因素，以及经常进行教育、训练，是使职工保持最优心理紧张度的主要途径。

11.2　矿山事故预防

11.2.1　可靠性与安全

11.2.1.1　可靠性的基本概念

　　可靠性是指系统或系统元素在规定的条件下和规定的时间内，完成规定的功能的性能。可靠性是判断和评价系统或元素的性能的一个重要指标。当系统或元素在运行过程中因为性能低下而不能实现预定的功能时，则称发生了故障。故障的发生是人们所不希望的，却又是不可避免的。故障迟早会发生，人们只能设法使故障发生得晚些，让系统、元素能够尽可能长时间地工作。一般来说，机械设备、装置、用具等物的系统或元素的故障，可能导致物的不安全状态或引起人的不安全行为。因此，可靠性与安全性有着密切的因果关系。

　　故障的发生具有随机性，故需要应用概率统计的方法来研究可靠性。系统或元素在规定的条件下和规定的时间内，完成规定功能的概率叫做可靠度。可靠度是可靠性的定量描述，其数值在 0～1 之间。可靠度与运行时间有关，随着运行时间的增加，可靠度逐渐降低，这符合"旧的不如新的"的一般规律。故障率是指工作到某时刻尚未失效的产品，在该时刻后单位时间发生故障的概率，其表明系统、元素发生故障的难易程度。根据故障率随时间变化的情况，把故障分为初期故障、随机故障及磨损故障 3 种类型。

　　初期故障发生在系统或元素投入运行的初期，是由于设计、制造、装配不良或使用方法不当等原因造成的，其特点是故障率随运行时间的增加而减少。随机故障发生在系统或元素正常运行阶段，是由于一些复杂的、不可控制的，甚至未知的因素造成的，其故障率基本恒定。磨损故障发生在运行时间超过寿命期间之后，由于磨损、老化等原因造成故障率急剧上升。

　　系统或元素自投入运行开始到故障发生的时间经过叫做故障时间。在故障发生后不再修复使用的场合，故障时间的平均值称为平均故障时间，也可以理解为设备在规定的环境下，正常生产到发生下一次故障的平均时间，记为 MTTF；对于故障后经修理重复使用的情况，则被称为平均故障间隔时间，记为 MTBF。

11.2.1.2 简单系统的可靠性

系统是由若干元素构成的。系统的可靠性取决于元素可靠性及系统结构。按系统故障与元素故障之间的关系，可以把简单系统分为串联系统和冗余系统两大类。

A 串联系统的可靠性

串联系统又称基本系统，从实现系统功能的角度看，它是由各元素串联组成的系统。串联系统的特征是，只要构成系统的元素中的一个元素发生了故障，就会造成系统故障。

B 冗余系统

所谓冗余，是把若干元素附加于构成基本系统的元素之上来提高系统可靠性的方法。附加的元素称为冗余元素；含有冗余元素的系统称为冗余系统。冗余系统的特征是，只有一个或几个元素发生故障时系统不一定发生故障。按实现冗余的方式不同，冗余系统分为并联系统、备用系统及表决系统。

（1）并联系统。在并联系统中冗余元素与原有元素同时工作，只要其中的一个元素不发生故障，系统就能正常运行。并联系统的可靠度高于元素的可靠度，并且并联的元素越多，则系统的可靠度越高。但是，随着并联元素数目的增加，系统可靠度提高的幅度却越来越小。

（2）备用系统。备用系统的冗余元素平时处于备用状态，当原有元素故障时才投入运行。为了保证备用系统的可靠性，必须有可靠的故障检测机构和使备用元素及时投入运行的转换机构。

（3）表决系统。构成系统的 n 个元素中有 A 个不发生故障，系统就能正常运行的系统称为表决系统。表决系统的性能处于串联系统和并联系统性能之间，多用于各种安全监测系统，使之有较高的灵敏度和一定的抗干扰性能。

11.2.1.3 提高系统可靠性的途径

一般来说，可以从如下几方面采取措施来提高系统的可靠性：

（1）选用可靠度高的元素。高质量的元件、设备的可靠性高，由它们组成的系统可靠度也高。

（2）采用冗余系统。根据具体情况，可以采用并联系统、备用系统或表决系统。

（3）改善系统运行条件。控制系统运行环境中温度、湿度，防止冲击、振动、腐蚀等，可以延长元素、系统的寿命。

（4）加强预防性维修保养。及时、正确的维修保养可以延长使用寿命；在元素进入磨损故障阶段之前及时更换，可以维持恒定的故障率。

11.2.1.4 人、机、环境匹配

矿山生产作业是由人员、机械设备、工作环境组成的人－机－环境系统。只有作为系统元素的人员、机械设备、工作环境合理匹配，使机械设备、工作环境适应人的生理、心

理特征，才能使人员操作简便、准确、失误少，工作效率高。人机工程学（简称人机学）就是研究这个问题的科学。

人、机、环境匹配问题主要包括机器的人机学设计，人机功能的合理分配及生产作业环境的人机学要求等。机器的人机学设计主要是指机器的显示器和操纵器的人机学设计。这是因为机器的显示器和操纵器是人与机器的交接面，人员通过显示器获得有关机器运转情况的信息，通过操纵器控制机器的运转。设计良好的人机交接面可以有效地减少人员在接受信息及实现行为过程中的人失误。

A　显示器的人机学设计

机械、设备的显示器是一些用来向人员传达有关机械、设备运行状况的信息的仪表或信号等。显示器主要传达视觉信息，它们的设计应该符合人的视觉特性。具体地讲，应该符合准确、简单、一致及排列合理的原则。

（1）准确。仪表类显示器的设计应该让人员容易正确地读数，减少读数时的失误。据研究，仪表面板刻度形式对读数失误率有较大影响。

（2）简单。根据显示器的使用目的，在满足功能要求的前提下越简单越好，以减轻人员的视觉负担，减少失误。

（3）一致。显示器指示的变化应该与机械、设备状态变化的方向一致。例如，仪表读数增加应该表示机器的输出增加；仪表指针的移动方向应该与机器的运动方向一致，或者与人的习惯一致。否则，很容易引起操作失误。

（4）合理排列。当显示器的数目较多时，例如大型设备、装置的控制台（或控制盘）上的仪表、信号等，把它们合理地排列可以有效地减少失误。一般地，排列显示器时应该注意：显示器在水平方向上的排列范围可以大于在竖直方向上的排列范围，这是因为人的眼睛做水平运动比做垂直运动的速度快、幅度大。

B　操纵器的人机学设计

操纵器的设计应该使人员操作起来方便、省力、安全。为此，要依据人的肢体活动极限范围和极限能力来确定操纵器的位置、尺寸、驱动力等参数。

（1）作业范围。一般地，按操作者的躯干不动时手、脚达及范围来确定作业范围。如果操纵器的布置超出了该作业范围，则操作者需要进行一些不必要的动作才能完成规定的操作。这会给操作者造成不方便，容易产生疲劳，甚至造成误操作。下面分别讨论用手操作和用脚操作的作业范围。

1）上肢作业范围。通常把手臂伸直时指尖到达的范围作为上肢作业的最大作业范围。考虑到实际操作时手要用力完成一定的操作而不能充分伸展，以及肘的弯曲等情况，正常作业范围要比最大作业范围缩小些。

2）下肢作业范围。当人员坐在椅子上用脚操作时，当椅子靠背后倾时，下肢的活动范围缩小。

（2）操纵器的设计原则。设计操纵器时，首先应确定是用手操作还是用脚操作。一般要求操作位置准确或要求操作迅速到位的场合，应该考虑用手操作；要求连续操作、手动操纵器较多或非站立操作时需要98N以上的力进行操作的场合应该考虑用脚操作。其次，从适合人员操作、减少失误的角度，必须考虑如下问题：

1）操作量与显示量之比。它根据最大作业范围确定。控制的精确度要求选择恰当的操作量与显示量之比。当要求被控制对象的运动位置等参数变化精确时，操作量与显示量之比应该大些。

2）操作方向的一致性。操纵器的操作方向与被控对象的运动方向及显示器的指示方向应该一致。

3）操纵器的驱动力。操纵器的驱动力应该根据操纵器的操作准确度和速度、操作的感觉及操作的平滑性等确定。除按钮之外的一般手动操纵器的驱动力不应超过9.8N。操纵器的驱动力并非越小越好，驱动力过小会由于意外地触碰而引起机器的误动作。

4）防止误操作。操纵器应该能够防止被人员误操作或意外触动造成机械、设备的误运转。除了加大必要的驱动力之外；可针对具体情况采取适当的措施。例如，紧急停止按钮应该突出，一旦出现异常情况时人员可以迅速地操作；而启动按钮应该稍微凹陷，或在周围加上保护圈，防止人员意外触碰。当操纵器很多时，为了便于识别，可以采用不同的形状、尺寸，附上标签或涂上不同的颜色等。

11.2.1.5 人、机功能分配的一般原则

随着科学技术的进步，人类的生产劳动越来越多地为各种机器所代替。例如，各类机械取代了人的手脚，检测仪器代替了人的感官，计算机部分地代替了人的大脑等。用机器代替人，既减轻了人为劳动强度，有利于安全健康，又提高了工作效率。然而，由于人具有机器无法比拟的优点，今后将仍然是生产系统中不可缺少的重要元素。充分发挥人与机器各自的优点，让人员和机器合理地分配工作任务，是实现安全、高效生产的重要方面。

概括地说，在进行人、机功能分配时，应该考虑人的准确度、体力、动作的速度及知觉能力4个方面的基本界限，以及机器的性能维持能力、正常动作能力、判断能力及成本4个方面的基本界限。人员适合从事要求智力、视力、听力、综合判断力、应变能力及反应能力的工作；机器适于承担功率大、速度快、重复性作业及持续作业的任务。应该注意，即使是高度自动化的机器，也需要人员来监视其运行情况，并且在异常情况下需要由人员来操作，以保证安全。

矿山生产过程中存在许多危险因素，其生产作业环境也与一般工业生产作业环境有很大差别。许多矿山伤害事故的发生都与不良的生产作业环境有着密切的关系。矿山生产作业环境问题主要包括温度、湿度、照明、噪声及振动、粉尘及有毒有害物质等问题。这里仅简要讨论矿山生产环境中的照明、噪声及振动方面的问题。

（1）照明。人员从外界接受的信息中，80%以上是通过视觉获得的。照明的好坏直接影响视觉接受信息的质量。许多矿山伤亡事故都是由于作业场所照明不良引起的。对生产作业环境照明的要求可概括为适当的照度和良好的光线质量两个方面。

1）适当的照度。在各种生产作业中为使人员清晰地看到周围的情况，光线不能过暗或过亮。强烈的光线令人目眩及疲劳，且浪费能量；昏暗的光线使人眼睛疲劳，甚至看不清东西。一般地，进行粗糙作业时的照明度应在70lx左右，普通作业应在150lx左右，较精密的作业应在300lx以上。矿山井下作业环境比较特殊，在凿岩、支护、装载及运输作业中发生的许多事故都与作业场所的照度偏低有关。有些研究资料认为，井下作业场所越亮，事故发生率越低。

井下空气中的水蒸气、炮烟及粉尘等可吸收光能并产生散射而降低了作业场所照度。

采取通风净化措施消除水雾、炮烟及粉尘，对改善照明有一定的益处。

2）良好的光线质量。光线质量包括被观察物体与背景的对比度、光的颜色、眩光及光源照射方向等。按定义，对比度等于被观察物体的亮度与背景亮度的差与背景亮度之比。为了能看清楚被观察的物体，应该选择适当的对比度。当需要识别物体的轮廓时，对比度应该尽量大；当观察物体细部时，对比度应该尽量小些。眩光是炫目的光线，往往是由人的视野范围内的强光源产生的。眩光使人眼花缭乱而影响观察，因此应该合理地布置光源。特别是在井下，不要面对探照灯光等强光束作业。

（2）噪声。噪声是指一切不需要的声音，它会造成人员生理和心理损伤，影响正常操作。噪声用噪声级来衡量，其单位是 dB。当噪声超过 80dB 时，就会对人的听力产生影响。

矿山生产作业环境中有许多产生强烈噪声的噪声源。矿山设备中的扇风机、凿岩机和空气压缩机等工作时都会产生很强的噪声。矿井主扇风机入口 1m 处的噪声可高达 110dB 以上；井下局部扇风机附近 1m 处的噪声超过 100dB；井下凿岩机的噪声高达 120dB 以上。

噪声的危害主要表现在以下几个方面：

1）损害听觉。短时间暴露在较强噪声下可能造成听觉疲劳，产生暂时性听力减退。长时间暴露于噪声环境，或受到非常强烈噪声的刺激，会引起永久性耳聋。

2）影响神经系统及心脏。在噪声的刺激下，人的大脑皮质的兴奋和抑制平衡失调，引起条件反射异常。久而久之，会引起头痛、头晕、耳鸣、多梦、失眠、心悸、乏力或记忆力减退等神经衰弱症状。长期暴露于噪声环境中会影响心血管系统。

3）影响工作和导致事故。噪声使人心烦意乱和容易疲劳，分散人员的注意力，干扰谈话及通讯。噪声可能使人听不清危险信号而发生事故。

（3）振动。振动直接危害人体健康，往往伴随产生噪声，会降低人员知觉和操作的准确度，不利于安全生产。根据振动对人员的影响，可将其分为局部振动和全身振动两类。

1）局部振动。工业生产中最常见的和对人危害最大的振动是局部振动。例如，凿岩机的强烈振动会使凿岩工患振动病。振动病的症状有手麻、发僵、疼痛、四肢无力及关节疼等，其中以手麻最为常见。当症状严重时手指及关节变形、肌肉萎缩，出现白指、白手。

2）全身振动。全身振动多为低频率、大振幅的振动，可能引起人体器官的共振而妨碍人体生理机能。在人体受到较强烈全身振动时，可能出现头晕、头痛、疲劳、耳鸣、胸腹痛、口语不清、视物不清、甚至内出血等症状。振动对人的影响主要取决于振动频率，频率 4~8Hz 的振动对人体危害最大，其次是 10~12Hz 和 20~25Hz 的振动。

控制噪声和振动的措施有隔声、吸声、消声，隔振和阻尼等。

11.2.2 矿山生产伤亡事故

11.2.2.1 伤亡事故分类

为了研究事故发生原因及规律，并便于对伤亡事故进行统计分析，《企业职工伤亡事故分类标准》（GB 6441—86）和《企业职工伤亡事故调查分析规则》（GB 6442—86）按致伤原因把伤亡事故划分为 20 类。其中，标准把受伤害者的伤害分为 3 类：

（1）轻伤。是指损失工作日低于 105 天的失能伤害。

（2）重伤。是指损失工作日等于和大于 105 天的失能伤害。

（3）死亡。

相应地，标准按伤害严重程度把伤亡事故分为 3 类：

（1）轻伤事故。是指只发生轻伤的事故。

（2）重伤事故。是指有重伤但无死亡的事故。

（3）死亡事故。其中，一次事故中死亡 1~2 人的事故为重大伤亡事故；一次事故中死亡 3 人及超过 3 人的事故为特大伤亡事故。

11.2.2.2　伤亡事故综合分析

伤亡事故综合分析是以大量的伤亡事故资料为基础，应用数理统计的原理和方法，从宏观上探索事故发生原因及规律的过程。通过伤亡事故综合分析，可以了解一个矿山企业、部门在某一时期的安全状况，掌握事故发生、发展的规律和趋势；探求伤亡事故发生的原因，有关的影响因素，从而为采取有效的防范措施提供依据；为宏观事故预测及安全决策提供依据等。

伤亡事故综合分析主要包括如下内容。

A　伤亡事故发生趋势分析

伤亡事故发生趋势分析是按时间顺序对事故发生情况进行的统计分析。按照时间发展过程对比不同时期的伤亡事故统计指标，可以展示伤亡事故发生趋势和评价某一时期内的安全状况。通过与历年伤亡事故发生情况对比，可以评价当前安全状况较以前是改善了还是恶化了。为了直观起见，伤亡事故趋势分析往往利用趋势图来表示。

B　探讨伤亡事故发生规律

通过分析研究伤亡事故统计资料，可以概略地掌握矿山企业、部门内部生产过程中伤亡事故发生的规律。一般来说，可以探讨如下的一些规律性：

（1）哪些矿山、坑口、采区或车间危险因素多，其原因和结果各是什么？

（2）不同的生产作业条件和工作内容对事故的发生有什么影响？

（3）伤亡事故的发生在时间上有什么周期性规律？

（4）随着生产作业时间的推移，事故发生频率有什么变化？

（5）伤亡事故的发生与职工年龄、工龄、性别等有何关系？

（6）人体的哪些部位容易受到伤害，与作业条件、工作内容有何关系，使用的防护用品是否合适？

在研究伤亡事故发生规律时，常常配合使用各种统计图形来增加其直观性。

在伤亡事故综合分析中，为了便于相互比较，应该尽量采用相对指标。这是因为，尽管伤亡事故绝对指标从一个侧面，在一定程度上反映了企业或部门的安全状况。但是，由于职工人数、劳动时间等变化，采用绝对指标就缺乏说服力。在进行对比分析或寻找某些统计规律性时，例如，按受伤害者的年龄、工龄等进行统计分析，探讨它们与事故发生之间关系时，应该以相应的职工人数而不是全部职工人数为基数，以免得出错误的结论。另外，根据伯努利大数定律，只有当样本容量足够大时，随机事件发生频率才趋于稳定，观测数据越少则得到的规律的可靠性越差。因此，应该设法增加样本容量，以使伤亡事故综合分析的结果更可信。

C　伤亡事故管理图

为了改善矿山安全状况，降低伤亡事故发生频率，矿山企业、部门广泛开展安全目标管理。把作为年度安全管理目标的伤亡事故指标逐月分解后，在实施过程中为了及时掌握事故发生情况，可以利用伤亡事故管理图。

在实际工作中，人们最关心的是实际事故发生次数的平均值能否超过规定的安全目标，所以往往不必考虑下限而只注重上限，力争每个月里事故发生次数不超过管理上限。

把每月实际发生伤亡事故次数点标注在图中相应位置上，根据各月份数据点的分布情况可以判断企业或部门的安全状况。正常情况下，各月份的实际伤亡事故次数应该在管理上限之内围绕目标值随机波动。当管理图不满足该情况时，就应该认为安全状况发生了变化，需要查明原因加以改正。

11.2.2.3　伤亡事故发生趋势预测

预测是人们对客观事物发展变化的一种认识和估计。人们通过对已经发生的矿山事故的分析、研究、弄清了事故发生机理，掌握了事故发生、发展规律，就可以对矿山事故在未来发生的可能性及发生趋势做出判断和估计。矿山事故发生可能性预测是对某种特定的矿山事故能否发生、发生的可能性如何而进行的预测，它为采取具体技术措施防止事故发生提供依据。矿山事故发生趋势预测是根据事故统计资料对未来事故发生趋势进行的宏观预测，其主要为确定矿山安全管理目标、制定安全工作规划或做出安全决策提供依据。

尽管矿山事故的发生受矿山自然条件、生产技术水平、人员素质及企业管理水平等许多因素影响，但大量的统计资料却表明，矿山事故发生状况及其影响因素是一个密切联系的整体，并且这个整体具有相对的稳定性和持续性。于是，我们可以舍弃对各种影响因素的详细分析，而在统计资料的基础上从整体上预测矿山事故发生情况的变化趋势。回归预测法是一种得到广泛应用的事故趋势预测法。此外，尚有指数平滑法、灰色系统预测法等方法，可用于矿山伤亡事故发生趋势预测。

回归预测法是通过对历史资料的回归分析来进行预测的方法。回归分析是研究一个随机变量与另一个变量之间相关关系的数学方法。当两变量之间既存在着密切关系，又不能由一个变量的值精确地求出另一个变量的值时，这种变量间的关系叫做相关关系。根据变量的观测值求得该直线方程的过程叫做回归，其关键在于确定方程中的参数。

在矿山伤亡事故回归预测中，矿山伤亡事故发生状况随时间的推移而变化，并会呈现出某种统计规律性。一般来说，随着矿山生产技术的进步，劳动条件的改善及管理水平的提高，矿山安全程度也会不断提高，而伤亡事故发生率则会逐渐降低。

11.2.3　矿山生产日常安全管理

11.2.3.1　矿山安全管理概述

矿山安全管理是为实现矿山安全生产而组织和使用人力、物力和财力等各种资源的过程。它利用计划、组织、指挥、协调、控制等管理机能，控制来自自然界的、机械的、物质的不安全因素和人的不安全行为，避免发生矿山事故，保障矿山职工的生命安全和健康，保证矿山生产的顺利进行。

矿山安全管理是矿山企业管理的一个重要组成部分。安全性是矿山生产系统的主要特性之一，安全寓于生产之中。企业的安全管理与其他各项管理工作密切关联，互相渗透。因此，一般来说，矿山企业的安全状况是整个企业综合管理水平的反映。并且，在其他各项管理工作中行之有效的理论、原则、方法也基本上适用于安全管理。

矿山安全管理的内容包括对物的管理和对人的管理两个方面。其中，对物的安全管理包括如下内容：

（1）生产设备的设计、制造、安装应该符合有关技术规范和安全规程的要求，其必要的安全防护装置应该齐全、可靠；

（2）经常进行检查和维修保养，使设备处于完好状态，防止由于磨损、老化、腐蚀、疲劳等原因降低设备的安全性；

（3）消除生产作业场所中的不安全因素，创造安全的环境条件。

对人的安全管理的主要内容为：

（1）制定操作规程，规范人的行为，让人员安全而高效地进行操作；

（2）为了使人员自觉地按照规定的操作规程作业，必须经常不断地对人员进行教育和训练，这是安全管理的一项最重要任务。

矿山安全管理工作要在"安全第一、预防为主"的安全生产方针指导下，认真贯彻执行国家、部门和地方的有关安全生产的政策、法规。为了有计划、有组织地开展安全工作，改善矿山安全状况，必须建立健全安全工作组织机构。

《矿山安全规程》规定，各单位均应设置安全专职机构，班、组应设专职或兼职安全员，形成自下而上的工作体系，按照收集与分析资料、选择对策、实施对策和评价实施结果的步骤反复进行日常安全管理工作，推动企业安全工作不断前进。

（1）收集与分析资料。收集与分析资料，是掌握企业安全状况和安全管理工作情况的基本方法，也是企业安全工作的基础。它包括事故后调查和事故前调查两方面的工作。前者在于查明伤亡事故为什么会发生，找出导致事故发生的各种原因因素，后者在于通过安全检查等形式发现生产过程中存在的不安全行为和不安全状态，进而考察企业管理机构是否采取了有效的措施防止事故发生，找出管理工作方面的缺陷。

（2）选择对策。针对企业安全中存在的问题，根据3E原则（Engineering——工程技术，Education——教育，Enforcement——强制）选择恰当的改进措施。一般地，应该优先考虑工程技术改进措施，然后再考虑工程技术措施与教育训练相结合。直接采取措施控制人员操作和生产条件，可以及时解决现存的不安全行为和不安全状态。但是，这种改进措施仅仅解决了表面的问题，而事故的根源没有被铲除掉。只有通过教育、指导和训练，使职工逐渐养成安全操作习惯，才能消除隐藏在不安全行为及不安全状态背后的深层隐患。

实际选择对策时，往往有许多具体方案可供选择。这种情况下，应该根据问题的轻重缓急，根据具体的技术、经济条件，选择最优的对策。

（3）实施对策。根据选定的改进措施方案，制定详细的实施计划，责成专人负责，组织适当的人力、物力和财力，尽快地付诸实施。

（4）评价实施结果。对改进措施的实施情况，要进行监督检查，评价其是否达到了规定的要求。

我国在矿山安全管理方面积累了丰富的经验，其中许多成功的安全管理方法被国家以制度的形式固定下来了，形成了一整套安全管理制度。另外，随着管理科学的发展，系统安全在我国的推广应用，一些新的理论、原则和方法与矿山安全管理实践相结合，产生了一些现代安全管理的理论、原则和方法，使我国的矿山安全管理又有了新的发展。

11.2.3.2 安全生产管理制度

安全生产管理制度，是为了保护劳动者在生产过程中的安全健康，根据安全生产的客观规律和实践经验总结而制定的各种规章制度。它们是矿山安全管理工作的基本准则。

A 安全生产责任制

安全生产责任制是企业各级领导、职能部门、有关工程技术人员和生产工人在各自的职责范围内，对安全生产负有责任的制度。它是企业岗位责任制的一个组成部分，也是安全生产管理制度的核心。这一制度把安全管理和生产管理从组织领导方面统一起来，把"管生产的必须管安全"的原则以制度的形式固定下来，使企业各级领导和广大职工分工协作，事事有人管，层层有专责。

各矿山企业应该根据本单位的具体情况，确定各级人员的安全生产责任。

（1）企业领导的职责。矿山安全工作必须由企业的第一把手负责，公司，矿、坑口、班组等各级的第一把手都应对安全生产负第一位责任。各级的副职根据各自分担的业务工作范围负有相应的安全生产责任。企业各级领导在管理生产的同时，必须负责管理安全工作。他们的任务是贯彻执行国家有关安全生产的政策、法规、制度和保护管辖范围内的职工的安全和健康。在计划、布置、检查、总结、评比生产建设工作的同时，必须计划、布置、检查、总结、评比安全工作。凡是严肃认真地贯彻了这"五同时"，就是尽了职责，否则就是失职。如果因此而造成事故，就要视事故的严重程度和失职程度，由行政部门乃至司法机关追究责任。

（2）各业务部门的职责。矿山企业的生产、技术、设计、供销、运输、教育、卫生、基建、机动、情报、科研、质量检查、劳动工资、环保、人事组织、宣传、企业管理、财务等有关专职机构，都应在自己的工作范围内，对实现安全生产的要求负责。

（3）安全技术部门的职责。安全技术部门是企业领导在安全工作方面的助手，负责组织、推动和检查督促企业安全工作的开展。其主要职责包括汇总和审查安全技术措施计划，并督促有关部门按期完成；组织和协助有关部门制定或修订安全生产规章制度，并监督检查执行情况；进行现场检查，协助基层解决安全方面问题，遇到紧急情况时，有权当机立断，做出停止生产的决定，并立即报告领导研究处理；对职工进行安全教育；总结推广先进经验，开展各种安全活动；参加审查新建、改建、扩建工程的设计、工程验收和试运转工作；参加伤亡事故调查处理，进行伤亡事故的报告和统计分析；督促有关部门搞好女工保护等工作。

（4）小组安全员的职责。小组安全员在生产小组长的领导下，在安全技术部门的指导下开展工作。其职责包括经常对小组职工进行安全生产教育；督促职工遵守安全规章制度和正确使用安全防护用品用具；检查和维护安全设施和安全防护装置；发现生产中有不安全情况时及时制止或报告；参加事故的调查分析，协助领导实施防止事故的措施。

（5）职工的责任。矿山企业的所有职工都应该自觉遵守安全生产规章制度，做到自己不违章作业，并要随时制止他人的不安全行为；积极参加安全生产的各种活动；爱护、正确使用机器设备、工具及个人防护用品；遵守劳动纪律和严格执行岗位责任制等有关规定；主动提出改进安全工作建议等。

B　编制安全技术措施计划

早在1953年，国家就要求各企业在编制生产财务计划的同时，编制安全技术计划。几十年来，编制安全技术措施计划已经成为企业搞好安全生产工作的有效制度。通过编制和实施安全技术措施计划，可以把改善企业劳动条件的工作纳入国家和企业的生产建设计划之中，有计划、有步骤地解决企业中一些重大安全技术问题，使企业劳动条件的改善逐步走向计划化、制度化；也可以统筹安排，合理使用国家资金，使国家在改善劳动条件方面的投资发挥更大的作用。编制和实施安全技术措施计划是一项领导与群众相结合的工作。一方面，企业各级领导对编制与执行安全技术措施计划要负起总的责任；另一方面，又要充分发动群众，依靠群众，才能使计划得以很好地实现。这样，既鼓舞了职工群众的劳动热情，又是吸引职工群众参加安全管理，发挥群众监督作用的好办法。

编制安全技术措施计划，主要根据国家颁布的有关安全生产和劳动保护的政策、指示，安全检查中发现的隐患，职工提出的合理化建议，以及针对工伤事故、职业病发生原因采取的措施和采用新技术、新工艺、新设备时应采取的措施。

编制计划要根据需要和可能两方面综合考虑。安全技术措施计划内容包括以改善企业劳动条件、防止伤亡事故和职业病为目的的一切技术措施，大体包括以下几个方面：

（1）安全技术措施。它包括以防止伤亡事故、火灾、爆炸等事故为目的的一切技术措施，如保护、保险、信号等装置或设施。

（2）工业卫生技术措施。包括以改善危害职工身体健康的有害作业环境和劳动条件，以及防止职工中毒和职业病为目的的一切技术措施，如防尘、防毒、防噪声及通风等措施。

（3）辅助房屋及设施。包括保证职工安全卫生所必需的房屋及一切设施，如淋浴室、更衣室、妇女卫生室及休息室等。

（4）宣传教育。购置和编印安全教材，放映录像、电影，举办安全技术训练班、建立安全教育室等。

（5）安全卫生科研与试验设备、仪器。

（6）减轻职工劳动强度等其他劳动保护技术措施。

企业应在每年第三季度开始着手编制下一年度的生产技术、财务计划的同时，编制安全技术措施计划。《矿山安全规程》规定，应按国家规定的比例，每年在固定资产更新和技术改造资金中安排劳动保护措施经费，并不得挪作他用。

C　伤亡事故的报告和统计

伤亡事故报告和统计可以使人们及时准确地掌握伤亡事故情况，以便从中找出事故发生的原因和规律，总结教训，采取有效的预防措施，防止类似的事故再次发生。

企业对于工人职员在生产区域中发生的和生产有关的伤亡事故（包括急性中毒），必须按规程要求进行调查、登记、统计和报告。企业职工发生伤亡，大体上分为两类：一类是因工伤亡,即因生产与工作而发生的;另一类是非因工伤亡。规程规定所统计的是因工伤亡数,非因工伤亡数不包括在内。一般情况下,只要职工为了生产和工作而发生的事故,或虽不在生产和工作岗位上,但由于企业设备或劳动条件不良而引起的职工伤亡,都应该算做因工伤亡而加以统计。

职工发生轻伤、重伤、死亡事故后,必须登记报告。伤亡事故发生后,负伤人员或最先发现者应该立即报告班组长、坑长,并逐级报告安管部门及有关部门和矿领导。

发生重伤或死亡事故时,矿领导应立即将事故概况报告主管部门、当地劳动部门、公安部门、工会和检察院。对一次重伤3人以上或死亡事故,上述部门要迅速分别逐级转报到省有关部门。对一次死亡3人以上的伤亡事故,省劳动行政部门要上报省政府。

重伤、死亡以上事故发生后,经过调查后由调查组填写《职工死亡、重伤事故调查报告书》,报企业主管部门及有关单位。对于重大和特大伤亡事故,报送时间不得迟于事故后一个月;对于重伤、死亡事故,不得迟于半个月。

11. 2. 3. 3 安全教育

企业的安全教育是对职工进行的安全知识教育、安全技能教育和安全态度教育。安全教育的重要性,首先在于它能增强和提高企业领导和广大职工搞好安全工作的责任感和自觉性。其次,安全知识的普及和安全技能的提高,能使广大职工掌握矿山伤害事故发生发展的客观规律,掌握安全操作、防止伤亡事故的技术本领,避免和减少操作失误和不安全行为。

安全教育的内容包括思想政治教育、劳动纪律教育、方针政策教育、法制教育、安全技术训练以及典型经验和事故教训的教育等。

目前,我国企业中开展安全教育的主要形式和方法有三级教育、对特种作业人员的专门训练!经常性的教育等。

(1) 三级教育。三级教育是对新工人、参加生产实习的人员、参加生产劳动的学生和新调动工作的工人进行的厂(矿)、车间(坑口、采区)、岗位安全教育。三级教育是矿山企业必须坚持的安全教育的基本制度和主要形式。

1) 入厂(矿)教育。这是对新入厂(矿)的工人或调动工作的工人、到厂(矿)实习或劳动的学生,在未分配到车间和工作地点以前,必须进行的一般安全教育。入厂(矿)教育的主要内容包括介绍企业安全生产情况、有关规章制度,讲解安全生产的重大意义;介绍企业内特殊的危险地点,一般的安全知识;用典型的伤亡事故案例讲解事故发生原因和教训,使工人受到初步的安全教育。

2) 车间教育。车间教育是在新工人或调动工作的工人分配到车间后进行的安全教育。它的内容包括车间(坑口)的概况、安全生产组织和劳动纪律;危险场所、危险设备、尘毒情况及安全注意事项;安全生产情况、问题和典型事例。

3) 岗位教育。这是在新工人或调动工作的工人到了固定工作岗位,开始工作前的安全教育。其内容包括班组的生产特点、作业环境、工作性质、职责范围;岗位的生产工作性、必要的安全知识以及各种设备及其防护设施的性能和作用;工作场所和环境的卫生,危险区域及安全注意事项;个体防护用品使用方法和事故发生时的应急措施等。

《矿山安全规程》规定,新工人下井前,应该进行不少于两周的矿、坑口、班组的三级安全教育，考试及格后指定老工人带领一起工作不少于六个月，熟悉本工种操作技术并经考核合格后，方可独立工作。

（2）特种作业人员的专门训练。特种作业是指对操作者本人，尤其对他人和周围设施的安全有重大危险因素的作业。《冶金地下矿山安全规程》规定，要害岗位、重要设备的作业人员、信号工及其他特种作业人员，必须严格挑选，经培训、考核后，持操作证上岗，考核工作均应按规定每两年复审一次。

（3）经常性的安全教育。安全教育应该贯穿于生产活动的始终，这也是安全管理的经常性工作。通过安全教育而掌握了的知识、技能，如果不经常使用，则会逐渐淡忘，必须经常地复习。为了使职工适应生产情况和安全状况的不断变化，也必须不断地结合这些新情况开展安全教育。至于安全思想、安全态度教育更不能一劳永逸，要采取多种多样的形式，激励职工搞好安全生产的动机，使其重视和真正实现安全生产。

经常性的安全教育方式方法很多，如利用班前、班后会讲安全，组织专门的安全技术知识讲座，召开事故现场会，观看安全生产方面的电影、电视等。

11.2.3.4 安全检查

检查是在事故发生之前，调查和发现生产过程中的物的不安全状态、人的不安全行为，以及管理缺陷等不安全因素，从而采取措施把事故消灭在萌芽状态中。

（1）安全检查的主要内容。安全检查的主要内容包括查现场、查隐患、查思想、查管理等。

1）查现场、查隐患。生产现场存在的事故隐患是导致伤亡事故发生的原因，是安全检查的主要对象。查现场、查隐患主要是检查企业生产现场的劳动条件、生产设备和设施是否符合安全要求。例如，安全出口是否畅通，机械有无防护装置；通风及照明，防尘措施，锅炉、压力容器的运行，炸药库，易燃易爆物品的储存、运输和使用，个体防护用品的标准及使用情况等，是否符合安全要求。

2）查思想。企业领导是否重视安全，是实现安全生产的关键。要检查企业领导贯彻落实安全生产方针政策、法规的情况，检查他们对安全生产的认识是否正确，是否把职工的安全健康放在了第一位。

3）查管理。首先要检查企业的安全生产组织机构和安全生产责任制是否健全，然后要检查各项安全生产规章制度的执行情况，是否贯彻执行了"三同时"和"五同时"，检查三级教育是否落实，以及伤亡事故调查、报告和处理情况。

（2）安全检查的方法。安全检查的方法应该与检查内容和目的相适应。安全检查的形式较多，如省（市）组织的检查，上级主管部门、地区劳动部门组织的检查；一般的全面检查，重点的专业性检查；同级的互查、对口检查，企业、车间组织的自查等。组织安全大检查的一般做法是：

1）建立组织。进行安全检查必须有一个适合工作需要的组织，并有专人负责，有组织、有领导、有计划地开展工作。例如，规模、范围较大的安全检查，应在主管部门或地区劳动部门领导下，组成各有关部门参加的安全检查团，分成若干个检查组，分赴现场检查；公司对厂、矿的重点检查，由公司领导负责，由技术、管理方面有经验的同志参加；专业性安全检查，通常由有关职能部门和安全部门负责人担任正副组长，抽调公司和厂、矿专业技术干部和工人组成检查组。

2）做好检查前的准备工作。安全检查前，组织检查组成员学习有关安全生产的方针、政策、法规，提高思想认识。同时，做好检查的业务准备，明确检查的目的、内容和方法；做好宣传鼓动工作，发动群众自查自检、互查互检、边查边改。

3）采用多种形式查找问题。实践证明，听取被检查单位的汇报，深入现场检查，召开调查会、座谈会，以及个别访问听取意见，都是行之有效的安全检查方法。

4）做好整改，消除隐患。安全检查是发现不安全因素，揭示事故隐患，促进安全工作的一种手段。其目的在于落实整改措施，消除隐患。对于检查出来的事故隐患要及时整改，即使难度较大，限于具体条件不能立即解决的问题，也要定措施、定人员、定时间，有计划地限期解决。

（3）安全检查表。安全检查表是在安全检查前事先拟定的检查内容的清单。它把可能导致伤亡事故的、可能在被检查对象中出现的各种不安全因素以提问的方式用表列出来，作为安全检查时的指南和备忘录。

安全检查表的内容，应该包括需要查明的各种潜在危险因素，可能存在的物的故障、不安全状态，人的不安全行为等。在安全检查时，对表中的提问回答"是"或"否"。在每个项目之后，应设一栏目填写改进措施。为便于查对，可以附上各项目提问内容所遵循的法令、制度或规范的名称或条款。

根据安全检查的对象和检查表的用途，安全检查表有设计审查用安全检查表、厂（矿）用安全检查表、车间（坑口）用安全检查表、班组及岗位用安全检查表和专业性安全检查表等几类。

编制安全检查表时，根据被检查对象，熟悉生产工艺、设备及操作情况，参考有关法令、制度、规范，针对已经发生的和可能发生的伤亡事故，进行安全分析后，确定应该检查的项目。可以运用系统安全分析方法，例如故障树分析，查找出最终导致伤亡事故的各种原因事件，把这些原因事件作为检查表中的项目。

11.2.3.5　现代安全管理

现代安全管理是现代企业管理的一个组成部分，它所遵循的许多原理都是现代管理科学的引申和发展。

现代安全管理的一个重要特征，就是强调以人为中心的安全管理，把安全管理的重点放在激励职工的士气和能动作用方面。具体地说，就是为了人和人的管理。人是生产力诸要素中最活跃、起决定性作用的因素，保护矿山职工生命安全是安全工作的首要任务。所谓人的管理，就是充分调动每个职工的主观能动性和创造性，主动参与安全管理。

现代安全管理的另一个重要特征，是强调系统的安全管理，从企业整体出发，把管理重点放在整体效应上，使企业达到最佳的安全状态。

A　安全目标管理

目标管理是让企业管理人员和工人参与工作目标制定，在工作中实行自我控制并努力完成工作目标的管理方法。它的理论基础是管理心理学中的目标设置理论。

人的行为是有目的的行为，人的行为是由动机支配的。动机是引起个体行为，维持该行为，并将该行为导向某一目标的念头，是产生行为的直接原因。目标是一种刺激，合适的目标具有激励作用，能够激发人的动机，把行为导向既定的目标。目标设置理论研究如何把目标这种外在的对象有效地转化为职工个人的内在动力，形成从组织到个人的目标体系，通过大家方向一致的努力来实现总目标。

需要（需求、期望、欲望）是激励的基础。需要是指个体缺乏某种东西（物质的或精神的）的状态，它既受生理上自然需求的制约，又受后天形成的社会需求的制约。当个体感到某种需要时，就会在内心中产生一种紧张或不平衡，进而产生企图减轻紧张的动机。为了使安全目标管理的目标能够真正起到激励作用，必须把目标与职工的需要挂起钩来。

目标对人的激励作用的大小，取决于目标的效价和实现目标的可能性。即：激发力量＝效价×期望值。式中激发力量表示人们被目标激励的强度；效价是实现目标对满足个人需要的价值，期望值指根据个人经验估计的实现目标的概率。目标的效价越大，则越能激励人心；经过努力实现目标的概率越大，则越有信心，越有奔头。把两者恰当地结合起来，就可以充分调动起职工的安全生产积极性。

安全目标管理是根据企业在一定时期内确定的安全生产总目标，制定方针，分解展开，落实措施，安排进度，严格考核等，在企业内部自我控制实现安全生产的管理方法。它把全体职工科学地组织在目标体系内，人人为实现安全生产总目标而努力。实施安全目标管理的具体步骤如下：

（1）建立安全目标体系。矿山企业主要负责人根据国家的安全生产方针政策、上级的要求和本单位的具体情况，在充分听取职工意见的基础上，制定出安全生产总目标。然后，把总目标逐级向下分解，直到每个职工，使每一级、每个人都有各自的目标，形成一个多层次的完整的安全目标体系。

（2）实现安全目标。企业的每个部门、单位和个人，在明确了各自在目标体系中的地位和作用后，都应该实行自主管理，努力完成自己的目标。各部门、单位要针对目标中的重点问题编制实施计划方案。实施计划方案中应该包括实现目标过程中存在的问题、必须采取的措施、要达到的目标、完成时间、负责执行的部门和人员，以及问题的重要性等。在实施过程中，上级对下级或职工个人完成计划的情况进行检查，以便控制、协调、取得信息并反馈信息。

（3）考核和奖惩。在达到预定期限或完成既定目标后，上下级一起对达到目标的情况进行考核，总结经验教训，兑现奖惩，并为设立新的安全生产目标做准备。

除了激励作用外，安全目标管理可以把企业安全管理引导到正确的方向上；协调企业内部各方面的关系；提高职工的素质及加强安全管理的各项基础工作。

B　全面安全管理

为了实现矿山生产系统安全，需要实行系统的安全管理。全面安全管理是指对生产全过程、全体人员和全部工作的安全管理，是系统安全管理基本思想的体现。

（1）全过程的安全管理。系统安全的基本原则是，在一个新系统尚处于规划、设计阶段时，就必须考虑其安全性问题，制定并开始执行系统安全规划，开展系统安全活动，并把它贯穿于整个系统寿命期间内，直到系统报废为止。根据这一原则，在矿山设计、基建、投产、正常生产，直到矿山闭坑为止，矿山生产的全过程中都要进行安全管理。特别是在新建、改建、扩建工程项目的方案选择和设计阶段。要识别、消除或控制可能出现的危险因素，要进行预先安全审查。

（2）全员参加安全管理。实现安全生产，必须坚持群众路线，切实做到专业管理与群众管理相结合，在充分发挥专职安全管理人员的骨干作用的同时，充分调动和发挥广大职工的积极性。安全生产责任制为全员参加安全管理提供了制度上的保证。同时，近年来还推广了许多动员和组织广大职工参加安全管理的具体做法，如全员齐抓共管、安全目标管理等。

（3）全部工作的安全管理。任何有生产劳动的地方，都会存在不安全因素，都有发生伤亡事故的危险性。因此，在任何时候，从事任何工作，都要考虑其安全问题，进行安全管理。

C　工程项目安全审查

工程项目安全审查，是依据安全工程原理及有关安全生产法规、规范，对新建、改建、扩建项目的初步设计、施工方案以及竣工投产进行的综合安全审查、评价与检验。其目的在于监督检查企业是否认真贯彻了"三同时"的原则，即在新建、改建、扩建工程中以及计划实施革新、挖潜、改造项目时，安全卫生设施和环保治理措施应与主体工程同时设计、同时施工、同时投产。

工程项目安全审查的重点是对工程设计的审查。协助设计消除或控制危险源是系统安全的重要原则和组成部分。安全审查通过对工程项目的安全性分析、评价、监督和检查，保证在设计阶段把危险性降低到允许的水平。

设计单位在初步设计中，应该编写安全和工业卫生专篇，详细说明生产工艺流程中可能产生的危害和应该采取的防范措施及其预期效果。安全和工业卫生专篇的主要内容如下：

（1）概述。介绍设计的依据，有碍于安全和工业卫生的自然情况（暴雨、雷电、地震等）；被改扩建项目的现有安全和工业卫生状况的详细描述；设计中存在的问题与建议。

（2）安全技术。防止自然灾害、施工及生产过程中可能发生的事故所采取的安全技术措施。

（3）工业卫生方面。预防生产过程中尘毒、噪声和振动等危害的措施。

（4）安全卫生管理机构及医疗防治设施及其经费预算。

（5）安全和工业卫生措施的预期效果及评价。

工程项目安全审查由劳动部门、卫生部门和工会组织进行。

11.2.3.6　矿山的安全救护

A　矿工自救措施

一些矿山事故，特别是灾害性矿山事故，刚发生时释放出的能量或危险物质、波及范围都比较小，在事故现场的人员应该抓住有利时机，采取恰当措施，消灭事故或防止事故扩大。在事故已经发展到无法控制、人员可能受到伤害的情况下，处于危险区域的人员应该迅速地撤离，回避危险。矿山事故发生时，处于危险区域的人员在没有外界援救的情况下，依靠自己的力量避免伤害的行动叫做矿工自救。

一些灾害事故在发生初期，波及范围和危害作用往往都是较小的，这常常是消灭事故、减少损失的最有利时机。而救护队无论多么迅速，到达事故地点毕竟需要一段时间，在此期间，自救措施往往是防止事故扩大的关键。

B 矿工自救教育的内容

每个矿工和技术人员均应熟悉各种事故征兆的识别方法，事故发生时的应急措施；判断事故的地点及性质；学会急救人员的方法；熟悉井下巷道和安全出口；学会使用自救器以及当无法走出矿井时如何避难待救的措施和方法等。

发生事故时要思想冷静，行动果断，切忌惊慌失措，按各类事故的规律采取自救措施，并要关心同志，积极主动救助别人。

出现事故时，附近在场人员应尽量了解判断事故性质、地点和灾害程度，并迅速利用最近处的电话或其他方式通知调度人员。如有可能，应在保证人员安全的条件下使用附近设备、工具材料等及时消灭之。如无可能就应由在场的负责人或有实践经验的工人带领下，根据当时当地实际情况，选择安全路线或预先规定的安全路线迅速撤离危险区域。

C 事故发生时人的行为特征

在矿山事故发生时，人员面临受到伤害的危险，往往心理紧张程度增加，信息处理能力降低，不能采取恰当的行为扭转局面和脱离危险。据研究，发生事故时，人在信息处理方面可能出现如下倾向：

（1）接受信息能力降低。事故发生引起人的心理紧张，往往被动地接受外界信息，对周围的信息分不清轻重缓急，由于缺乏选择信息的能力而不能及时获得判断、决策所必要的信息；或者相反，把全部注意力集中于某种异常的事物而不顾其他，因而不能发觉其他危险因素的威胁。在高度紧张的情况下，可能产生幻觉或错觉，如弄错对象的颜色、形状，或弄错空间距离、运动速度等，从而导致错误的行为。

（2）判断、思考能力降低。在没有任何思想准备、事故突然发生的情况下，人员可能下意识地按个人习惯或经验采取行动，结果受到伤害。由于心情紧张，可能一时想不起来已经记住的知识、办法、面对危险局面束手无策；或者不能冷静地思考判断，仓促地做出决策，草率地采取行动，或盲目地追从他人。在极度恐慌时，可能对形势做出悲观的估计，采取冒险行动或绝望行动。

（3）行动能力降低。事故时人的心理紧张会引起运动器官肌肉紧张，使动作缺少反馈，往往表现出手脚不相遂、动作不协调、弄错操作方向或操作对象、动作生硬或用力过猛。作为动物的一种本能，在极度恐惧时肌肉往往强烈地收缩，使人不能正常地行动。

通过教育、训练可以提高职工的应变能力，防止事故时产生心理紧张。

在设计各种应急设施、安全撤退路线、避难设施时，应该充分考虑事故时人员的行为特征，以便于人员利用。

矿山事故发生时，班组长、老工人、生产管理人员要沉着冷静地组织大家采取自救措施，依靠集体的智慧和力量脱离危险。

为了使事故发生时矿工自救成功，事先应该规定安全撤离路线、构筑井下避难硐室、备有足够的自救器。

D 安全撤离路线

安全撤离路线是在矿山事故发生时能保证人员安全撤离危险区域的路线。

矿山井下存在许多可能导致伤亡事故的危险因素。一般地，进入井下的任何地点时都应考虑一旦出现危险情况如何安全撤离的问题。《冶金地下矿山安全规程》中规定，每年编制的矿井防火灾计划中应该包括撤出人员的行动路线，并将人员安全撤离的线路和安全出口填绘到矿山实测图表中。

（1）应该根据矿山事故或灾害的类型、地点、波及范围和井下人员所处的位置等情况，以能使人员快速、安全撤离危险区域为原则来确定安全撤离路线。一般地，应该选择短捷、通畅、危险因素少的路线。

（2）在井下发生火灾的场合，位于火源地上风侧的人员应该迎着风流撤退；位于下风侧的人员应该佩戴自救器或用湿毛巾捂着鼻子，尽快找到一条捷径绕到有新鲜风流的巷道中去，如果在撤退过程中有高温火烟或烟气袭来，应该俯伏在巷道底板或水沟中，以减轻灼伤和有毒有害气体伤害。

（3）在井下发生透水的场合，人员应该尽快撤退到透水中段以上的中段，不能进入透水地点附近的独头巷道中。当独头天井下部被水淹没，人员无法撤退时，可以在天井上部避难，等待援救。

（4）矿内火灾、水灾等灾难性事故发生时，有毒有害烟气、水沿着井巷蔓延，巷道个别地段可能发生冒落、堵塞，给人员撤离增加困难。

安全撤退路线的终点应该选择在能够保证人员安全的地方。在发生矿内火灾、水灾的场合，人员应该尽可能撤到地面，彻底脱离危险。但是，在撤离矿井很困难的情况下，如通路堵塞、烟气浓度大而又无自救器时，则应该考虑在井下避难硐室避难。

E 井下避难硐室

井下避难硐室是为井下发生事故时人员躲避灾难而构筑的硐室。井下避难硐室有永久避难硐室和临时避难硐室之分。

永久避难硐室是按照矿井防灾计划预先构筑的。一般设在采区附近或井底车场附近，硐室内应能容纳采区当班人员。硐室有密闭门，防止有毒有害气体侵入，硐室内应备有风、水管接头、供避难人员使用的自救器。这种避难硐室也可用作矿井临时救护基地。

临时避难硐室是利用工作地点附近的独头巷道、硐室或两道风门之间的巷道临时构筑的。应该在预先选择的临时避难硐室附近准备好木板、门扇、黏土、草袋子等材料，事故发生时可以方便地将巷道封闭，构成硐室。临时避难硐室应选在有风、水管接头的地方。

矿内发生事故时，如果人员不能在自救器的有效时间内到达安全地点，或没有自救器而巷道中有毒有害气体浓度高，或由于其他原因不能撤离危险区域的情况下，都应该躲进附近的避难硐室等待援救。

人员进入避难硐室前，应在硐室外悬挂衣物或矿灯等明显标志，以便被救护队发现。进入硐室后应该用泥土、衣物等堵塞缝隙防止有毒有害气体进入。在硐室内躲避时，应该保持安静，避免不必要的体力消耗。硐室内只留一盏灯照明，将其余的矿灯都关掉。可以间断地敲打管道、铁轨或岩石，发出求救信号。

遇有下列情况，避难硐室可以发挥其作用，即在自救器有效作用时间内不能到达安全地点；撤退路线无法通过；缺乏自救器而有毒有害气体浓度又较高时。

2010 年 8 月 5 日至 10 月 13 日，历时 69 天，33 名矿工全部生还——智利人创造了令全世界为之动容的生命奇迹。作为一个矿难多发的国家，中国或应借鉴"智利模式"建避难硐室。

F　矿井安全出口和出入井人员统计

（1）矿井安全出口。矿井安全出口的用途：在正常生产时便于人员上下通行，一旦发生事故时井下人员能及时撤离到地面，便于救护工作。由此可见，矿井安全出口的合理设置也是安全救护措施之一。

为了保证井下人员在一旦发生事故时能安全地走出矿井，每一矿井至少要有两个通往地面的便于上下人员的安全出口。各出口间的距离不得少于30m。

井下每一作业中段水平也必须有两个便于人员通行的独立出口。各个采区必须有两个出口，一个通往通风巷道，一个通往运输巷道。

采矿场的人行天井必须是独立的，应与溜矿井严格分开。人行天井的梯子要保证坚固、安全、并经常维修。安全出口对发生事故时迅速撤退人员具有特别重要的意义，所以应当定期组织井下工人熟悉矿井安全出口。对新工人的安全教育，也要包括熟悉安全出口和避难路线。

（2）出入矿井人员的统计。每一矿山，每班必须准确统计上班入井及下班出井的人数。这一工作之所以必要，主要是在发生事故进行救护时，便于查明有多少人尚留在井下以及他们的工作地点。

每一矿山应根据具体情况，建立切实可行的人数统计制度。无论用什么方法统计，共同的要求是准确、方便、查对及时。每班接班后两小时内，如果发现有人尚未出井，就应该将该人的姓名和工作地点报告给矿井调度室值班人员，该值班人员必须立即查明其留在井下的原因。

G　自救器

目前我国矿井采用的自救器多为国产 AZL – 45 型过滤式自救器及 AZG – 30 型隔绝式自救器。

AZL – 45 型自救器，是一种过滤式一氧化碳自救器。它可以在发生矿山火灾、炮烟中毒或瓦斯爆炸时作为过滤空气中 CO 用，其安全使用时间为 45min。

这种自救器内的干燥剂为 $CaCl_2$，浸入硅胶制成，其作用是防止接触剂受潮。接触氧化剂为 CuO_2 和 MnO_2 的混合物，可以将 CO 氧化为 CO_2，并将其吸附于接触剂表面。

过滤式自救器适用于空气中氧含量不低于17%，一氧化碳含量不超过2%的情况。当空气中氧低于17%，或发生煤和瓦斯突出时应采用隔绝式呼吸器或隔绝式自救器。

隔绝式自救器应每隔半月至一个月放到 60 ~ 65℃ 温水中进行一次气密性检查。自救器浸入水中不要露出水面，保持半分钟后翻转自救器，若无气泡从水中冒出，可以认为自救器是良好的。漏气的自救器禁止使用。隔绝式自救器的结构组成和特征如下：

（1）生氧罐内装生氧剂 500g，并插有散热片以散发反应时生成的热量。在药剂的上部和下部各有一格网组（由铁丝网与玻璃棉组成，其中玻璃棉起过滤药剂粉尘的作用）。

（2）气囊与呼吸软管分别连接在生氧罐的上部。在呼吸软管上的口水降温盒安有一个排气阀，用伸缩接头插在气囊中间，但其不与气囊内部相通，而是直接通向大气的。排气阀上有尼龙绳与气囊硬壁相接连。

（3）启动装置由药桶、启动药块、哑铃形硫酸瓶、密封垫以及在哑铃瓶上的尼龙绳等组成。尼龙绳穿过密封垫后绑到外壳的上盖上。

（4）外壳由上外壳、下外壳和封口带等组成。

隔绝式自救器的工作原理：利用 Na_2O_2 和其他碱金属过氧化物，与呼出气体中的 CO_2 及水汽发生化学反应生成大量的气态氧。

隔绝式自救器的工作过程：佩戴人员从肺部呼出的气体进入生氧罐，呼出气体中的 CO_2 及 H_2O 与生氧剂发生化学反应，产生氧气，清净的气体进入气囊。吸气时气囊中的气体再经过药剂层、呼吸软管、口水降温盒、口具而被吸入人的肺部，完成了整个呼吸循环。这种气路循环方式称为往复式。

当气囊中充满气体时，气囊膨胀，借气囊力量拉开排气阀，排出多余的呼出废气，保证气囊在正常压力下工作，并可减少 CO_2 和 H_2O 进入生氧罐的含量，从而调节了氧气发生速度，延长了使用时间。

快速启动装置可以弥补佩戴初期生氧剂反应速度较慢、生氧不足的缺陷。为了保证启动迅速和可靠，启动装置中哑铃形硫酸瓶的尼龙绳绑在上部的外壳盖上，佩戴使用时启动装置里的哑铃形硫酸瓶，随上部外壳的扔掉而被尼龙绳拉破，流出的硫酸与启动药块发生化学反应，放出大量氧气，供佩戴者开始呼吸之用。

这种隔绝式自救器在中等体力劳动强度下，有效使用时间为 40min；在静坐待救中使用时间为 2.5～3h。

另外，供给硫化矿和大爆破采矿的矿山工人的自救器，应能吸收一氧化碳、二氧化硫、硫化氢等多种有毒气体，以便在硫化矿一旦发生火灾、矿尘爆炸后（或大爆破后的检查）供矿工自救用。

吸收多种毒气的自救器也是一种过滤式自救器，其中有四层药剂，上层及第三层为硅胶吸湿剂，用以保护第二层的接触剂免于因吸湿而失效，第四层为 $CuSO_4$ 浸过的活性炭，可以吸收硫化氢、二氧化硫及氮的氧化物。在第四层的下部有防止吸入烟尘的棉花层。这种自救器的口具、呼吸软管及外盒等其他构造均与 CO 自救器相同。当 SO_2、H_2S 等的含量达 5% 时，自救器的有效使用时间为 40min。

自救器的发放管理有三种方法：单独发放、集中保管和混合供给。个人单独领取是矿工下井前领灯时，同时领到自救器随身携带。这种方法磨损消耗量较大，但使用及时、方便。集中保管方法是将自救器保管于铅印封的箱子中，放在采掘工作面附近的壁槽里，每月拿出检查一次。一般多采用混合供给法，对固定地点工人集中的地方采取集中保管，对工作地点不固定的工人采取单独发放。

11.2.3.7　矿山救护组织、装备和工作原则

A　矿山救护队及其工作

为了及时有效地处理和消灭矿山事故，减少人员伤亡和财产损失，《冶金地下矿山安全规程》规定，大型矿山、有自然发火或沼气危害的矿山，应该成立专职矿山救护队；其他矿山，应该组织经过严格训练，配有足够装备的兼职救护队。救护队应配备一定数量的救护设备和器材。

矿山救护队按大队、中队、小队三级编制，其人数视具体情况确定。一般地，小队由 5～8 人组成，由 3～6 个小队编成一个中队，由几个中队组成该矿区的救护大队。矿山救护队应能够独立处理矿区内的任何事故。

为了保证迅速投入救护工作，救护队应该经常处于戒备状态。分别以小队为单位轮流

担任值班队、待机队和休息队。值班队应时刻处于临战状态，保证在接到求救电话1min内集合完毕，上车出发。待机队平时进行学习和训练，值班队出发后，待机队转为值班队。

救护队到达事故现场后，由队长向现场指挥员报到，并了解事故发生地点、规模、遇难人员所在位置等情况。当事故情况不明时，救护队的首要任务是侦察。通过侦察弄清事故发生地点、性质和波及范围；查清被困人员所在位置并设法救出；选定井下救护基地和安全岗哨地点等。

进行复杂事故或远距离侦察时，应由几个小队联合进行，各小队相隔一定时间陆续出发，以保证侦察工作安全。在有窒息或中毒危险区域侦察时，每小队不得少于5人；在空气新鲜的地区侦察时，不得少于2人。应该认真计算侦察的进程和回程的氧气消耗量，防止呼吸器中途失效。

根据侦察结果，救护队应立即拟定处理事故方案，并按此方案制定出行动计划。

B 事故救护行动原则

事故发生后，救护队的主要任务是，抢救被困人员，使他们脱离危险；采取措施控制事故波及范围；彻底消灭事故，恢复生产。

井下发生水灾时，救护队要搭救被围困人员，引导下部中段人员沿上行井巷撤至地面；保护水泵房，防止矿井被淹；恢复矿内通风。

发生矿内火灾时，救护队要首先组织井下人员撤离矿井；控制风流防止火灾蔓延；如果火灾威胁井下炸药库时，要尽快将爆破器材转移；井底车场硐室（变电所、充电硐室等）着火时，如果用直接灭火法不能扑灭时，应关闭硐室防火门、设置水幕、停止供电、防止火灾扩大。扑灭火灾时，要首先采用直接灭火法，在采用直接灭火法无效时，再采用封闭灭火法或联合灭火法。

发生炮烟中毒事故时，救护队首先必须阻止无呼吸器的人员进入危险区域，并立即携带自救器奔向出事地区，给遇难人员戴上自救器将其救出。对于中毒人员，应迅速将其抬到新鲜风流处，施行人工呼吸或用苏生器抢救。同时，应抓紧恢复炮烟区的通风。事故区的所有入口要设安全岗哨，不允许无呼吸器人员进入，直到经通风后空气中有毒气体含量符合工业卫生标准为止。

C 矿山救护的主要设备

矿山救护队的主要设备有供救护队员在有毒有害气体中救灾时佩戴的氧气呼吸器，对受难人员施行人工呼吸进行急救的自动苏生器，以及为它们的小氧气瓶充氧的氧气充填泵，检查氧气呼吸器性能的万能检查仪。

（1）氧气呼吸器。氧气呼吸器是救护队员在有毒有害气体环境中救灾时佩戴的个体防护器具。其工作原理是，由人体肺部呼出的二氧化碳气体，周而复始地被呼吸器中清洁罐中的吸收剂吸收，再定量地补充氧气供人体吸入。

氧气呼吸器的构造精密而复杂，平时应加强保管、维护和检查，以确保正常灵活地工作。使用前，必须用万能检查仪对呼吸器的性能进行全面检查，如气密程度、排气阀的灵敏程度、自动补给阀开启情况、减压器的供氧量、清洁罐的严密性和阻力等。同时，要检查软管、鼻夹、口具、背带等是否齐全完好。使用后，要及时用氧气充填泵充填氧气，更换清洁罐中的吸收剂，将口具、唾液盒及呼吸软管等清洗消毒。

（2）自动苏生器。自动苏生器是在救灾过程中对受难人员施行人工呼吸进行急救的设备。它适用于抢救因中毒窒息、胸部外伤造成的呼吸困难或触电、溺水等造成的失去知觉处于假死状态的人员。我国矿山使用的自动苏生器有 ASZ－1 和 ASZ－30 型两种型号。它们的构造和工作原理相同，只是后者体积较小，输氧与抽气的压力较高。此种设备体积小、重量轻、操作简便、性能可靠、携带方便，适于矿山救护队在井下使用。

11.2.3.8　现场急救

矿山事故造成的伤害，其发生都比较急骤，并且往往是严重伤害，危及人员的生命安全，所以必须当机立断地进行现场急救。

现场急救，是在事故现场对遭受矿山事故意外伤害的人员所进行的应急救治。其目的是控制伤害程度，减轻人员痛苦；防止伤势迅速恶化，抢救伤员生命；然后，将其安全地护送到医院检查和治疗。

伤害一旦发生，应该立即根据伤害的种类、严重程度，采取恰当措施进行现场急救。特别是当伤员出现心跳、呼吸停止时，要及时进行心肺复苏；同时在转送医院途中，对有生命危险者要坚持进行人工呼吸，密切注意伤员的神志、瞳孔、呼吸、脉搏及血压情况。总之，现场急救措施要及时而稳妥，正确而迅速。

A　气体中毒及窒息的急救

矿山火灾，老窿积水涌出，炸药燃烧、爆炸等都会使大量有毒有害气体弥漫井巷空间，从而使人员中毒、窒息。对气体中毒、窒息人员的急救措施如下：

（1）立即将伤员移至空气新鲜的地方，松开领扣、紧身衣服和腰带，使其呼吸通畅；同时要注意保暖。

（2）迅速清除伤员口鼻中的黏液、血块、泥土等，以便输氧或人工呼吸。

（3）根据伤员中毒、窒息症状，给伤员输氧或施行人工呼吸。当确认是一氧化碳、硫化氢中毒时，输氧时可加入5%的二氧化碳，以刺激呼吸中枢，增加伤员呼吸能力。但是，在二氧化硫或二氧化氮中毒的场合，输氧时不要加二氧化碳，以免加剧肺水肿，也不能进行对患者肺部有刺激的人工呼吸。

（4）当伤员出现脉搏微弱、血压下降等症状时，可注射强心、升血压药物，待伤势稍稳定后，再迅速送往医院抢救。

B　机械性外伤的急救

机械性外伤是由于外界机械能作用于人体，造成人体组织或器官损伤、破坏，并引起局部或全身反应的伤害。机械性外伤是常见的矿山事故伤害。对于严重机械性外伤，可以采取如下现场急救措施：

（1）迅速、小心地将伤员转移到安全地方，脱离伤害源。

（2）使伤员呼吸道畅通。

（3）检查伤员全身状况。如果伤员发生休克，则应该首先处理休克。机械性外伤引起的休克叫做创伤性休克，是伤员早期死亡的重要原因之一。当伤员呼吸、心跳停止时，应该立即进行人工呼吸，胸外心脏按压。当伤员外出血时，应该迅速包扎，压迫止血，使伤员保持头低脚高的卧位，并注意保暖。当伤员骨折时，可以就地取材，利用木板等将骨折处上下关节固定；在无材料可利用的情况下，上肢可固定在身侧，下肢与健侧肢体

（与患侧肢体相对）缚在一起。

（4）现场止痛。伤员剧烈疼痛时，应该给予止痛剂和镇痛剂。

（5）对伤口进行处理。用消毒纱布或清洁布等覆盖伤口，防止感染。

（6）对内出血者尽快送往医院抢救。

（7）在将伤员转送医院途中，要尽量减少颠簸，密切注意伤员的呼吸情况。

C　触电急救

人员触电后不一定会立即死亡，往往呈现"假死"状态，如果及时进行现场急救，则可能使"假死"的人获救。根据经验，触电后一分钟内开始急救，成功率可达90%；触电12分钟后开始抢救，则成功的可能性很小。因此，触电急救应该尽可能迅速、就地进行。

当触电者不能自行摆脱电源时，应该迅速使其脱离电源，然后迅速对其伤害情况作出简单诊断，根据伤势对症救治。

（1）触电者神志清醒，有乏力、头昏、心慌、出冷汗、呕吐等症状时，应让其安静休息，并注意观察。

（2）触电者无知觉，无呼吸但心脏跳动时，应进行口对口的人工呼吸。

（3）触电者处于心跳和呼吸均停止的"假死"状态，应反复进行人工呼吸和心脏按压。当心跳和呼吸逐渐恢复正常时，可暂停数秒观察，若不能维持正常心跳和呼吸，必须继续抢救。

注意：触电急救过程中不要轻易使用强心剂；在运送医院途中抢救工作不能停止。

D　烧伤急救

矿山火灾时人员可能被烧伤。烧伤的现场急救措施如下：

（1）尽快将伤员撤出高温区域。

（2）检查伤员有无合并损伤，如脑颅损伤、腹腔内脏损伤和呼吸道烧伤，以及气体中毒等，伴有休克者应就地抢救。

E　溺水急救

溺水时，伤员的腹腔和肺部灌入大量的水，出现呼吸困难、窒息等症状，如不及时抢救可能因缺氧或循环衰竭而死亡。

（1）将被淹溺者从水中救出，抬到空气新鲜、温暖的地方，脱去湿衣服，注意保温。

（2）倾倒出伤员体内积水。当伤员呼吸停止时应施行口对口人工呼吸；当伤员心跳停止时，应进行胸外心脏按压和人工呼吸。

（3）防止发生肺炎。

（4）迅速送往医院治疗。

11.2.3.9　矿井灾害预防和处理计划

《矿山安全条例》规定，有自然发火、瓦斯突出、瓦斯煤尘爆炸和透水危险的矿井，每年要由矿井总工程师（技术负责人）组织编制矿井灾害预防和处理计划，且每季度修改一次。编制和修改的矿井灾害预防和处理计划，须经矿长审查后报上一级领导批准。矿长和矿井总工程师应当组织职工学习矿井灾害预防和处理计划，使他们熟悉在发生灾害时的避难路线和应当采取的措施，并且每年至少组织一次矿井救灾演习。

矿井灾害预防和处理计划主要包括下列内容：

（1）处理事故指挥部人员的组成、分工、通知方法及顺序。

（2）根据本矿历年发生灾害的经验和现实安全状况，预测可能发生事故的自然条件和生产条件，预计事故的性质、原因和预兆。

（3）在出现各种事故时，保证人员安全撤离所必须采取的措施。

（4）处理各种事故和恢复生产时采取的具体措施，以及为实现这些措施所需要的工程、设备、材料的数量，使用地点和使用方法。

（5）有关的附录资料，如通风、配电、压气、供水、灌浆等系统图，以及注明塌陷、积水、透水裂隙、钻孔、小井和消防材料库位置的平面图和消防设备及材料清单等。

计划中人员的分工要明确具体，通知召集人员的方法要迅速及时；安全撤离人员处理措施应详尽确切、细致周密。

复习思考题

11 - 1　事故发生的理论依据有哪些？

11 - 2　不安全行为的心理原因是什么？

11 - 3　如何避免事故中人的行为失误？

11 - 4　怎样预防矿山事故？

11 - 5　如何加强矿山生产日常安全管理？

11 - 6　矿山安全救护措施有哪些？

12 矿山生产的防火

教学目的：通过本章的学习，了解矿山火灾的分类及性质；掌握外因火灾和内因火灾的发生的原因；重点掌握外因火灾和内因火灾的预防和扑灭。

12.1 概述

12.1.1 矿山火灾的分类与性质

矿山火灾，是指矿山企业内所发生的火灾。根据发生的地点不同，火灾可分为地面火灾和井下火灾两种。

凡是发生在矿井工业场地的厂房、仓库、井架、露天矿场、矿仓、贮矿堆等处的火灾，称为地面火灾。

凡是发生在井下硐室、巷道、井筒、采场、井底车场以及采空区等地点的火灾，称为井下火灾。由于地面火灾的火焰或由它所产生的火灾气体、烟雾随同风流进入井下，威胁到矿井生产和工人安全的，也称为井下火灾。

井下火灾与地面火灾不同，井下空间有限，供氧量不足，假如火源不靠近通风风流，则火灾只能在有限的空气流中缓慢地燃烧，没有地面火灾那么大的火焰，但却会生成大量有害毒气（由于井下空间小，即使产生有害气体不多，也有可能达到危害生命的程度），这是井下火灾易于造成重大事故的一个重要原因。另外，发生在采空区或矿柱内的自燃火灾，是在特定条件下，由矿岩氧化自热转为自燃的。

根据发生的原因，火灾可分外因火灾和内因火灾两种。

（1）外因火灾（也称外源火灾），是由外部各种原因引起的火灾。例如：1）明火（包括打火机点火，吸烟、点焊、氧焊、明火灯等）所引燃的火灾；2）油料（包括润滑油、变压器油、液压设备用油、柴油设备用油、维修设备用油等）在运输、保管和使用时所引起的火灾；3）炸药在运输、加工和使用过程中所引起的火灾；4）机械作用（包括摩擦、震动、冲击等）所引起的火灾；5）电气设备（包括动力线、照明线、变压器、电动设备等）的绝缘损坏和性能不良引起的火灾。

（2）内因火灾（也称自燃火灾），是由矿岩本身的物理和化学反应热所引起的。内因火灾的形成除矿岩本身有氧化自燃特点外，还必须有聚热条件。当热量得到积聚时，必然会产生升温现象，温度的升高又导致矿岩的加速氧化，从而发生恶性循环，当温度达到该种物质的发火点时，自燃火灾即会发生。

内因火灾的初期阶段通常只是缓慢地增高井下空气温度和湿度，而空气的化学成分发生的变化却很小，一般不易被人们所发现，也很难找到火源中心的准确位置，因此，扑灭此类火灾比较困难。内因火灾燃烧的延续时间比较长，往往给井下生产和工人的生命安全造成潜在威胁，所以防止井下内因火灾的发生与及时发现控制灾情的发展对保障井下安全有着十分重要的意义。

外因火灾在任何矿山都有可能发生，而内因火灾只能在具有自燃性矿床的矿山发生而且是有一定条件的。自燃性矿床的发火原因十分复杂。根据目前我国已开采的矿山统计，发生内因火灾的矿山，硫铁矿约有 20% ~ 30%，有色金属矿或多金属硫化矿约有 5% ~ 10%，特别是矿体顶板为碳质页岩的硫化矿床发火可能性较大。如我国的广西大厂铜坑锡矿、湘潭锰矿、永福硫铁矿、临桂硫铁矿等都属于具有自燃性的矿山。

根据国内外自燃火灾现象观测，自燃火灾大多数发生在距地表 100m 左右的半氧化带或次生硫化富集带、断层破碎带或矿体与围岩的接触破碎带。主要的氧化自热物质有黄铁矿（胶状黄铁矿更甚）、白铁矿、磁黄铁矿等。

12.1.2 矿山火灾的危害

矿山火灾是采矿生产中的一大灾害，它不但会破坏采矿工作的正常进展，恶化井下作业条件和污染地面大气，而且会使可采矿量降低和生产成本提高，还可能造成严重的人员伤亡事故。火灾发生以后所产生的一种自然负压，通常称之为火风压，其可以使通过矿井的总风量增加或减少，还可以使一些风流反向流动，打乱通风系统。火灾气体除了对人体造成危害外，还会腐蚀井下的生产设备。

根据经验，金属矿山的自燃火灾是很难一次性扑灭的，即使扑灭了，遇适合条件又可能复燃，还会有新的火源产生。因此，凡有自燃火灾的矿床，防灭火工作就会是长期的，几乎要持续到矿床采完为止，故所支付的直接防灭火费用也是十分惊人的。此外，采场高温矿石的烧结悬顶和硫化矿粉尘爆炸所引起的高温气浪应引起人们的高度重视。高温矿石的装药爆破所引起的炸药自爆也是造成伤亡事故的原因，不少矿山都发生过这样的事故。

12.1.3 外因火灾的发生原因

在我国非煤矿山中，矿山外因火灾绝大部分是因为木支架与明火接触，电气线路、照明和电气设备的使用和管理不善，在井下违章进行焊接作业、使用火焰灯、吸烟或无意、有意点火等外部原因所引起的。随着矿山机械化、自动化程度的提高，因电气原因所引起的火灾比例会不断增加，这就要求在设计和使用机电设备时，应严格遵守电气防火条例，防止因短路、过负荷、接触不良等原因引起火灾。矿山地面火灾则主要是由于违章作业，粗心大意所致。如上所述，火灾的危害是严重的，地面火灾可能损失大量物资并影响生产。井下火灾比地面火灾危害更大，井下工人不但在火源附近直接受到火焰的威胁，而且距火源较远的地点，由于火焰随风流扩散带有大量有毒有害和窒息性气体，也会使工人的生命安全受到严重威胁，往往酿成重大或特大伤亡事故。近年来，由于井下着火引起的炸药燃烧、爆炸的事故也时有发生，从而造成严重的人员伤亡和财产损失。

现就各种原因所引起的外因火灾予以分析说明。

12.1.3.1 明火引起的火灾与爆炸

在井下使用电石灯照明、吸烟或无意有意点火所引起的火灾占有相当大的比例。电石灯火焰与蜡纸、碎木材、油棉纱等可燃物接触，很容易将其引燃，如果扑灭不及时，便会酿成火灾。非煤矿山井下，一般不禁止吸烟，未熄灭的烟头随意乱扔，遇到可燃物是很危险的。据测定结果，香烟在燃烧时，中心最高温度可达 650～750℃。表面温度达 350～450℃。不要小看这个小小的火源，如果被引燃的可燃物是容易着火的，而且外在有风流，就很可能酿成火灾。冬季的北方矿山在井下点燃木材取暖，会使风流污染，有时也能造成局部火灾。一个木支架燃烧，它所产生的一氧化碳就足够在一段很长的巷道中引起中毒或死亡事故。

12.1.3.2 爆破作业引起的火灾

爆破作业中发生的炸药燃烧及爆破原因引起的硫化矿尘燃烧、木材燃烧，爆破后因通风不良造成可燃性气体聚集而发生燃烧、爆炸都属爆破作业引起的火灾。这类燃烧事故时有发生，并造成人员伤亡和财产损失。其直接原因可以归纳为：

（1）常规的炮孔爆破时，引燃硫化矿尘。

（2）某些采矿方法（如崩落法）采场爆破产生的高温引燃采空区的木材。

（3）大爆破时，高温引燃黄铁矿粉末、黄铁矿矿尘及木材等可燃物。

（4）爆破产生的碳氢化合物等可燃性气体积聚到一定浓度，遇摩擦、冲击或明火，便会发生燃烧甚至爆炸。

一氧化碳、硫化氢、氢气、沼气及其他不饱和碳氢化合物的爆炸界限如表 12 - 1 所示。

表 12 -1　爆炸性气体含量的爆炸界限（体积分数）

气体名称	化学符号	爆炸界限/%	
		下　限	上　限
一氧化碳	CO	12.50	74.20
硫化氢	H_2S	4.30	45.50
氢　气	H_2	4.00	74.20
沼　气	CH_4	5.00	15.00
乙　炔	C_2H_2	2.50	80.00

必须指出：炸药燃烧不同于一般物质的燃烧，它本身含有足够的氧，无需空气助燃，燃烧时没有明显的火焰，但会产生大量有毒有害气体。燃烧初期，产生大量氮氧化物，表面呈棕色，中心呈白色。氮氧化物的毒性比 CO 更为剧烈，严重者可引起肺水肿造成死亡，所以在处理炮烟中毒患者时，要分辨清楚是哪种气体中毒。在井下空间有限的条件下，炸药燃烧时生成的大量气体，因膨胀、摩擦、冲击等原因产生巨大的响声。

12.1.3.3 焊接作业引起的火灾

在矿山地面、井口或井下进行氧焊、切割及点焊作业时，如果没有采取可靠的防火措施，由焊接、切割产生的火花及金属熔融体遇到木材、棉纱或其他可燃物，若没有及时将其熄灭，便可能造成火灾。

据测定结果，焊接、切割时飞散的火花及金属熔融体碎粒的温度高达 1500～2000℃，其水平飞散距离可达 10m，在井筒中下落的距离则可大于 10m。由此可见，这是一种十分危险的引火源。

12.1.3.4　电气原因引起的火灾

电气线路、照明灯具、电气设备的短路，过负荷，容易引起火灾。有的矿山用灯泡烘烤爆破材料或用电炉、大功率灯泡取暖、防潮，引燃了炸药或木材，往往造成严重的火灾、中毒或爆炸事故。

当用电发生过负荷时，导体发热容易使绝缘材料烤干、烧焦，并失去其绝缘性能，使线路发生短路，遇到可燃物时，极易造成火灾。带电设备元件的切断、通电导体的断开及短路现象发生都会形成电火花及明火电弧，瞬间达到 1500 ~ 2000℃ 以上的高温，从而引燃其他物质。井下电气线路特别是临时线路接触不良、接触电阻过高是造成局部过热引起火灾的常见原因。用白炽灯泡烘烤爆破材料，用大功率电灯泡、电炉取暖，烘烤物件、防潮等曾引发多次火灾事故。

白炽灯泡的表面温度：40W 以下的为 70 ~ 90℃，60 ~ 500W 的为 80 ~ 110℃，1000W 以上的为 100 ~ 130℃。当白炽灯泡打破而灯丝未断时，钨丝最高温度可达 2500℃ 左右。这些都能构成引火源，引起火灾发生。随着矿山机械化、自动化程度不断提高，电气设备、照明和电器线路更趋复杂，电器保护装置的选择、使用、维护不当，电器线路敷设混乱往往是引起火灾的重要原因之一。

12.1.4　内因火灾的发生原因

12.1.4.1　内因火灾的发生原因及影响因素

A　矿岩自燃的一般机理

堆积的含硫矿物或碳质页岩当其与空气接触时，会发生氧化而放出热量。若氧化生成的热量大于向周围散发的热量时，则该物质能自行增高其温度，这种现象就称为自热。

随着温度的升高，氧化加剧，放热能力也因而增高。如果这个关系能形成热平衡状态，则温度停止上升，自热现象中止，并且通常在若干时间后即开始冷却。但有时在一定外界条件下，局部的热量可以积聚，物质便不断加热，直到其着火温度，即引起自燃。如果物质在氧化过程中所产生的热量低于向周围介质所散发的热量，则无升温自热现象。因此，物质的自热、自燃与否都是由下列三个基本因素决定的：①该可燃物质的氧化特性；②空气供给的条件；③可燃物质在氧化或燃烧过程中与周围介质热交换的条件。第一个因素是属于物质发生自燃的内在因素，仅取决于物质的物理化学性能，而后两个因素则是外在因素。

硫化矿在成矿过程中，由于温度和压力的不同往往存在同一矿床中有多种类型的矿物的情况。由于成矿后长期受淋滤、风化等物理化学作用，同一矿物也会随之出现结构构造差异很大的情况。在同一矿床中，由于各种矿物内在性质的不同，进行硫化矿床自燃火灾原因的研究，就必须首先对每一类型的矿石做深入细致的试验研究，从中找出有自燃倾向性的矿石。

矿体顶板岩层为含硫碳质页岩（特别是黄铁矿在碳质页岩中呈星点状分布）时，当顶板岩层被破坏后，黄铁矿和单质碳与空气接触也同样可以产生氧化自热到自燃的现象。

任何一种矿岩自燃的发生，即为矿岩的氧化过程。在此整个过程中，由于氧化程度的不同，必然呈现出不同的发展阶段，因此可把矿岩自燃的发生划分为氧化、自热和自燃三个阶段。这三个阶段可用矿岩的温升来表示和划分，根据矿岩从常温到自燃整个温升过程的激化程度，可定为：常温至100℃矿岩水分蒸发界限为低温氧化阶段；100℃至矿岩着火温度为高温氧化阶段；矿岩着火温度以上为燃烧阶段。

任何一种矿岩的自燃必须经过上述温升的三个阶段，因而矿岩是否属于自燃矿岩，必须根据温升的三个阶段来确定。

必须指出，由于矿岩氧化是随着温度的升高而加剧的，因此，设法控制矿岩温度不高于100℃是防止矿岩自燃的关键。但要做到这一点，难度也是很大的。

B　地质条件与内因火灾的关系

在大气和地下水的长期作用下，一般硫化矿床都具有垂直成带性，即自上而下分别为氧化带、次生富集带和原生带。其主要化学变化包括氧化、溶解及富集，金属矿物就地变成氧化物等。在这些矿床中，黄铁矿起着重要作用，其他金属硫化物亦参与反应，生成各种硫酸盐。图12-1表示硫化铜矿床由于氧化作用的发展，矿物向富集带转移的一般形式。

以铜官山矿松树山区为例，矿物次生富集带又可分为三个亚带，即次生氧化富集亚带、半氧化矿石亚带和次生硫化富集亚带。由于经受长期氧化，后两个亚带的矿石氧化活性很强，在被开采揭露后，随着大量空气进入，氧化过程立刻加速进行，在适当条件下就可能发生自燃。该区90%的火灾均发生在这两个亚带内，如图12-2所示。

地质断层、褶皱和接触破碎带与内因火灾也有密切的关系。在断层、褶皱破碎带和矿岩接触破碎带中往往出现硫化物的富集，同时由于地下水和少量空气存在，硫铁矿经历了漫长的氧化过程，生成大量硫酸和硫酸盐。当得到氧化所需足够的氧气时，氧化速度极快，因而也容易引起内因火灾。

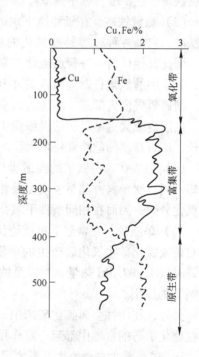

图12-1　硫化铜矿矿物富集
转移的一般形式示意图

C　矿物组分与内因火灾的关系

硫化矿床中含有多种矿物成分，下面介绍与内因火灾有关的矿物组分。

（1）原生黄铁矿。在氧化过程中，黄铁矿首先与空气中的氧或水中的游离氧发生吸附作用，继而与氧发生反应，反应过程均伴有黄铁矿的胶化过程，但反应速度相当缓慢。在室温条件下，将300g黄铁矿粉放入用空气饱和的水中10个月，仅有0.2g发生了氧化作用，按反应式计算，只放出极少的热量。在生产实践中，也证明黄铁矿的氧化速度很慢。

（2）胶状黄铁矿。胶状黄铁矿是原生黄铁矿在长期氧化过程中的产物，其晶形已发

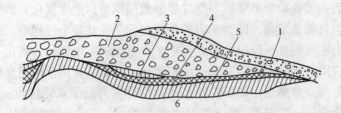

图 12 - 2　松树山区主要自燃矿段与地质地带的分布关系示意图
1—表土；2—铁帽；3—次生氧化富集亚带；4—半氧化矿石亚带；
5—次生硫化富集亚带；6—原生带

生变化，并含有 10% 以上的 $FeSO_4$，其氧化速度大大高于原生黄铁矿，自燃点大大低于原生黄铁矿，是矿岩自燃中最危险的一种矿物。

（3）磁黄铁矿。在氧和地下水的长期作用下，磁黄铁矿常常被氧化成白铁矿和胶状黄铁矿。它是一种较容易被氧化的矿物，在降低酸度、还原 $Fe_2(SO_4)_3$ 和析出 H_2S 方面，要比其他任何一种普通硫化物都强得多。但磁黄铁矿的结构较致密，参与氧化的面积少，开采中的氧化自燃危险性并不比胶状黄铁矿大。另外磁黄铁矿在氧化过程中容易结块，妨碍氧气向内部进一步渗入，从而使氧化速度大大降低。可是，如采用大爆破方案回采，由于造成大量易氧化的极细粉矿，加上被崩落的矿石因出矿缓慢，在崩落区滞留时间过长，矿石自燃的危险性将增大。

（4）白铁矿。白铁矿的构造类似于黄铁矿，化学成分亦相同，但晶体结构的对称程度却不同，属于斜方晶系。硬度及相对密度均较黄铁矿小，解离不完全。白铁矿较黄铁矿易氧化分解，因而在相同条件下氧化速度比黄铁矿快。

（5）单质硫。在常温下单质硫比较稳定，其着火温度为 363℃。而在硫化物中伴生的单质硫或硫化矿物氧化后产生的单质硫，其着火温度可降低到 200℃ 以下。由于 1mol 硫燃烧时放出 297.5kJ 热量，所以虽然单质硫在硫化矿中的含量不多，但却可起到一种"引燃剂"的作用。

另外，在惰性金属硫化矿床中，除铁外通常伴有铜、铅、砷、锌等硫化矿物，这些矿物在硫化矿石的自燃中都起一定作用；而碳酸盐类矿物则起抑制作用。

D　矿岩氧化自燃的主要影响因素

a　矿岩物理化学性质

矿岩的物理化学性质对矿岩的自燃有着重要作用，属于该因素的主要有：矿岩的物质组成和硫的存在形式、矿岩的脆性和破碎程度、矿岩的水分、pH 值以及不同的化学电位。矿岩中的惰性物质（尤其是碳酸盐类矿物）对矿岩的自燃起抑制作用。

（1）矿岩的物质组成和硫的存在形式是决定矿岩自燃倾向的重要因素。含硫量的多少不能作为衡量自燃火灾能否发生的判据，它只是与火灾规模有关系，因为各种矿岩的放热能力是随着矿岩中含硫量的增加而增加的。

（2）矿岩的破碎程度对矿岩的氧化性有影响。松脆的和破碎程度大的矿岩，由于氧化表面积增大而会加快其氧化速度，并且矿岩的破碎也降低了它的着火温度，所以变得更容易自燃。

（3）水分和 pH 值对矿岩的氧化性有显著的影响。一般说湿矿岩的氧化速度要比干矿岩快，pH 值低的矿岩更容易氧化。

（4）矿岩中常含有多种不同化学电位的物质。当矿岩在有水分参与反应的氧化过程中，各物质成分间因电位的不同将产生电流，因而加速了氧化作用。

b　矿床赋存条件

硫化矿床自燃与矿体厚度、斜角等有关系。矿体的厚度愈厚，倾角愈大，则火灾的危险性也愈大。因为急倾斜的矿体使遗留在采空区的木材和碎矿石易于集中，矿柱易受压破坏，且采空区较难严密隔离。

c　供氧条件

供氧条件是矿岩氧化自燃的决定因素。1mol FeS_2 和 FeS 分别需要 44.8L 和 22.4L 的氧才能反应完全。在开采的条件下，为保证人员呼吸并将有毒有害气体、粉尘等稀释到安全规程规定的允许浓度以下，需要向井下送入大量新鲜空气，这些新鲜空气能使矿岩进行充分的氧化反应。但大量供给空气又能将矿石氧化所产生的热量带走，破坏了聚热条件。

d　水的影响

从反应式可知，水能促进黄铁矿的焦化，是一种供氧剂，水过量时又是一种抑制剂。除水本身能带走热量外，水汽化时要吸收大量热。但水的存在也会使其发生化学反应，一般是一个不放热也不吸热的反应。当溶液的 pH ≥ 8 时，此反应能在 15 ~ 30min 内完成，迅速生成的 Fe（OH）$_3$ 是一种胶状物，会使矿石产生胶结。

e　同时参与反应的矿量的影响

参与反映的矿石和粉矿越多，自燃的危险性越大。反之，则危险性减小。

此外，温度对自燃的影响是一个很重要的因素，因为矿岩的氧化自热是随着温度的升高而加快的。

12.2　火灾的预防与扑灭

12.2.1　外因火灾的预防与扑灭

12.2.1.1　地面火灾

凡失去控制并对财物和人身造成损害的燃烧现象，都为火灾。对矿山地面火灾，应遵照中华人民共和国公安部关于火灾、重大火灾和特大火灾的规定进行统计报告。

特大火灾：死亡 10 人以上（含本数，下同）；死亡、重伤 20 人以上；重伤 20 人以上；受灾 50 户以上；烧毁财物损失 50 万元以上。

重大火灾：死亡 3 人以上；死亡、重伤 10 人以上；重伤 10 人以上；受灾 30 户以上；烧毁财物损失 5 万元以上。

不具有前列两项情形的燃烧事故，为一般火灾。

矿山地面防火，应遵守《中华人民共和国消防条例》和当地消防机关的要求。对于各类建筑物、油库材料场和炸药库、仓库等建立消防制度，完善防火措施，配备足够的消防器材。各厂房和建筑物之间，要建立消防通道。消防通道上不得堆积各种物料，以利于消防车辆通行。矿山地面必须结合生活供水管道设计地面消防水管系统，井下则结合作业供水管道设计消防水管系统。水池的容量和管道的规格应考虑两者的总用水量。

12.2.1.2　井下火灾

井下火灾的预防应按照中华人民共和国冶金工业部制订的《冶金矿山安全规程》有关条款的要求，由安全部门组织实施。其一般要求：

（1）对于进风井筒、井架和井口建筑物、进风平巷，应采用不燃性材料建筑。对于已有的木支架进风井筒、平巷要求逐步更换。

（2）用木支架支护的竖/斜井井架、井口房、主要运输巷道、井底车场和硐室要设置消防水管。如果用生产供水管兼作消防水管，必须每隔 50～100m 安设支管和供水接头。

（3）井口木料厂、有自燃发火的废石堆（或矿石堆）、炉渣场，应布置在距离进风口主要风向的下风侧 80m 以外的地点并采取必要的防火措施。

（4）主要扇风机房和压入式辅助扇风机房、风硐及空气预热风道、井下电机车库、井下机修及电机硐室、变压器硐室、变电所、油库等，都必须用不燃性材料建筑，硐室中应有醒目的防火标志和防火注意事项，并配备相应的灭火器材。

（5）井下应配备一定数量的自救器，集中存放在合适的场所，并应定期检查或更换。在危险区附近作业的人员必须随身携带以便应急。

（6）井下各种油类，应分别存放在专用的硐室中。装油的铁桶应有严密的封盖。储存动力用油的硐室应有独立的风流并将污风汇入排风巷道，储油量一般不超过三昼夜的用量。

（7）井下柴油设备或液压设备严禁漏油，出现漏油时要及时修理，每台柴油设备上应配备灭火装置。

（8）设置防火门。为防止地面火灾波及井下，井口和平硐口应设置防火金属井盖或铁门。各水平进风巷道，距井筒 50m 处应设置不燃性材料的构筑的双重防火门，两道门间距离 5～10m。

另外，《矿山安全规程》规定，冶金矿山每年应编制矿井防灭火计划，并报主管部门批准。

12.2.1.3　预防明火引起火灾的措施

为防止在井口发生火灾和污染风流，禁止用明火或火炉直接接触的方法加热井内空气，也不准用明火烤热井口冻结的管道。

井下使用过的废油、棉纱、布头、油毡、蜡纸等易燃物应放入盖严的铁桶内，并及时运至地面集中处理。

在大爆破作业过程中，要加强对电石灯、吸烟等明火的管制，防止明火与炸药及其包装材料接触引起燃烧、爆炸。

不得在井下点燃蜡纸作照明，更不准在井下用木材生活取暖，特别对民工采矿的矿山，更要加强明火的管理。

12.2.1.4　预防焊接作业引起火灾的措施

在井口建筑物内或井下从事焊接或切割作业时，要严格按照安全规程执行和报总工程师批准，并制定出相应的防火措施。

必须在井筒内进行焊接作业时,须派专人监护防火工作,焊接完毕后,应严格检查和清理现场。

在木材支护的井筒内进行焊接作业时,必须在作业部位的下面设置接收火星、铁渣的设施,并派专人喷水淋湿,及时扑灭火星。

在井口或井筒内进行焊接作业时,应停止井筒中的其他作业,必要时设置信号与井口联系以确保安全。

12.2.1.5 预防爆破作业引起火灾的措施

对于有硫化矿尘燃烧、爆炸危险的矿山,应限制一次装药量,并填塞好炮泥,以防止矿石过分破碎和爆破时喷出明火,在爆破过程中和爆破后应采取喷雾洒水等降尘措施。

对于一般金属矿山,要按《爆破安全规程》要求,严格对炸药库照明和防潮设施的检查,应防止工作面照明线路短路和产生电火花而引燃炸药,造成火灾。

无论在露天台阶爆破或井下爆破作业时,均不得使用在黄铁矿中钻孔时所产生的粉末作为填塞炮孔的材料。

大爆破作业时,应认真检查运药线路,以防止电气短路、顶板冒落、明火等原因引燃炸药,造成火灾、中毒或爆炸事故。

爆破后要进行有效地通风,防止可燃性气体局部积聚,以免达到燃烧或爆炸界限而引起烧伤或爆炸事故。

12.2.1.6 预防电气方面引起火灾的措施

井下禁止使用电热器和灯泡取暖、防潮和烤物,以防止热量积聚而引燃可燃物造成火灾。

正确地选择、装配和使用电气设备及电缆,以防止发生短路和过负荷。注意防止电路中接触不良,电阻增加而发生热现象,正确进行线路连接、电缆连接、灯头连接等。

井下输电线路和直流回馈线路,通过木质井框、井架和易燃材料的场所时,必须采取有效地防止漏电或短路的措施。

变压器、控制器等用油,在倒入前必须很好干燥,清除杂质,并按有关规定与标准采样,进行理性化性质试验,以防引起电气火灾。

严禁将易燃易爆器材放在电缆接头、铁道接头、临时照明线灯头接头或接地极附近,以免因电火花引起火灾。

矿井每年应编制防火计划。防火计划的内容包括防火措施、撤出人员和抢救遇难人员的路线、扑灭火灾的措施、调度风流的措施、各级人员的职责等。防火计划要根据采掘计划、通风系统和安全出口的变动及时修改。矿山应规定专门的火灾信号,当井下发生火灾时,能够迅速通知各工作地点的所有人员及时撤离火险区。安装在井口及井下人员集中地点的信号,应声光兼备。当井下发生火灾时风流的调度,主扇继续运转或反风,应根据防火计划和具体情况,作出正确判断,由安全部门和总工程师决定。

离城市 15km 以上的大、中型矿山,应成立专职消防队。小型矿山应有兼职消防队。自燃发火矿山或有沼气的矿山应成立专职矿山救护队。救护队必须配备一定数量的救护设备和器材,并定期进行训练和演习。对工人也应定期进行自救教育和自救互救训练。矿山救护的主要设备有氧气呼吸器、自动苏生器、自救器等。

12.2.1.7　外因火灾的扑灭

无论发生在矿山地面或井下的火灾，都应立即采取一切可能的方法直接扑灭，并同时报告消防、救护组织，以减少人员和财产的损失。对于井下外因火灾，要依照矿井防火计划，首先将人员撤离危险区，并组织人员利用现场的一切工具和器材及时灭火。要有防止风流自然反向和有毒有害气体蔓延的措施。扑灭井下火灾的方法主要有直接灭火法、隔绝灭火法和联合灭火法。

直接灭火法是用水、化学灭火器、惰性气体、泡沫剂、砂子或岩粉等，可直接在燃烧区域及其附近灭火，以便在火灾初起时迅速地灭火。

（1）水被广泛地应用于扑灭火灾，它能够降低燃烧物表面温度，特别是水分蒸发为蒸汽时冷却作用更大。水又是扑灭硝铵类炸药燃烧最有效的方法。1L常温（25℃）的水升高到100℃，可以吸收314kJ热量，1L水转化为蒸汽时能吸收2635.5kJ的热量，而1L水能够生成1700L蒸汽，蒸汽能够将燃烧物表面和空气中的氧隔离。所以水的冷却作用和灭火效果是很好的。为了有效地灭火，可用大量高压水流，由燃烧物周围向中心冷却。雾状水在火区内很快变成蒸汽，使燃烧物与氧气隔离，效果更好。在矿山，可以利用消防水管、橡胶水管、喷雾器和水枪等进行灭火。

（2）化学灭火器包括酸碱溶液泡沫灭火器、固体干粉灭火器、溴氟甲烷灭火器和二氧化碳气体灭火器。

1）酸碱溶液泡沫灭火器是一种常见的灭火器，由酸性溶液（硫酸、硫酸铝）和碱性溶液（碳酸氢钠）在灭火器中相互作用，形成许多液体薄膜小气泡，气泡中充满二氧化碳气体，能降低燃烧物表面温度，隔绝氧气。二氧化碳有助于灭火，泡沫相对密度与水比为1:7，体积为溶液的7倍，适用于扑灭固体、可燃液体的火灾，喷射距离8~10m，喷射持续时间1.5min。

2）干粉灭火器是用二氧化碳气体的压力将干粉物质（磷酸铵粉末）喷出。二氧化碳被压缩成液体保存于灭火器中，适用于电气火灾。

3）二氧化碳气体灭火器用的二氧化碳可以用气状的，也可以用雪片状的。将液体状的二氧化碳装入灭火器的钢瓶中，使用时其在压力作用下由喷射器喷出。这种灭火器不导电、毒性小、不损坏扑救对象，能渗透于难透入的空间，灭火效果较好。适用于易燃液体火灾。

（3）用砂子或岩粉作灭火材料，来源广泛，使用简单。为阻止空气流入燃烧物附近并扑灭火灾，仅需要撒上一层介质覆盖于燃烧物表面即可。它适用于电气火灾及易燃液体火灾初起阶段。

（4）灭火手雷和灭火炮弹是一种小型的、简单的干粉式灭火工具，内装磷酸二氢铵和磷酸氢二铵，利用冲击、隔离和化学作用达到灭火目的。对于井下较小的初起火灾有一定效果。

（5）高倍数泡沫灭火是利用起泡性能很强的泡沫液，在压力水作用下，通过喷嘴均匀喷洒到特制的发泡网上，借助于风流的吹动，使每个网孔连续不断形成气液集合的泡体，每个泡体都包裹着一定量的空气，使其原液体积成百倍或上千倍的膨胀——即通常所说的高倍数泡沫。其主要灭火原理是隔绝空气、降温、使火灾窒息，并能阻止火区热对流、热辐射及火灾蔓延。可以在远离火区的安全地点进行扑救工作。扑救大型明火火灾时，其灭火速度快、威力大、水渍损失小、灭火后恢复工作容易。目前是国外矿山和我国煤矿山一种很有效的灭火手段。

（6）惰性气体灭火是利用惰性气体的窒息性能，抑制可燃物质的燃烧、爆炸或引燃，经验证明它是一种扑灭大型火灾的有效灭火方法。目前国内外生产惰性气体的方法主要有液氮和燃油除氧法两种。液氮成本较高，来源不广，大量使用有一定困难。燃油除氧产生惰气的方法成本低，燃料来源广，工艺简单，是一种有发展前途的灭火方法。其原理是以民用煤油为燃料，在自备风机供风条件下，通过启动点火，燃油喷嘴适量喷油，在特制的燃烧室内进行剧烈的氧化反应，高温燃烧产物即为惰性气体。其主要成分是供风中的 N_2，供风中的 O_2 和燃料中的 C 氧化反应的主要生成物 CO_2、CO 等，经水套烟道喷水冷却，便得到符合灭火要求的惰性气体。

12.2.2 内因火灾的预防与扑灭

能尽早而又准确地识别矿井内因火灾的初期征兆，对于防止火灾的发生和及时扑灭火灾都具有极其重要的意义。

井下初期内因火灾可以从以下几个方面进行识别。

12.2.2.1 火灾孕育期的外部征兆

火灾孕育期的外部征兆是指人的感觉器官能直接感受到的征兆，属于此类的有：

（1）矿物氧化时生成的水分会增加空气的湿度。在巷道内能看到有雾气或巷道壁"出汗"，这是火灾孕育期最早的外部特征，但并不是唯一可靠的。在平时，还能从地面的岩石裂缝或井口冒出水蒸气或刺鼻烟气，在冬季则有冰雪融化现象。

（2）在硫化矿井中，当硫化物氧化时会出现二氧化硫强烈的刺激性臭味，这种臭味是标志着矿内火灾将要发生的较可靠的征兆。

（3）人体器官对不正常的大气会有不舒服的感觉，如头痛、闷热、裸露皮肤微痛、精神感到过度兴奋或疲乏等。但这种感觉不能看做是火灾孕育期的可靠征兆。

（4）井下温度增高。

上述火灾外部征兆出现时已是矿物或岩石在氧化自热过程相当发达的阶段，因此，为了鉴别自燃火灾的最早阶段，尚需利用适当的仪器进行测定分析。

12.2.2.2 内因火灾的预防方法

A 预防内因火灾的管理原则

（1）有自燃发火可能的矿山，地质部门向设计部门所提交的地质报告中必须要有"矿岩自燃倾向性判定"内容。

（2）贯彻以防为主的精神，在采矿设计中必须采取相应的防火措施。

（3）各矿山在编制采掘计划的同时，必须编制防灭火计划。

（4）自燃发火矿山尽可能掌握各种矿岩的发火期，采取加快回采速度的强化开采措施，每个采场或盘区争取在发火期前采完。但是，由于发火机理复杂和影响因素多，实际上很难掌握矿岩的发火期。

B　开采方法方面的防火措施

对开采方法方面的防火要求是：务必使矿岩在空间上和在时间上尽可能少受空气氧化作用以及万一出现自热区时易于将其封闭。为此，应采取以下主要措施：

（1）采用脉外巷道进行开拓和采准，以便易于迅速隔离任何发火采区。

（2）制定合理的回采顺序。

（3）矿石有自燃倾向时，采取措施必须考虑下述因素：矿石的损失量及其集中程度；遗留在采空区中的木材量及其分布情况；对采空区封闭的可能性及其封闭的严密性；提高回采强度，严格控制一次崩矿量。其中前两个因素和回采强度以及控制崩矿量尤为重要。

（4）在经济合理的前提下，尽量采用充填采矿法。

（5）此外，及时从采场清除粉矿堆，加强顶板和采空区的管理工作也是值得注意的。

C　矿井通风方面的防火措施

实践表明，内因火灾的发生往往是在通风系统紊乱、漏风量大的矿井里较为严重。所以有自燃危险的矿井的通风必须符合下列相关要求：

（1）应采用扇风机通风，不能采用自然通风。而且，扇风机风压的大小应保证使不稳定的自然风压不发生不利影响。应使用防腐风机和具有反风装置的主扇，并须经常检查和试验反风装置及井下风门对反风的适应性。

（2）结合开拓方法和回采顺序，选择相应的合理的通风网路和通风方式，以减少漏风；各工作采区尽可能采用独立风流的并联通风，以便降低矿井总风压。减少漏风量以及便于调节和控制风流。实践证明，矿岩有自燃倾向的矿井采用压抽混合式通风方式较好。

（3）加强通风系统和通风构筑物的检查和管理，注意降低有漏风地点的巷道风压；严防向采空区漏风；提高各种密闭设施的质量。

（4）为了调节通风网路而安设风窗、风门、密闭和辅扇时，应将它们安装在地压较小，巷道周壁无裂缝的位置，同时还应密切注意增设这些通风设施以后，是否会使本来稳定且对防火有利的通风网路变为对通风不利。

（5）采取措施，尽量降低进风风流的温度。其作法有：在总进风风道中设置喷雾水幕；利用脉外巷道的吸热作用，降低进风风量的温度。

12.2.2.3　内因火灾的扑灭方法

扑灭矿内火灾的方法可分为四大类：直接灭火法；隔绝灭火法；联合灭火法；均压灭火法。

A　直接灭火法

直接灭火法是指用灭火器材在火源附近直接进行灭火，是一种积极的方法。直接灭火法一般可以采用水或其他化学灭火剂、泡沫剂、惰性气体等，或是挖除火源。

（1）用水灭火。用水灭火的实质是利用水具有很大的热容量，可以带走大量的热量，可使燃烧物的温度降到着火温度以下，所产生的大量水蒸气又能起到隔氧降温的作用，因此能达到灭火的目的。由于使用水简单、经济，且矿内水源较充分，故被广泛使用。对于范围较小的火灾也可以采用化学药剂等其他的灭火方法直接灭火。用水灭火时必须注意以下几点：

1）保证供给充足的灭火用水，同时还应使水及时排出，勿让高温水流到邻区而促进邻区的矿岩氧化。

2）保证灭火区的正常通风，将火灾气体和水蒸气排到回风道去，同时还应随时检测火区附近的空气成分。

3）火势较猛时，先将水流射往火源外围，逐渐逼向火源中心。

（2）挖除火源。将燃烧物从火源地取出立即浇水冷却熄灭，这是消灭火灾最彻底的方法。但是这种方法只有在火灾刚刚开始尚未出现明火或出现明火的范围较小，人员可以接近时才能使用。

B　隔绝灭火法

隔绝灭火法是在通往火区的所有巷道内建筑密闭墙，并用黄土、灰浆等材料堵塞巷道壁上的裂缝，填平地面塌陷区的裂缝以阻止空气进入火源，从而使火因缺氧而熄灭。

绝对不透风的密闭墙是没有的，因此若单独使用隔绝法，则往往只能拖延灭火时间，但却较难达到彻底灭火的目的。故只有在不可能用直接灭火法或者没有联合灭火法所需的设备时，才用密闭墙隔绝火区作为独立的灭火方法。

C　联合灭火法

当井下发生火灾不能用直接灭火法消灭时，一般采用联合灭火法。此方法就是先用密闭墙将火区密闭后，再向火区注入泥浆或其他灭火材料。注浆方法在我国使用较多，灭火效果很好。

D　均压灭火法

均压灭火法的实质是设置调压装置或调整通风系统，以降低漏风通道两端的风压差，减少漏风量，使火区缺氧而达到熄灭矿岩自燃的目的。

复习思考题

12 – 1　什么是外因火灾，什么是内因火灾？

12 – 2　外因火灾发生的原因是什么？

12 – 3　内因火灾发生的原因是什么？

12 – 4　怎样预防和扑灭外因火灾？

12 – 5　怎样预防和扑灭内因火灾？

参 考 文 献

[1] 殷维君. 环境保护基础 [M]. 武汉：武汉工业大学出版社，1998.

[2] 韦冠俊. 矿山环境保护 [M]. 北京：冶金工业出版社，2001.

[3] 焦玉书. 金属矿山露天开采 [M]. 北京：冶金工业出版社，1989.

[4] 周洵远. 金属矿井通风防尘 [M]. 北京：冶金工业出版社，1992.

[5] 匡忠祥，宋卫东. 地下金属矿山灾害防治技术 [M]. 北京：冶金工业出版社，2008.

[6] 王英敏. 矿井通风与防尘 [M]. 北京：冶金工业出版社，1993.

[7] 陈国山，孙文武. 矿山通风与环保 [M]. 北京：冶金工业出版社，2008.

[8] 陈宝智. 矿山安全工程 [M]. 沈阳：东北大学出版社，1993.

[9] 李华封. 选矿厂废水及尾矿处理 [M]. 北京：中国金属学会，1990.

冶金工业出版社部分图书推荐

书　　名	作　者	定价(元)
我国金属矿山安全与环境科技发展前瞻研究	古德生　等编著	45.00
采矿工程师手册（上、下册）	于润沧　主编	395.00
现代矿山企业安全控制创新理论与支撑体系	赵千里　等著	75.00
煤矿安全生产400问	姜　威　等编	43.00
带式输送机实用技术	金丰民　等编著	59.00
矿山环境工程（第2版）（本科国规教材）	蒋仲安　主编	39.00
系统安全评价与预测（第2版）（本科国规教材）	陈宝智　编著	26.00
地质学（第4版）（本科国规教材）	徐九华　等编	40.00
矿山安全工程（本科国规教材）	陈宝智　主编	30.00
固体物料分选学（第2版）（本科教材）	魏德洲　主编	59.00
矿产资源开发利用与规划（本科教材）	邢立亭　等编	40.00
冶金企业环境保护（本科教材）	马红周　等编	23.00
矿山岩石力学（本科教材）	李俊平　主编	49.00
防火与防爆工程（本科教材）	解立峰　等编著	45.00
磁电选矿（第2版）（本科教材）	袁致涛　等编	39.00
安全系统工程（本科教材）	谢振华　主编	26.00
安全评价（本科教材）	刘双跃　主编	36.00
化工安全（本科教材）	邵　辉　主编	35.00
噪声与振动控制（本科教材）	张恩惠　等编著	30.00
矿井通风与防尘（高职高专规划教材）	陈国山　主编	25.00
矿山安全与防灾（高职高专规划教材）	王洪胜　等编	27.00
煤矿钻探工艺与安全（高职高专规划教材）	姚向荣　等编著	43.00
工程爆破（第2版）（高职高专规划教材）	翁春林　等编	32.00
矿山企业管理（高职高专规划教材）	戚文革　等编	28.00
金属矿地下开采（高职高专规划教材）	陈国山　主编	39.00
安全生产与环境保护（高职高专规划教材）	张丽颖　等编	24.00
矿山爆破（高职高专规划教材）	张敢生　主编	29.00
矿山通风与环保（职业技能培训教材）	陈国山　等编	28.00
矿山爆破技术（职业技能培训教材）	戚文革　等编	38.00
重力选矿技术（职业技能培训教材）	周晓四　主编	40.00
浮游选矿技术（职业技能培训教材）	王　资　主编	36.00
碎矿与磨矿技术（职业技能培训教材）	杨家文　主编	35.00